元素の周期表

周期＼族	1	2	3	4	5	6	7	8	9	10	11	12	13	14	15	16	17	18
1	1 H 1.008 水素																	2 He 4.003 ヘリウム
2	3 Li 6.941 リチウム	4 Be 9.012 ベリリウム											5 B 10.811 ホウ素	6 C 12.011 炭素	7 N 14.007 窒素	8 O 15.999 酸素	9 F 18.998 フッ素	10 Ne 20.180 ネオン
3	11 Na 22.990 ナトリウム	12 Mg 24.305 マグネシウム											13 Al 26.982 アルミニウム	14 Si 28.085 ケイ素	15 P 30.974 リン	16 S 32.065 硫黄	17 Cl 35.453 塩素	18 Ar 39.948 アルゴン
4	19 K 39.098 カリウム	20 Ca 40.078 カルシウム	21 Sc 44.956 スカンジウム	22 Ti 47.867 チタン	23 V 50.942 バナジウム	24 Cr 51.996 クロム	25 Mn 54.938 マンガン	26 Fe 55.845 鉄	27 Co 58.933 コバルト	28 Ni 58.693 ニッケル	29 Cu 63.546 銅	30 Zn 65.38 亜鉛	31 Ga 69.723 ガリウム	32 Ge 72.630 ゲルマニウム	33 As 74.922 ヒ素	34 Se 78.971 セレン	35 Br 79.904 臭素	36 Kr 83.798 クリプトン
5	37 Rb 85.468 ルビジウム	38 Sr 87.62 ストロンチウム	39 Y 88.906 イットリウム	40 Zr 91.224 ジルコニウム	41 Nb 92.906 ニオブ	42 Mo 95.95 モリブデン	43 Tc (98) テクネチウム	44 Ru 101.07 ルテニウム	45 Rh 102.906 ロジウム	46 Pd 106.42 パラジウム	47 Ag 107.868 銀	48 Cd 112.414 カドミウム	49 In 114.818 インジウム	50 Sn 118.710 スズ	51 Sb 121.760 アンチモン	52 Te 127.60 テルル	53 I 126.904 ヨウ素	54 Xe 131.293 キセノン
6	55 Cs 132.905 セシウム	56 Ba 137.327 バリウム	57～71 ランタノイド 元素	72 Hf 178.49 ハフニウム	73 Ta 180.948 タンタル	74 W 183.84 タングステン	75 Re 186.207 レニウム	76 Os 190.23 オスミウム	77 Ir 192.217 イリジウム	78 Pt 195.084 白金	79 Au 196.967 金	80 Hg 200.592 水銀	81 Tl 204.38 タリウム	82 Pb 207.2 鉛	83 Bi 208.980 ビスマス	84 Po (209) ポロニウム	85 At (210) アスタチン	86 Rn (222) ラドン
7	87 Fr (223) フランシウム	88 Ra (226) ラジウム	89～103 アクチノイド 元素	104 Rf (267) ラザホージウム	105 Db (268) ドブニウム	106 Sg (271) シーボーギウム	107 Bh (270) ボーリウム	108 Hs (269) ハッシウム	109 Mt (278) マイトネリウム	110 Ds (281) ダームスタチウム	111 Rg (280) レントゲニウム	112 Cn (285) コペルニシウム	113 Nh (286) ニホニウム	114 Fl (289) フレロビウム	115 Mc (289) モスコビウム	116 Lv (293) リバモリウム	117 Ts (294) テネシン	118 Og (294) オガネソン

凡例	
原子番号	22
元素記号	Ti
原子量	47.867
元素名	チタン

ランタノイド元素	57 La 138.905 ランタン	58 Ce 140.116 セリウム	59 Pr 140.908 プラセオジム	60 Nd 144.242 ネオジム	61 Pm (145) プロメチウム	62 Sm 150.36 サマリウム	63 Eu 151.964 ユウロピウム	64 Gd 157.25 ガドリニウム	65 Tb 158.925 テルビウム	66 Dy 162.500 ジスプロシウム	67 Ho 164.930 ホルミウム	68 Er 167.259 エルビウム	69 Tm 168.934 ツリウム	70 Yb 173.045 イッテルビウム	71 Lu 174.967 ルテチウム
アクチノイド元素	89 Ac (227) アクチニウム	90 Th 232.038 トリウム	91 Pa 231.036 プロトアクチニウム	92 U 238.029 ウラン	93 Np (237) ネプツニウム	94 Pu (244) プルトニウム	95 Am (243) アメリシウム	96 Cm (247) キュリウム	97 Bk (247) バークリウム	98 Cf (251) カリホルニウム	99 Es (252) アインスタイニウム	100 Fm (257) フェルミウム	101 Md (258) メンデレビウム	102 No (259) ノーベリウム	103 Lr (262) ローレンシウム

(注 1) (　　)内の数字は最長半減期をもつ同位体の質量数である.　(注 2) 原子量の有効数字が小数点以下 3 桁以上のものは 3 桁まで記した.

物理化学入門シリーズ

編集

原田義也・大野公一・中田宗隆

反応速度論

真船文隆・廣川 淳 著

裳華房

Chemical Kinetics

by

Fumitaka Mafuné

Jun Hirokawa

SHOKABO

TOKYO

刊 行 趣 旨

本シリーズは，化学系を中心とした理工系の大学・高専の学生を対象として，基礎物理化学の各分野について２単位相当の教科書・参考書として企画したものである．その目的は，物理化学の最も基本的な題材を選び，それらを初学者のために，できるだけ平易に，懇切に，しかも厳密さを失わないように，解説することにある．特に次の点に配慮した．

1．内容はできるだけ精選し，網羅的ではなく，基礎的・本質的で重要なものに限定し，それを十分理解させるように努める．

2．各巻はできるだけ自己完結し，独立して理解し得るようにする．

3．数学が苦手な読者のために，数式を用いるときは天下りを避け，その意味や内容を十分解説する．なお，ページ数の関係で，数式の導出を簡単にしなければならない場合には，出版社の web サイトに詳細を載せる．

4．基礎的概念を十分に理解させるため，各章末に５～10 題程度の演習問題を設け，解答をつける（必要に応じて，詳細な解答を出版社の web サイトに掲載する）．

5．各章ごとに内容にふさわしいコラムを挿入し，読者の緊張をほぐすとともに学習への興味をさらに深めるよう工夫する．

以上の特徴を生かすため，各巻の著者には，物理化学研究の第一線で活躍されている方で，本シリーズの刊行趣旨を十分に理解された方にお願いした．その際，編集委員の少なくとも２名が，学生諸君の立場に立って，原稿をよく読み，執筆者と相談しながら，内容の改善や取捨選択の検討を行った．幸い，執筆者の方々のご協力によって，当初の目的が十分遂げられたと確信している．

最後に，読者の皆様に本シリーズ改善のために率直なご意見を編集委員会に送っていただくことをお願いする．

「物理化学入門シリーズ」編集委員会

はじめに

化学の面白さの１つは，物質が反応によって変化するところではないでしょうか？　もちろん一言で変化といっても，アルコールが酸化されてカルボン酸に変化するように実際に原子の結合が組み換わるものから，酸に塩基を加えたときのように H^+ と OH^- の濃度比が変化するもの，もっと極端な例では光によって物質の状態だけが変化するものまで，きわめて多様なものが含まれます．さらにこのような反応の中には一瞬 (10^{-15} s) で変化するものもあれば，100 年以上 (3×10^9 s) もかけてゆっくり変化するものもあります．反応様式の多様性や反応の時間スケールの差異を考えれば，それぞれの反応は全く別物のように思えます．ただ，一方で反応に関与する原子や分子の振る舞いに着目すると，多様な反応に共通する点が見えてきます．反応速度論は，反応の速さという切り口で反応を俯瞰し，原子・分子レベルでその機構を理解することを目指しています．

反応速度論は，「反応物や生成物がどういう状態にあるのか」ということと大いに関連します．したがって，本来ならば「熱力学」や「量子化学」を学んだ後の方が理解は深まるかもしれません．ただ「熱力学」や「量子化学」の言葉を使わなくても，反応速度論の基礎的な部分は理解できるのも事実です．本書は，これら広い知識を前提としなくても，内容を理解できることを目指して書かれています．さらに，より深く学びたい皆さんのために，巻末の付録を付けました．

第１章では，化学反応の速度と速度式の書き方を学びます．第２章では，実際の反応が素反応と呼ばれる複数の段階の組み合わせで成り立っていることを学びます．第３章では複雑な反応の反応速度を近似によって定量的に書き下す方法を学び，第４章ではこの近似を触媒反応に応用します．第５章では反応速度の具体的な解析方法について学びます．第６～８章では，反応機構を理論的にアプローチする方法を，第９章では，光が関与する反応について学びます．

反応速度論は，様々な化学反応を定量的に扱うための基礎となる学問です．しっかり理解することが化学の理解につながります．

2017年8月

著　者

目　　次

第1章　反応速度と速度式

第2章　素反応と複合反応

第3章　定常状態近似とその応用

第4章　触 媒 反 応

第5章　反応速度の解析法

第6章　衝突と反応

第7章　固体表面での反応

第8章　溶液中の反応

第9章　光化学反応

A. 付　　録

コラム

第1章 反応速度と速度式

本章ではまず，反応速度の基本的な考え方を学ぶ．反応速度を反応物濃度あるいは生成物濃度の時間変化をもとに定義したのち，反応速度を反応物の濃度の関数として表した反応速度式を導入する．反応速度式は，反応次数と反応速度定数という，反応速度を特徴付ける重要な要素から成り立っている．代表的な例として，反応次数が1の反応（1次反応）および2の反応（2次反応）を具体的に取り扱う．さらに，反応速度定数の温度依存性を扱う．最後に，反応進行度を用いた反応速度の表現法について触れる．

1.1 化学反応と速度

化学反応は，化学種が結合の解離や新たな結合の生成を通じて異なる化学種に変化する過程である．化学反応には，反応によって変化する化学種，すなわち**反応物**と，反応の結果生成する化学種，すなわち**生成物**が存在する．反応物から生成物への変化は，一般的に次のように矢印を用いて表現される．

$$a\mathrm{A} + b\mathrm{B} + c\mathrm{C} + \cdots \longrightarrow p\mathrm{P} + q\mathrm{Q} + \cdots \qquad (1.1.1)$$

ここで矢印の左辺にある A, B, C などの化学種が反応物，右辺にある P, Q などの化学種が生成物である．また，$a, b, c, p, q, \cdots$ は，反応により消費される反応物および生成する生成物の物質量（分子数，モルなど）の比を表し，**化学量論係数**とよばれる．

化学反応の中には，1秒にも満たない短い時間内に完結してしまうような速いものから，何百年もかけてゆっくりと進行するものまで様々ある．このような反応の速さの違いを定量化したものが**反応速度**である．一般的に反応速度は，反応に伴って単位時間あたりに減少する反応物の濃度（減少速度）あるいは単位時間あたりに増加する生成物の濃度（増加速度）で表される．

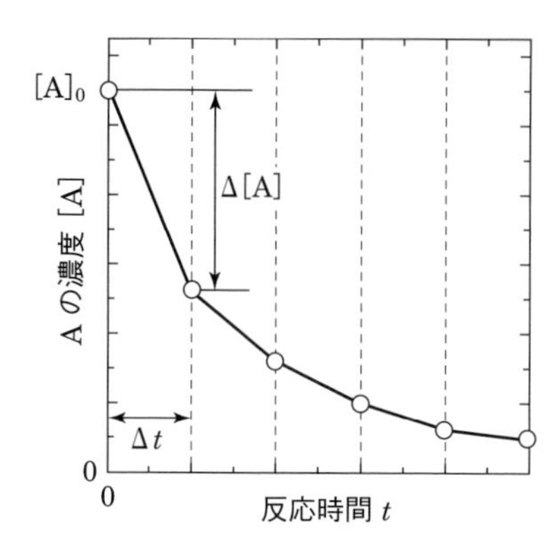

図1.1　反応物濃度の時間変化の例

反応速度が具体的にどのように表されるか，まず，単純な反応

$$2\,\mathrm{A} \longrightarrow \mathrm{P} \qquad (1.1.2)$$

を対象にして考えてみよう．いま，反応開始後のAの濃度[A]を時間間隔Δtおきに測定したところ，**図1.1**の白丸のような結果が得られたとする．Aは反応物であるので，この図のように[A]は時間とともに減少する．この反応(1.1.2)の反応速度をAの減少速度として表してみよう．上述したように，減少速度は，単位時間あたりに減少する反応物の濃度である．まず，図1.1で隣接する2つの測定点に着目し，時間Δtの間のAの濃度変化を$\Delta[\mathrm{A}]$で表すと，単位時間あたりの[A]の変化量は，

$$\text{単位時間あたりの[A]の変化量} = \frac{\Delta[\mathrm{A}]}{\Delta t} \qquad (1.1.3)$$

で表される．これは図1.1で隣接する2つの白丸を結んだときにできる直線の傾きに相当する．これをAの減少速度としたいところであるが，Aは時間とともに減少しているので，$\Delta[\mathrm{A}]$は常に負であり，式(1.1.3)で与えられる量も負である．減少速度が大きいときは，この負の量の絶対値が大きいことを意味するので，Aの減少速度としては次のように式(1.1.3)の右辺に負の符号をつけた正の値として定義する方が都合がよい．

$$\text{Aの減少速度} = -\frac{\Delta[\mathrm{A}]}{\Delta t}$$

このようにして，図1.1で隣接する2つの測定点から，Aの減少速度を求めることができるが，個々の測定点の間で，[A]が一定の減少速度で直線的に減少しているわけではない．測定の時間間隔をもっと短くして，測定点を増やしていくと，**図1.2**(a)のように変化はより細かくなり，Δtが無限小の極限では，

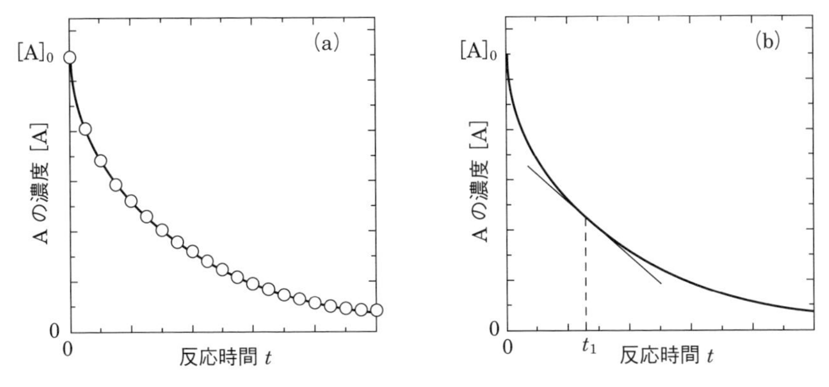

図 1.2　反応物濃度の時間変化．(a) 時間間隔 Δt を短くした場合および，(b) Δt を無限小までした極限の場合

図 1.2 (b) に示すような曲線となる．このとき，ある時間 t_1 における A の減少速度は，この曲線の接線の傾きに相当し，次式のような時間に対する微分の形で表される．

$$\text{A の減少速度} = -\frac{\mathrm{d}[\mathrm{A}]}{\mathrm{d}t}$$

一方，反応速度は生成物 P の増加速度で表すこともできる．上述の A の減少速度の場合と同じように，P の増加速度も最終的に P の濃度 [P] の時間微分で表される．

$$\text{P の増加速度} = \frac{\mathrm{d}[\mathrm{P}]}{\mathrm{d}t}$$

生成物の場合は，反応時間とともに増加するので，負の符号をつける必要はなく，[P] の時間微分がそのまま P の増加速度となる．

このようにして定義された A の減少速度と P の増加速度は同じ値となるであろうか．いまの例を含めて，一般的に反応物の減少速度と生成物の増加速度が等しくなるとは限らない．しかし，これらの間には化学量論関係から導かれる比例関係が成り立つ．反応時間 $t = 0$ における A の濃度（これを A の**初濃度**あるいは**初期濃度**という）を $[\mathrm{A}]_0$，反応時間 t における A の濃度を [A] で表すと，反応時間が 0 から t の間に反応した A の濃度 x は，

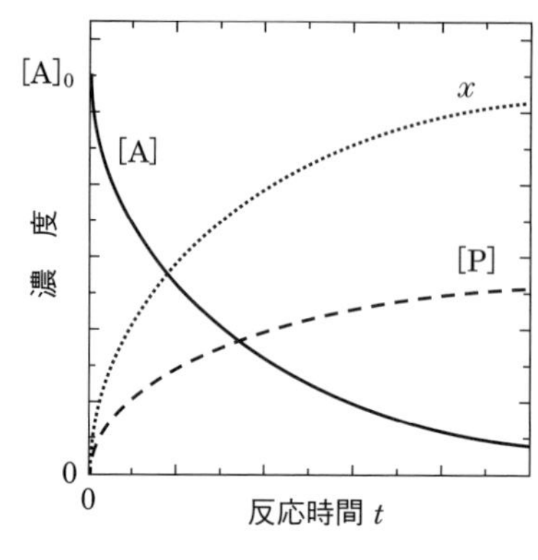

図1.3　[A]，x，[P] の時間変化

$$x = [A]_0 - [A] \tag{1.1.4}$$

と表すことができる．いまの例で反応式 (1.1.2) は，2 mol の A が反応すると 1 mol の P が生成することを表しているので，生成物 P の濃度は P の初濃度を $[P]_0$ として，

$$[P] = [P]_0 + \frac{1}{2}x \tag{1.1.5}$$

で表される．**図1.3** に，$[P]_0 = 0$ のときの [A]，x，[P] の時間変化を示す．

式 (1.1.4) と (1.1.5) から，A の減少速度と P の増加速度の間に以下の関係が導かれる．

$$\begin{aligned}
\text{P の増加速度} &= \frac{d[P]}{dt} \\
&= \frac{d}{dt}\left([P]_0 + \frac{1}{2}x\right) = \frac{1}{2}\frac{dx}{dt} \\
&= \frac{1}{2}\frac{d}{dt}([A]_0 - [A]) \\
&= \frac{1}{2} \times \left(-\frac{d[A]}{dt}\right) = \frac{1}{2} \times \text{A の減少速度}
\end{aligned}$$

したがって P の増加速度は A の減少速度の半分であることがわかる．

上述の例をもとにして考えると，一般に式 (1.1.1) で表される化学反応の場合，それぞれの反応物の減少速度，生成物の増加速度の間には次のような関係が成り立つことがわかる．

$$-\frac{1}{a}\frac{d[A]}{dt} = -\frac{1}{b}\frac{d[B]}{dt} = -\frac{1}{c}\frac{d[C]}{dt} = \cdots = \frac{1}{p}\frac{d[P]}{dt} = \frac{1}{q}\frac{d[Q]}{dt} = \cdots \tag{1.1.6}$$

式 (1.1.6) は，個々の反応物，生成物の減少速度，増加速度をそれぞれの化学量論係数で割ったものが等しいことを表している．このように，反応速度の大きさは，それを表すために選んだ化学種によって異なるので，反応速度を表現する際にはどの化学種を対象としているか，明記することが重要である[†1]．

反応速度は濃度の時間微分で表されるので，濃度/時間の単位をもつ．濃度の単位として，SI 単位系の $\mathrm{mol\,m^{-3}}$ を用いるべきだが，溶液反応では $\mathrm{mol\,dm^{-3}}$ ($\mathrm{mol\,L^{-1}}$)，気相反応では $1\,\mathrm{cm^3}$ の体積中に含まれる分子数（数密度）である $\mathrm{molecules\,cm^{-3}}$ が一般的に広く用いられる．それに伴って反応速度の単位も，$\mathrm{mol\,dm^{-3}\,s^{-1}}$ ($\mathrm{mol\,L^{-1}\,s^{-1}}$) や $\mathrm{molecules\,cm^{-3}\,s^{-1}}$ などが使われる．

［**例題 1.1**］ 気相中で五酸化二窒素 N_2O_5 から二酸化窒素 NO_2 と酸素分子 O_2 が生成する反応は次のように表される．

$$2\,N_2O_5 \longrightarrow 4\,NO_2 + O_2$$

NO_2 の増加速度が $3.2 \times 10^{-5}\,\mathrm{mol\,dm^{-3}\,s^{-1}}$ のとき，N_2O_5 の減少速度および O_2 の増加速度を求めよ．

［**解**］ この反応の化学量論関係より，N_2O_5 の減少速度 $-\mathrm{d}[N_2O_5]/\mathrm{d}t$，$NO_2$ の増加速度 $\mathrm{d}[NO_2]/\mathrm{d}t$，$O_2$ の増加速度 $\mathrm{d}[O_2]/\mathrm{d}t$ の間には次の関係が成り立つ．

$$-\frac{1}{2}\frac{\mathrm{d}[N_2O_5]}{\mathrm{d}t} = \frac{1}{4}\frac{\mathrm{d}[NO_2]}{\mathrm{d}t} = \frac{\mathrm{d}[O_2]}{\mathrm{d}t}$$

したがって

$$N_2O_5\text{の減少速度}\quad -\frac{\mathrm{d}[N_2O_5]}{\mathrm{d}t} = \frac{2}{4} \times \left(\frac{\mathrm{d}[NO_2]}{\mathrm{d}t}\right) = 1.6 \times 10^{-5}\,\mathrm{mol\,dm^{-3}\,s^{-1}}$$

$$O_2\text{の増加速度}\quad \frac{\mathrm{d}[O_2]}{\mathrm{d}t} = \frac{1}{4} \times \left(\frac{\mathrm{d}[NO_2]}{\mathrm{d}t}\right) = 8.0 \times 10^{-6}\,\mathrm{mol\,dm^{-3}\,s^{-1}}$$

が求められる．

1.2 反応速度式

1.1 節で示したように，反応速度は反応物濃度の減少速度あるいは生成物濃度の増加速度として得られる．このようにして求められた反応速度は，一般的

[†1] 対象とする化学種によらない反応速度の表現法として反応進行度による表し方があるが，一般的に用いられることは少ない．本書ではここで定義した，反応物，生成物濃度の時間微分によって反応速度を表すことにする．反応進行度による反応速度の表し方については，1.7 節で簡単に説明するにとどめる．

に反応物の濃度を変えるとそれに伴って変化する．すなわち反応速度は一般的に，反応物濃度の関数として表される．例えば，

$$a\mathrm{A} + b\mathrm{B} + c\mathrm{C} \longrightarrow p\mathrm{P} + q\mathrm{Q} \tag{1.2.1}$$

のような化学反応を考えると，反応速度 v は，

$$v = f([\mathrm{A}], [\mathrm{B}], [\mathrm{C}]) \tag{1.2.2}$$

のように，反応物の濃度 $[\mathrm{A}]$, $[\mathrm{B}]$, $[\mathrm{C}]$ の関数で表すことができる．このように反応速度を濃度の関数として表した式を**反応速度式**という．反応速度式が具体的にどのような関数になるかは，それぞれの反応物濃度を変えて反応速度を測定する実験を詳細に行うことにより知ることができる[†1]．反応によっては，反応速度式が反応物濃度の複雑な関数になる場合もあるが，多くの場合は，以下のように反応物濃度のべき乗の積で表される．

$$v = k[\mathrm{A}]^{n_\mathrm{A}}[\mathrm{B}]^{n_\mathrm{B}}[\mathrm{C}]^{n_\mathrm{C}} \tag{1.2.3}$$

この式は，反応速度が A の濃度に対して n_A 次，B の濃度に対して n_B 次，C の濃度に対して n_C 次で依存することを表している．これらの次数は 1, 2 などの整数のこともあれば，0.5 などの非整数のこともある．それぞれの反応物濃度に対する次数の総和

$$n = n_\mathrm{A} + n_\mathrm{B} + n_\mathrm{C} \tag{1.2.4}$$

をこの反応の**反応次数**という．反応次数 n の反応を n 次反応という．例えば，$n = 1$ の反応は 1 次反応，$n = 2$ の反応は 2 次反応とよばれる．また，k は，**反応速度定数**とよばれ，反応時間に依存しない定数であるが，温度などの反応条件によって変化する．

反応次数を化学反応式，すなわち反応の化学量論関係だけから判断してはならない．反応速度式は一般に実験によって経験的に得られるものであり，反応の化学量論関係とは無関係である場合が多いからである．例えば，式(1.2.1)で表される反応の速度が A の濃度に対して a 次，B の濃度に対して b 次，C の濃度に対して c 次で依存するとは限らない．n_A, n_B, n_C はあくまで実験的に決

[†1] 反応速度式の関数形を求めるための具体的な解析法については第5章で述べる．

定しなければならない[†1]．

n 次反応の中でも 1 次反応と 2 次反応は最も基本的な反応であり，以下の 1.3 節と 1.4 節でそれぞれ詳細に取り扱う．また，1.5 節では，2 次反応の特殊なケースに相当する擬 1 次反応を取り扱う．

1.3　1 次反応

反応次数 $n = 1$ の反応，すなわち 1 次反応では，反応速度が 1 種類の反応物の濃度に 1 次で依存する．次のような反応

$$\mathrm{A} \longrightarrow \mathrm{P} \tag{1.3.1}$$

が 1 次反応のとき，反応速度式は次のように表される．

$$v = k_1[\mathrm{A}] \tag{1.3.2}$$

ここで k_1 を 1 次反応速度定数という．反応速度 v は濃度/時間の単位をもつので，k_1 は時間の逆数の単位をもつ．例えば時間の単位が s (秒) であれば，k_1 の単位は s^{-1} である．反応速度を反応物 A の減少速度で表すと，式 (1.3.2) は，

$$-\frac{\mathrm{d}[\mathrm{A}]}{\mathrm{d}t} = k_1[\mathrm{A}] \tag{1.3.3}$$

のように書き表される．式 (1.3.3) は，[A] に対する微分方程式であり，以下の手順で解くことにより [A] を時間の関数として表すことができる．

$$\frac{\mathrm{d}[\mathrm{A}]}{[\mathrm{A}]} = -k_1\mathrm{d}t$$

$$\int_{[\mathrm{A}]_0}^{[\mathrm{A}]}\frac{\mathrm{d}[\mathrm{A}]}{[\mathrm{A}]} = -\int_0^t k_1\mathrm{d}t$$

$$\ln\frac{[\mathrm{A}]}{[\mathrm{A}]_0} = -k_1 t \tag{1.3.4}$$

ただし，$[\mathrm{A}]_0$ は $t = 0$ での A の濃度 (初濃度)，[A] は時間 t での A の濃度をそれぞれ表す．また，ln は自然対数を表す (すなわち $\ln x = \log_e x$)．最終的に

[†1] 例外的に，化学反応式だけから反応次数が得られる場合がある．第 2 章で述べる素反応の場合である．

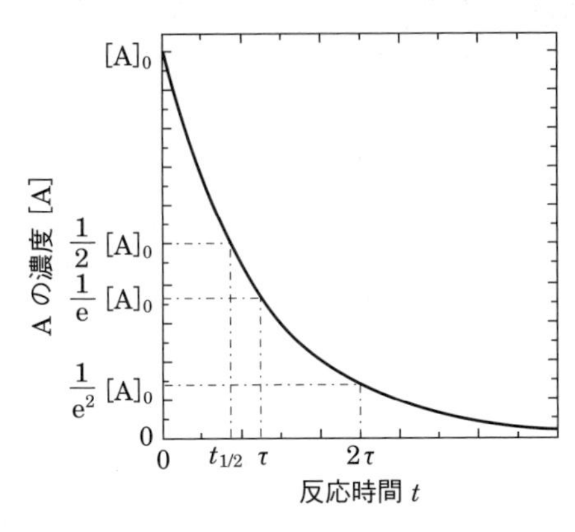

図 1.4 1次反応における反応物濃度の時間変化

[A] を時間 t の関数として

$$[A] = [A]_0 \exp(-k_1 t) \tag{1.3.5}$$

のように求めることができる．ここで exp は e の累乗を意味する関数である（すなわち $\exp(x) = e^x$）．

図 1.4 に，[A] の時間変化を示す．この図からわかるように，1次反応では A の濃度が初濃度 $[A]_0$ から反応時間とともに指数関数的に減衰する．

一方，式 (1.3.4) は，

$$\ln[A] = -k_1 t + \ln[A]_0 \tag{1.3.6}$$

のように書き換えることができる．この式から，[A] の対数は反応時間 t に対して直線的に減少することがわかる．**図 1.5 (a)** に，ln [A] の時間変化を示す．式 (1.3.6) が示すように，この直線の傾きは $-k_1$ である．したがって，濃度の対数を反応時間に対して図示したとき直線が得られれば，その反応は1次反応

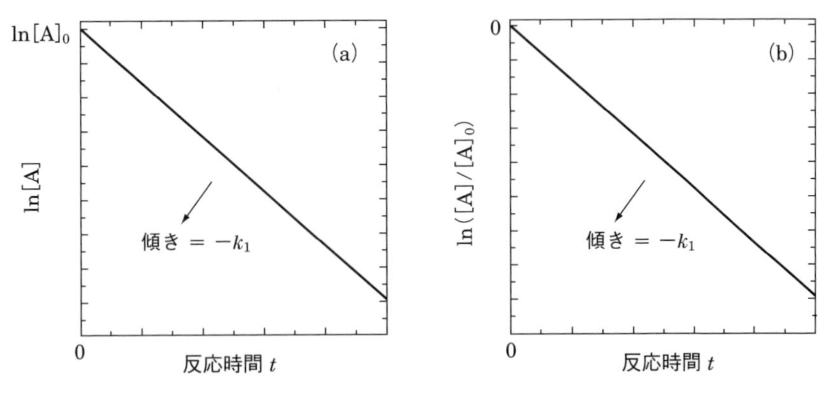

図 1.5 1次反応における (**a**) ln [A] および (**b**) ln ([A]/$[A]_0$) の時間変化

であり，傾きから k_1 を求めることができる．

図 1.5 (b) は，$\ln([\mathrm{A}]/[\mathrm{A}]_0)$ を反応時間 t に対してプロットしたものである．この図に示すように，$\ln([\mathrm{A}]/[\mathrm{A}]_0)$ は 0 を起点とした右下がりの直線となるが，式 (1.3.4) の関係が示すように，この直線の傾きも $-k_1$ である．すなわち，1 次反応の解析では，$[\mathrm{A}]$ の絶対濃度を知る必要はなく，初濃度 $[\mathrm{A}]_0$ との相対的な比 $([\mathrm{A}]/[\mathrm{A}]_0)$ が得られれば，図 1.5 (b) のようなプロットを通して k_1 を求めることができる．

反応物濃度が半分になるまでに要する時間を**半減期**という．半減期を $t_{1/2}$ で表すと，1 次反応では，式 (1.3.5) の関係より，

$$\frac{1}{2}[\mathrm{A}]_0 = [\mathrm{A}]_0 \exp(-k_1 t_{1/2})$$

$$\exp(-k_1 t_{1/2}) = \frac{1}{2}$$

$$-k_1 t_{1/2} = \ln\frac{1}{2} = -\ln 2$$

$$t_{1/2} = \frac{\ln 2}{k_1} \tag{1.3.7}$$

が導かれる．したがって 1 次反応の半減期は，反応物濃度によらず，1 次反応速度定数 k_1 のみによって決まる．一方，反応物濃度が初濃度の e 分の 1 になるまでに要する時間を τ で表すと，

$$\tau = \frac{1}{k_1} \tag{1.3.8}$$

の関係が得られる．τ を，濃度が e 分の 1 になるまでの寿命，あるいは単に**寿命**という．1 次反応では寿命が 1 次反応速度定数の逆数となる．時間が 2τ 経過すると濃度は元の e^2 分の 1 に，3τ 経過すると濃度は元の e^3 分の 1 にまでそれぞれ減少する．このように τ は，1 次反応において A がどの程度の時間スケールで減少するかを表す重要な時定数であり，式 (1.3.8) が示すように，k_1 により一義的に決まる．図 1.4 には，半減期 $t_{1/2}$ と寿命 τ，および 2τ の位置を示している．

［**例題 1.2**］　$k_1 = 0.040\ \mathrm{s}^{-1}$ の1次反応における半減期 $t_{1/2}$ および寿命 τ を求めよ．
［**解**］　半減期 $t_{1/2}$ は，式(1.3.7)より，

$$t_{1/2} = \frac{\ln 2}{k_1} = \frac{0.69}{0.040\ \mathrm{s}^{-1}} = 17\ \mathrm{s}$$

寿命 τ は，式(1.3.8)より，

$$\tau = \frac{1}{k_1} = \frac{1}{0.040\ \mathrm{s}^{-1}} = 25\ \mathrm{s}$$

式(1.3.1)は，反応したAの分だけPが生成することを表している．したがってPの増加速度は，

$$\frac{\mathrm{d}[\mathrm{P}]}{\mathrm{d}t} = k_1[\mathrm{A}] \tag{1.3.9}$$

で表される．[P]の時間変化を表す式は，この微分方程式を解くことで得られる．[A]の時間変化は式(1.3.5)のように求められているので，これを式(1.3.9)に代入し，

$$\frac{\mathrm{d}[\mathrm{P}]}{\mathrm{d}t} = k_1[\mathrm{A}]_0 \exp(-k_1 t)$$

が得られる．これを積分すると，

$$\int_{[\mathrm{P}]_0}^{[\mathrm{P}]} \mathrm{d}[\mathrm{P}] = k_1[\mathrm{A}]_0 \int_0^t \exp(-k_1 t)\,\mathrm{d}t$$

$$[\mathrm{P}] - [\mathrm{P}]_0 = -\frac{k_1}{k_1}[\mathrm{A}]_0[\exp(-k_1 t) - 1] = [\mathrm{A}]_0[1 - \exp(-k_1 t)]$$

$$[\mathrm{P}] = [\mathrm{P}]_0 + [\mathrm{A}]_0[1 - \exp(-k_1 t)]$$

が最終的に得られる．ただし，$[\mathrm{P}]_0$ はPの初濃度である．**図1.6**に，反応により生成するPの濃度，すなわち $[\mathrm{P}] - [\mathrm{P}]_0$ を反応時間に対してプロットした図を示す．$[\mathrm{P}] - [\mathrm{P}]_0$ は，0から時間とともに増加し，最終的に $[\mathrm{A}]_0$ に近づいていく．Aの減少の場合と同様に，Pが増加する時間スケールも，k_1 の逆数である寿命 τ の大きさで決まる．図に示したように，τ，2τ，3τ だけ時間が経過すると，$[\mathrm{P}] - [\mathrm{P}]_0$ は，それぞれ，$(1 - 1/\mathrm{e})[\mathrm{A}]_0$，$(1 - 1/\mathrm{e}^2)[\mathrm{A}]_0$，

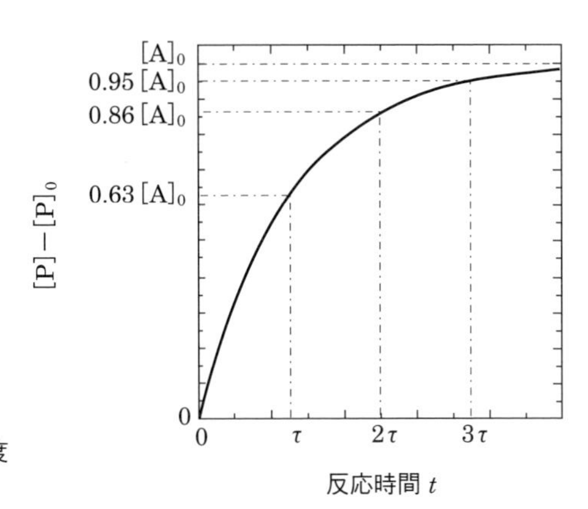

図 1.6　1 次反応における生成物濃度の時間変化

$(1-1/e^3)\,[\mathrm{A}]_0$ となり，時間無限大での値 $[\mathrm{A}]_0$ の約 63 %，86 %，95 % に達する．

1.4　2 次反応

反応次数 $n=2$ の反応は大きく 2 つに分類される．1 つは，反応速度が 1 種類の反応物 A の濃度に対して 2 次で依存する反応 $(n_\mathrm{A}=2)$ であり，もう 1 つは，2 種類の反応物 A，B の濃度のそれぞれに対して 1 次で依存する反応 $(n_\mathrm{A}=n_\mathrm{B}=1)$ である．まず，1 種類の反応物の濃度に対して 2 次で依存する反応について考えてみよう．例えば，反応

$$\mathrm{A} \longrightarrow \mathrm{P}$$

が $n_\mathrm{A}=2$ の 2 次反応のとき，その反応速度は

$$-\frac{\mathrm{d}[\mathrm{A}]}{\mathrm{d}t}=k_2[\mathrm{A}]^2 \tag{1.4.1}$$

で表される．k_2 を 2 次反応速度定数という．k_2 は (濃度)$^{-1}$(時間)$^{-1}$ の単位をもち，例えば濃度の単位が $\mathrm{mol\ dm^{-3}}$，時間の単位が s であるならば，k_2 の単位は $\mathrm{dm^3\ mol^{-1}\ s^{-1}}$ となる．式 (1.4.1) の微分方程式を解くと，

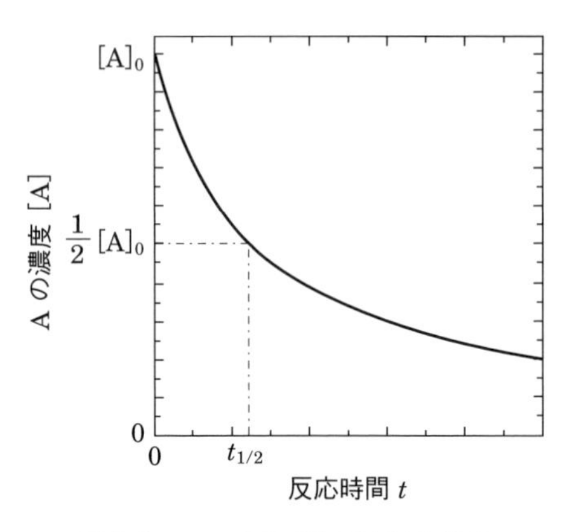

図 1.7　$n_A = 2$ の 2 次反応における反応物濃度の時間変化

$$\frac{d[A]}{[A]^2} = -k_2 dt$$

$$\int_{[A]_0}^{[A]} \frac{d[A]}{[A]^2} = -\int_0^t k_2 dt$$

$$\frac{1}{[A]} - \frac{1}{[A]_0} = k_2 t$$

(1.4.2)

$$[A] = \frac{[A]_0}{1 + k_2[A]_0 t}$$

のように [A] の時間変化の式が得られる．ただし $[A]_0$ は A の初濃度である．2 次反応における [A] の時間変化を**図 1.7** に示す．

半減期を $t_{1/2}$ で表すと，式 (1.4.2) より

$$\frac{2}{[A]_0} - \frac{1}{[A]_0} = k_2 t_{1/2}$$

$$t_{1/2} = \frac{1}{k_2[A]_0} \tag{1.4.3}$$

となる．式 (1.4.3) から明らかなように，2 次反応の半減期は，k_2 だけでなく初濃度 $[A]_0$ にも依存する．図 1.7 に半減期の位置を示している．

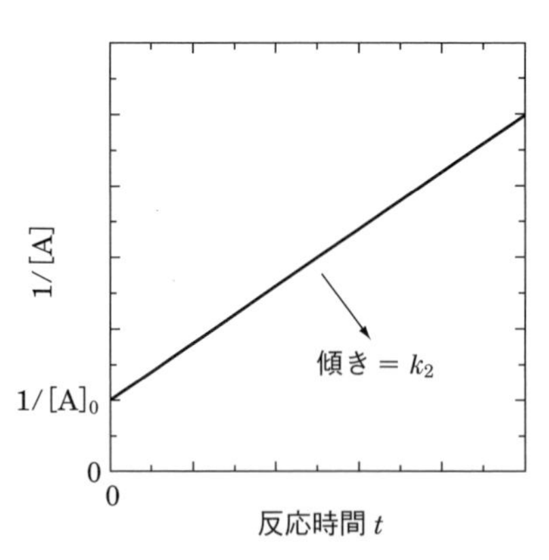

図 1.8　$n_A = 2$ の 2 次反応における 1/[A] の時間変化

$n_A = 2$ の 2 次反応では，反応物濃度の対数を時間に対してプロットしても直線関係は得られない．むしろ，式 (1.4.2) から予想されるように，[A] の逆数を反応時間 t に対してプロットすると直線関係が得られ

る．**図 1.8** に $1/[\mathrm{A}]$ を t に対してプロットした図を示す．このように $n_\mathrm{A}=2$ の 2 次反応では，$1/[\mathrm{A}]_0$（初濃度の逆数）を起点として，傾き k_2 の右上がりの直線が描かれる．

次に，反応速度が 2 種類の反応物の濃度それぞれに対して 1 次で依存する反応について考えてみよう．反応

$$\mathrm{A}+\mathrm{B} \longrightarrow \mathrm{P} \tag{1.4.4}$$

が $n_\mathrm{A}=1$，$n_\mathrm{B}=1$，$n=n_\mathrm{A}+n_\mathrm{B}=2$ の 2 次反応のとき，反応速度は

$$-\frac{\mathrm{d}[\mathrm{A}]}{\mathrm{d}t}=k_2[\mathrm{A}][\mathrm{B}] \tag{1.4.5}$$

で表される．2 次反応速度定数 k_2 はこの場合も（濃度）$^{-1}$（時間）$^{-1}$ の単位をもつ．A と B の初濃度が等しいとき，すなわち $[\mathrm{A}]_0=[\mathrm{B}]_0$ のとき，常に $[\mathrm{A}]=[\mathrm{B}]$ となるので，式 (1.4.5) は式 (1.4.1) に置き換えることができ，$[\mathrm{A}]$（および $[\mathrm{B}]$）は，式 (1.4.2) を満たす．一方，$[\mathrm{A}]_0$ と $[\mathrm{B}]_0$ が等しくないとき，式 (1.4.5) は，次のように解くことができる．まず，反応時間 t までに反応した A の濃度を x とすると，x は初濃度 $[\mathrm{A}]_0$ と反応時間 t における A の濃度 $[\mathrm{A}]$ の差で表される．

$$x=[\mathrm{A}]_0-[\mathrm{A}]$$

したがって，$[\mathrm{A}]$ を $[\mathrm{A}]_0$ と x で次のように表すことができる．

$$[\mathrm{A}]=[\mathrm{A}]_0-x \tag{1.4.6}$$

式 (1.4.4) の反応式から，A と B は 1 対 1 で反応することがわかるので，$[\mathrm{B}]$ も B の初濃度 $[\mathrm{B}]_0$ と x とから

$$[\mathrm{B}]=[\mathrm{B}]_0-x \tag{1.4.7}$$

で表される．また，式 (1.4.5) の左辺は，x を用いて次のように書き換えられる．

$$-\frac{\mathrm{d}[\mathrm{A}]}{\mathrm{d}t}=-\frac{\mathrm{d}}{\mathrm{d}t}([\mathrm{A}]_0-x)=\frac{\mathrm{d}x}{\mathrm{d}t} \tag{1.4.8}$$

式 (1.4.6) ～ (1.4.8) を式 (1.4.5) に代入すると，

$$\frac{\mathrm{d}x}{\mathrm{d}t} = k_2([\mathrm{A}]_0 - x)([\mathrm{B}]_0 - x)$$

$$\frac{\mathrm{d}x}{([\mathrm{A}]_0 - x)([\mathrm{B}]_0 - x)} = k_2\mathrm{d}t$$

$$\frac{1}{[\mathrm{B}]_0 - [\mathrm{A}]_0}\left(\frac{1}{[\mathrm{A}]_0 - x} - \frac{1}{[\mathrm{B}]_0 - x}\right)\mathrm{d}x = k_2\mathrm{d}t$$

と書き換えられる．これを $t = 0$ から t まで積分すると，$t = 0$ で $x = 0$ なので，

$$\frac{1}{[\mathrm{B}]_0 - [\mathrm{A}]_0}\int_0^x\left(\frac{1}{[\mathrm{A}]_0 - x} - \frac{1}{[\mathrm{B}]_0 - x}\right)\mathrm{d}x = \int_0^t k_2\mathrm{d}t$$

$$-\frac{1}{[\mathrm{B}]_0 - [\mathrm{A}]_0}[\ln([\mathrm{A}]_0 - x) - \ln([\mathrm{B}]_0 - x) - (\ln[\mathrm{A}]_0 - \ln[\mathrm{B}]_0)] = k_2t$$

式 (1.4.6)，(1.4.7) の関係を用いて整理すると，

$$-\frac{1}{[\mathrm{B}]_0 - [\mathrm{A}]_0}\ln\frac{[\mathrm{A}][\mathrm{B}]_0}{[\mathrm{A}]_0[\mathrm{B}]} = k_2t$$

$$\ln\frac{[\mathrm{A}][\mathrm{B}]_0}{[\mathrm{A}]_0[\mathrm{B}]} = -k_2([\mathrm{B}]_0 - [\mathrm{A}]_0)t \qquad (1.4.9)$$

の関係が得られる．**図 1.9** に，$[\mathrm{B}]_0 = 1.5[\mathrm{A}]_0$ の場合の反応物の濃度 [A]，[B] の時間変化を示す．A も B も時間とともに減少していくが，$[\mathrm{A}]_0 < [\mathrm{B}]_0$ であるため，[A] が時間とともに 0 に近づいていくのに対し，[B] は，$[\mathrm{B}]_0 - [\mathrm{A}]_0 = 0.5[\mathrm{A}]_0$ に近づいていく．また，図からは判断しにくいが，[B] と [A] の濃度差 ([B] − [A]) は，時間によらず常に一定である．図 1.9 には，反応で消費される A (および B) の濃度 x も示している．いまの例では，式

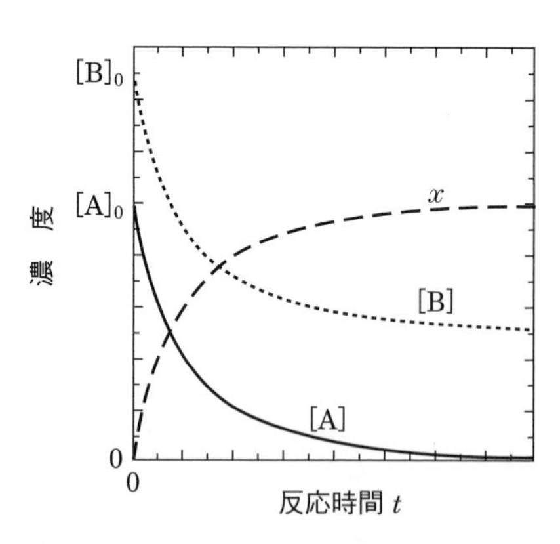

図 1.9　$n_\mathrm{A} = n_\mathrm{B} = 1$ の 2 次反応における反応物濃度および x の時間変化

(1.4.4) より反応で消費された A または B と同量の生成物 P ができるので，x は反応により生成した P の濃度と等しくなる．

以上，2 次反応として 2 つの場合を考えたが，どちらの場合も，反応を解析して k_2 の値を求めるためには，反応物の絶対濃度を知る必要がある．先に考えた $n_A = 2$ の反応の場合，図 1.8 のプロットの傾きから k_2 を決定するには，[A] の逆数が必要となる．また，$n_A = n_B = 1$ の反応の場合は，2 種類の反応物の濃度をそれぞれ測定する必要がある．式 (1.4.9) の左辺は，反応物の相対的な濃度，すなわち $[A]/[A]_0$，$[B]/[B]_0$ から計算できるが，右辺を得るには A，B の初濃度を絶対濃度として求めなければならない．このように 2 次反応の解析は，1 次反応に比べて多くの情報を必要とする．

1.5　擬 1 次反応

前節で最後に扱った $[A]_0 \neq [B]_0$ の 2 次反応では，一方の反応物の初濃度をもう一方の反応物の初濃度よりも大過剰にして反応を起こすことで，解析をより簡便にすることができる．いま，式 (1.4.4) で表される反応を，$[B]_0$ が $[A]_0$ に比べて大過剰な条件下で起こすとしよう．例えば $[B]_0$ が $[A]_0$ の 100 倍の場合，[A] が $[A]_0$ の 10 分の 1 に減る間でも，$[B]_0$ の 99 % 以上が未反応のまま残っている．したがって，反応を通して [B] の変化を無視して，$[B] \approx [B]_0$ と近似することができる．このとき，式 (1.4.5) の速度式は，

$$-\frac{d[A]}{dt} = k_2[B]_0[A] \tag{1.5.1}$$

で表される．$[B]_0$ は時間によらないので，$k_2[B]_0$ を合わせて 1 つの定数 k_1' に置き換えることができる．

$$k_1' = k_2[B]_0 \tag{1.5.2}$$

よって式 (1.5.1) は，

$$-\frac{d[A]}{dt} = k_1'[A] \tag{1.5.3}$$

となり，式 (1.3.3) で示した 1 次反応の速度式と同じ形になる．すなわち，こ

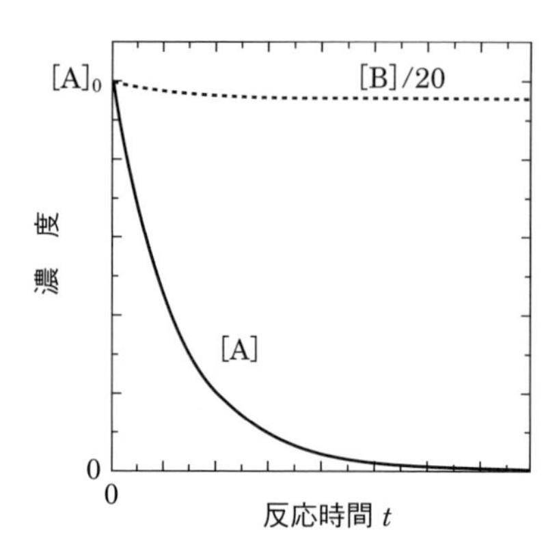

図1.10　擬1次反応における反応物濃度の時間変化

の反応は見かけ上 [A] に対する1次反応と同じ挙動を示す．このような反応を**擬1次反応**といい，式 (1.5.2) で表される k_1' を擬1次反応速度定数という．式 (1.5.3) を積分して，[A] の時間変化式

$$\begin{aligned}[\mathrm{A}] &= [\mathrm{A}]_0 \exp(-k_1' t) \\ &= [\mathrm{A}]_0 \exp(-k_2[\mathrm{B}]_0 t)\end{aligned} \tag{1.5.4}$$

が得られる．**図1.10** に，擬1次反応における反応物 A，B の濃度変化の例を示す．この例では，$[\mathrm{B}]_0 = 20[\mathrm{A}]_0$ の場合を示している．B は A に比べて大過剰なので，その濃度変化は非常に小さい (図では [B] の濃度を 20 分の 1 に縮小して示している)．一方，[A] は時間とともに減衰し 0 に近づいていく．式 (1.5.4) の両辺の対数をとると，

$$\ln\frac{[\mathrm{A}]}{[\mathrm{A}]_0} = -k_2[\mathrm{B}]_0 t \tag{1.5.5}$$

となり，1次反応での式 (1.3.4) に対応する関係が得られる．したがって，[A] あるいは $[\mathrm{A}]/[\mathrm{A}]_0$ の対数を縦軸に，反応時間を横軸にそれぞれとってプロットすると，1次反応の場合と同様に直線となるはずである．**図1.11** に，$\ln([\mathrm{A}]/[\mathrm{A}]_0)$ を時間に対してプロットした結果を実線で示す．このように $\ln([\mathrm{A}]/[\mathrm{A}]_0)$ は反応時間に対してほぼ直線的に変化し，その傾きから $k_2[\mathrm{B}]_0$ を求めることができる．

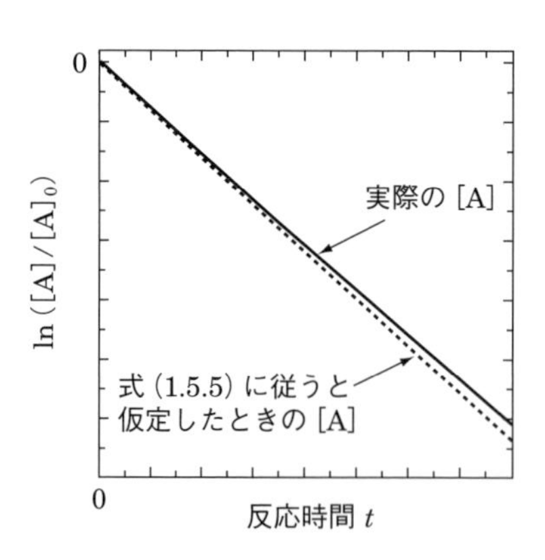

図1.11　擬1次反応における $\ln([\mathrm{A}]/[\mathrm{A}]_0)$ の時間変化

そして $[\mathrm{B}]_0$ の値がわかっていれば，そこから k_2 を決定することができる．ただ実際には，[B] も時間とともに減少し，$[\mathrm{B}]_0$ より低くなるので，ここから得られる k_2 には若干の誤差が生じる．図 1.11 の点線は，式 (1.5.5) に厳密に従うと仮定したときの $\ln([\mathrm{A}]/[\mathrm{A}]_0)$ の時間変化，すなわち，$[\mathrm{B}]_0$ と k_2 の値をもとに計算された式 (1.5.5) の右辺の値の時間変化である．このように実線と点線には差異が生じ，実線の傾きから求めた k_2 は本来の k_2 に比べやや低い値になる．この例では約 5 % の過小評価となるが，充分よい近似といえる．このずれは [B] の減少によるものなので，$[\mathrm{B}]_0/[\mathrm{A}]_0$ 比を大きくするほど，ずれを小さくすることができる．

擬 1 次反応では 1 次反応と同様に，[A] の絶対濃度が得られなくても，$[\mathrm{A}]_0$ に対する相対濃度が求められれば図 1.11 のような解析ができる．その点で，通常の 2 次反応に比べ解析が容易になる（ただし k_2 を得るには $[\mathrm{B}]_0$ の絶対濃度を求める必要がある）．

［**例題 1.3**］　前節で $[\mathrm{A}]_0 \neq [\mathrm{B}]_0$ のときに得られた式 (1.4.9) から出発して，擬 1 次反応における式 (1.5.5) を導け．

［**解**］　擬 1 次反応では，$[\mathrm{B}] \approx [\mathrm{B}]_0$ であるので，式 (1.4.9) の左辺は，

$$\ln\frac{[\mathrm{A}][\mathrm{B}]_0}{[\mathrm{A}]_0[\mathrm{B}]} \approx \ln\frac{[\mathrm{A}][\mathrm{B}]_0}{[\mathrm{A}]_0[\mathrm{B}]_0} = \ln\frac{[\mathrm{A}]}{[\mathrm{A}]_0}$$

に書き換えられる．一方，$[\mathrm{B}]_0 \gg [\mathrm{A}]_0$，すなわち $[\mathrm{B}]_0 - [\mathrm{A}]_0 \approx [\mathrm{B}]_0$ であるので，式 (1.4.9) の右辺は，

$$-k_2([\mathrm{B}]_0 - [\mathrm{A}]_0)t \approx -k_2[\mathrm{B}]_0 t$$

となる．これらから式 (1.5.5) が導かれる．

1.6　反応速度定数の温度依存性

1.3 節で扱った 1 次反応，1.4 節で扱った 2 次反応において反応速度式に現れる反応速度定数は，反応物の濃度に依存しない，すなわち時間に依存しない定数である．しかし，反応速度定数は温度に依存し，その結果，反応速度も温度によって変化する．多くの 1 次反応，2 次反応で，反応速度定数は温度とともに増加する傾向を示す．これは反応が進行するためには，何らかのエネル

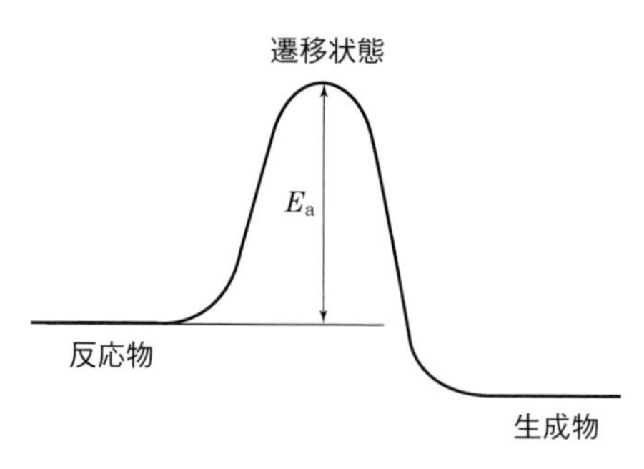

図 1.12 遷移状態と活性化エネルギー

ギー障壁を越える必要があり，温度が高くなるとこのエネルギー障壁を越えやすくなるため，反応速度定数が増加すると考えることで説明される．この障壁の大きさを**活性化エネルギー** E_a といい，活性化エネルギーをもった状態，すなわち反応が進行する際に最もエネルギーが高くなる状態を**遷移状態**という．また，遷移状態にある化学種を**活性錯合体**という．**図 1.12** に反応物（始状態），生成物（終状態），遷移状態の関係を模式的に表す．遷移状態については付録 A.5 で詳しく説明する．ここでは，反応速度定数の温度依存性について経験的に得られた式をもとに，反応速度定数と活性化エネルギーの関係を示すにとどめる．

反応速度定数の温度依存性を経験的に定式化した中で最も広く用いられているのが**アレニウスの式**である．

$$k = A\exp\left(-\frac{E_a}{RT}\right) \tag{1.6.1}$$

ここで A は**頻度因子**あるいは**前指数因子**とよばれ，反応速度定数と同じ単位をもち，温度に依存しない定数である．また，R は気体定数である．この式で活性化エネルギー E_a は指数関数 exp の中に入っている．R として 8.31 J K^{-1} mol^{-1} を用いると，指数項内の分母 RT は J mol^{-1} の単位となり，E_a も 1 mol あたりのエネルギーで表されることがわかる．一方，気体定数 R をアボガドロ定数で割ると，ボルツマン定数 k_B になることから，式 (1.6.1) の指数項は，熱的に平衡状態にある分子集団のエネルギー分布を表したボルツマン分布と関連付けることができ，分子集団の中で運動エネルギーが E_a を越えたものの割合を表していると考えられる[†1 (脚注次ページ)]．これは図 1.12 で表した活性化エネルギーのイメージと合致している．

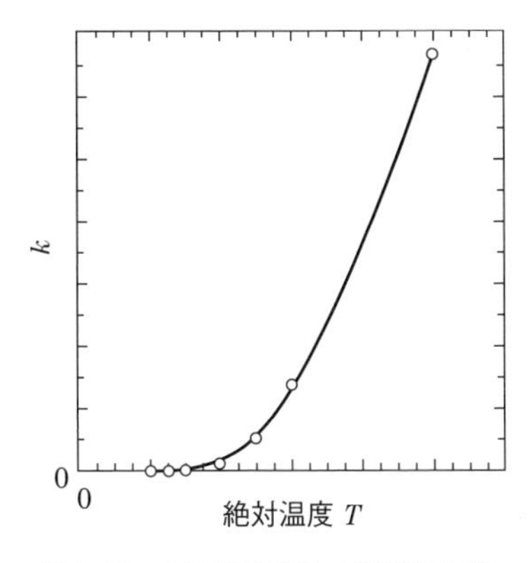

図 1.13　反応速度定数の温度依存性の例

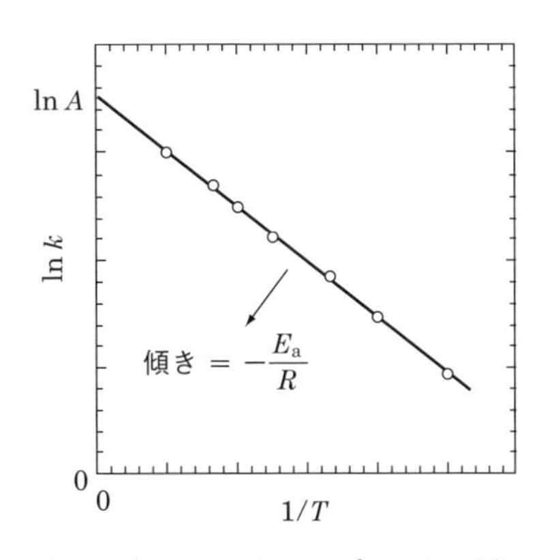

図 1.14　アレニウス・プロットの例

図 1.13 に，アレニウスの式に従う反応速度定数 k の温度依存性の例を示す．このように反応速度定数は温度とともに急激に増加する傾向を示す．反応速度定数を様々な温度で測定することができれば，式 (1.6.1) をもとに，活性化エネルギーを実験的に求めることができる．式 (1.6.1) の両辺の自然対数をとると，

$$\ln k = -\frac{E_a}{RT} + \ln A \tag{1.6.2}$$

の関係が得られる．すなわち，$\ln k$ を温度の逆数 $1/T$ に対してプロットすると，直線が描かれ，その傾きから E_a を求めることができる．このプロットを**アレニウス・プロット**という．**図 1.14** にアレニウス・プロットの例を示す．

1.7　反応進行度

1.1 節で述べたように，反応速度は反応物の減少速度または生成物の増加速度で表現されることが多いが，式 (1.1.6) で表されるように，具体的に選んだ化学種によってその大きさが変わる可能性があるため注意を要する．これに対し，反応進行度を用いて反応速度を表すと，このような不具合は生じない．1.1

---

†1　ボルツマン分布については 6.1 節で説明する．また，第 6 章では，2 つの分子の衝突で引き起こされる反応の速度定数と温度の関係を，ボルツマン分布に基づいて導く．

節と同じように，一般的な反応を

$$a\,\mathrm{A} + b\,\mathrm{B} + c\,\mathrm{C} + \cdots \longrightarrow p\,\mathrm{P} + q\,\mathrm{Q} + \cdots \tag{1.7.1}$$

で表した場合，ある反応時間 t における反応進行度 ξ は次のように定義される．

$$\xi = -\frac{n_{\mathrm{A}} - n_{\mathrm{A},0}}{a} \tag{1.7.2}$$

ただし，$n_{\mathrm{A},0}$ は反応開始前の A の物質量 (単位 mol)，n_{A} は反応時間 t での A の物質量を表す．この定義から反応進行度は mol の単位をもつことがわかる．式 (1.7.2) からは，ξ が A の物質量でのみ表されたように見えるが，反応 (1.7.1) の化学量論関係より，各反応物，生成物の物質量の変化量には次のような関係が成り立つ．

$$-\frac{n_{\mathrm{A}} - n_{\mathrm{A},0}}{a} = -\frac{n_{\mathrm{B}} - n_{\mathrm{B},0}}{b} = -\frac{n_{\mathrm{C}} - n_{\mathrm{C},0}}{c} = \cdots = \frac{n_{\mathrm{P}} - n_{\mathrm{P},0}}{p} = \frac{n_{\mathrm{Q}} - n_{\mathrm{Q},0}}{q} = \cdots \tag{1.7.3}$$

ただし，n_{B}，n_{C}，n_{P}，n_{Q} はそれぞれの化学種の反応時間 t での物質量，$n_{\mathrm{B},0}$，$n_{\mathrm{C},0}$，$n_{\mathrm{P},0}$，$n_{\mathrm{Q},0}$ は $t=0$ での物質量を表す．このように式 (1.7.3) の等号で結ばれた各量が反応進行度 ξ と等しくなり，ξ は選んだ化学種によらないことがわかる．また，式 (1.7.2)，(1.7.3) より，$t=0$ では $\xi=0$ であることがわかる．一方，$\xi=1$ となるのは，A が a mol，B が b mol，C が c mol それぞれ反応し，P が p mol，Q が q mol それぞれ生成したときに相当する．

A のモル濃度を [A] とすると，反応進行度と体積 V を用いて

$$[\mathrm{A}] = \frac{n_{\mathrm{A}}}{V} = \frac{n_{\mathrm{A},0} - a\xi}{V}$$

で表される．反応によって体積が変化しない場合，A の減少速度は，

$$\frac{\mathrm{d}[\mathrm{A}]}{\mathrm{d}t} = \frac{\mathrm{d}}{\mathrm{d}t}\left(\frac{n_{\mathrm{A},0} - a\xi}{V}\right) = -\frac{a}{V}\frac{\mathrm{d}\xi}{\mathrm{d}t}$$

で表すことができる．A 以外の反応物の減少速度および生成物の生成速度に対しても同じように表すことができるので，1.1 節の式 (1.1.6) の関係は，次のように書き表すことができる．

$$\frac{1}{V}\frac{\mathrm{d}\xi}{\mathrm{d}t} = -\frac{1}{a}\frac{\mathrm{d}[\mathrm{A}]}{\mathrm{d}t} = -\frac{1}{b}\frac{\mathrm{d}[\mathrm{B}]}{\mathrm{d}t} = -\frac{1}{c}\frac{\mathrm{d}[\mathrm{C}]}{\mathrm{d}t} = \cdots = \frac{1}{p}\frac{\mathrm{d}[\mathrm{P}]}{\mathrm{d}t} = \frac{1}{q}\frac{\mathrm{d}[\mathrm{Q}]}{\mathrm{d}t} = \cdots \tag{1.7.4}$$

すなわち，反応進行度の時間微分を用いて反応速度を一義的に表すことができ，対象とした反応物，生成物によって反応速度の大きさが変わる問題を解消することができる．

コラム

反応速度定数と温度

最初に反応速度を定量的に測定したのは，ドイツの化学者であるルートヴィッヒ・ウィルヘルミーであるといわれている．彼は1850年に発表した論文の中で，ショ糖（スクロース）がグルコースとフルクトースに転化する反応

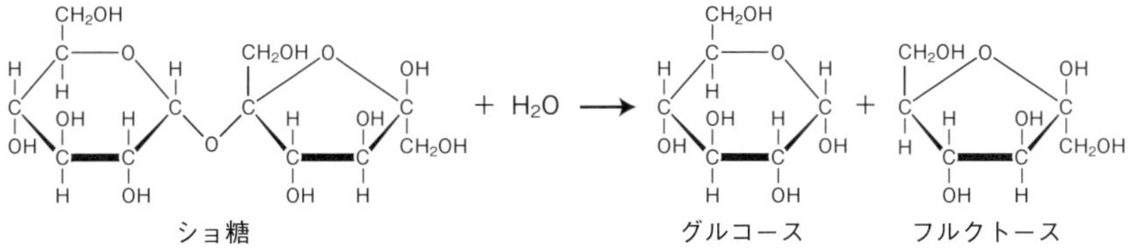

ショ糖 + H_2O ⟶ グルコース + フルクトース

の速度 v がショ糖の濃度［ショ糖］に1次で依存することを報告している．

$$v = k\,[\text{ショ糖}]$$

彼はまた，反応速度定数 k が温度に依存すると考え，その補正を行った．そのとき彼が用いた式は，次のような摂氏温度 θ に対する式であった（a, b, c は温度によらない定数である）．

$$k = ab^{\theta}(1 + c\theta)$$

残念ながら彼の先駆的な研究は今日，ほとんど認知されていない．なお，彼は表面張力の測定方法の開発にも貢献し，薄い板状の測定子を使って液体の表面張力を測定する方法はウィルヘルミー法として知られている．

反応速度定数の温度依存性についてはその後も様々な式が提案されたが，式(1.6.1)に示した式がスウェーデンの化学者スヴァンテ・アレニウスによって出されたのは1889年であった．彼は，不活性な分子と，反応を起こしうる活性な分子との間の平衡を考え，平衡定数の温度依存性に関するファント・ホッフの式をもとに

して，この式を考案した．そして当時報告されていたいくつかの反応に対する反応速度の温度依存性を，この式を用いてうまく説明した．当時この式は，反応速度定数の温度依存性を説明するために提案された様々な式の一つにすぎなかったが，1920年頃までには広く受け入れられるようになったようである．これは，彼の式で実験的に得られる活性化エネルギーが，1.6節で述べたような意味を持ち，物理的な理論とうまく整合していたことによるところが大きいであろう．なお，アレニウスの式は現在でも広く用いられているが，精度の高い解析を行う場合や温度範囲が広い場合は，頻度因子の温度依存性を加味した式

$$k = A'T^m \exp\left(-\frac{E_a}{RT}\right)$$

を用いる方が好ましいと考えられている（これについては付録A.6 (5) も参照されたい）．

演習問題

1.1　プロペン $CH_3CH{=}CH_2$ とオゾン O_3 の反応

$$CH_3CH{=}CH_2 + O_3 \longrightarrow \text{生成物}$$

は，反応速度が，プロペン，オゾンの濃度にそれぞれ1次で依存する2次反応である．

$$v = k_2[CH_3CH{=}CH_2][O_3]$$

プロペンの初濃度 $[CH_3CH{=}CH_2]_0 = 1.00 \times 10^{-6}$ mol dm^{-3}，オゾンの初濃度 $[O_3]_0 = 3.00 \times 10^{-8}$ mol dm^{-3} で反応を起こし，オゾン濃度の時間変化を測定したところ，次のような結果を得た．

反応時間 t/s	$[O_3]/10^{-8}$ mol dm^{-3}	$\ln\frac{[O_3]}{[O_3]_0}$
0	3.00	0
30	2.51	−0.18
60	2.09	−0.36
120	1.46	−0.72

以下の問に答えよ．

(1) $[CH_3CH{=}CH_2]_0 \gg [O_3]_0$ であるので，プロペン濃度の変化を無視して擬1次反応とみなすことができる．実験結果から擬1次反応速度定数 k_1' の値を求め，単位とともに答えよ．

(2) 2次反応速度定数 k_2 の値を求め，単位とともに答えよ．

(3) 同じ反応を，$[CH_3CH=CH_2]_0 = 2.31 \times 10^{-6}$ mol dm^{-3}，$[O_3]_0 = 3.00 \times 10^{-8}$ mol dm^{-3} の初濃度で起こしたとき，$[O_3]$ が初濃度の半分になるまでに要する時間（半減期）を求めよ．

1.2 反応 A → P で A の濃度の時間変化を測定したところ，次のような結果を得た．

反応時間 t/s	[A]/mol dm^{-3}
1.00	6.40×10^{-7}
4.00	2.50×10^{-7}
6.00	1.60×10^{-7}

反応速度が A の濃度に 1.5 次で依存する，すなわち

$$\frac{d[A]}{dt} = -k_{1.5}[A]^{1.5}$$

であるとして，以下の問に答えよ．

(1) 上の速度式を積分し，[A] の時間変化を表す式を導け．

(2) 表の結果をもとに，反応速度定数 $k_{1.5}$ の値を求め，単位とともに答えよ．また，A の初濃度 $[A]_0$ を求めよ．

(3) [A] が初濃度の半分になるまでに要する時間（半減期）を求めよ．

1.3 硝酸 HNO_3 の気相熱分解反応

$$HNO_3 \longrightarrow OH + NO_2$$

の反応速度は，次のように硝酸濃度に1次で依存する．

$$v = k_1[HNO_3]$$

温度 400 K と 1000 K で反応速度を測定し，1次反応速度定数 k_1 に対して次のような結果を得た．

温度 T/K	k_1/s^{-1}	ln (k_1/s^{-1})
400	9.30×10^{-12}	−25.4
1000	4.44×10^{4}	10.7

k_1 の温度依存性がアレニウスの式に従うとしたとき，活性化エネルギー E_a および前指数因子の対数値 ln (A/s^{-1}) を求めよ．ただし，気体定数を $R = 8.31$ J K^{-1} mol^{-1} とする．

第2章

素反応と複合反応

化学反応の多くは，複数の段階に分けることができる．この各段階の反応を素反応という．素反応の反応式は，そこに直接関わる化学種のみで記述され，素反応の速度はこれらの化学種の濃度の積で表される．素反応が合わさってできた反応を複合反応という．素反応がどのように合わさって複合反応ができているかを記述したものが反応機構である．本章ではまず，素反応とその速度式の関係を学んだのち，素反応の組み合わせの中で最も基本となる可逆反応，並発反応，逐次反応の3つを具体的に取り扱う．これらはより複雑な複合反応の反応機構を理解する際の基礎となる．

2.1 素反応

第1章で学んだように，反応速度は一般的に反応物濃度の関数として表されるが，その具体的な関数形を反応の化学量論関係だけから予測することはできず，実験を通して経験的に導かなければならない．一般的な化学反応式における化学量論係数は，反応により消失する反応物と生成する生成物の物質量の比を表しているだけで，反応物がどのように反応に関与するかを示しているわけではないからである．また，触媒のように反応により正味で消失，生成しないため，化学反応式に現れない化学種が反応に深く関与し，反応速度に影響を及ぼす可能性もある．このように，個々の化学種がどのように反応に関わっているかを考慮すると，多くの化学反応が，さらに複数の段階に分けられる．この各段階の反応を**素反応**という．これに対し，複数の素反応が合わさって最終的に形づくられた反応を**複合反応**という．複合反応の化学反応式，すなわち正味で消失，生成する化学種だけを書き表した反応式を総括反応式という．本書では総括反応式と素反応の反応式を区別するために，反応を表す矢印として，前者では → を，後者では ⇒ をそれぞれ用いることにする．

素反応では，その反応（段階）に直接関与している反応物と生成物のみが反応式に現れる．素反応に関与する反応物分子の数を**反応分子数**または**分子度**という．反応分子数が1, 2, 3の素反応をそれぞれ単分子素反応[†1]，二分子素反応，三分子素反応という．

単分子素反応は，光の吸収や他分子との衝突などによってエネルギーをもった1個の分子（A*）が自発的に起こす反応である．

$$\mathrm{A}^* \Longrightarrow \text{生成物} \tag{2.1.1}$$

単分子素反応の速度は，反応物の濃度に比例する．すなわち単分子素反応は1次反応である．例えば式(2.1.1)で表される単分子素反応の速度は，1次反応速度定数を k_1 として，次の式で表される．

$$-\frac{\mathrm{d}[\mathrm{A}^*]}{\mathrm{d}t} = k_1[\mathrm{A}^*]$$

単分子素反応には，2個以上の生成物への解離反応や，反応物とは構造の異なる化学種への異性化反応などがある．

二分子素反応は，2個の分子が衝突し，その衝突エネルギーから変換されたエネルギーで駆動される反応である．

$$\mathrm{A} + \mathrm{B} \Longrightarrow \text{生成物}$$

二分子素反応では，反応物である2個の分子が衝突する必要があるため，その速度は，衝突の頻度に比例し，その結果，衝突する2個の分子それぞれの濃度に比例する[†2]．したがって，二分子素反応は2次反応であり，2次反応速度定数を k_2 とすると，反応速度は次のように表される．

$$-\frac{\mathrm{d}[\mathrm{A}]}{\mathrm{d}t} = k_2[\mathrm{A}][\mathrm{B}]$$

[†1] 一般的には，単分子反応とよばれる．しかし「単分子反応」という言葉は，ここで説明する単分子素反応に加え，分子が他分子との衝突により励起されたのち解離する一連の反応（複合反応）を表すためにも広く用いられている．本書では，これらを区別するため，単分子素反応という言葉を用いた．また，これとの整合性から二分子反応，三分子反応に対しても，それぞれ二分子素反応，三分子素反応という言葉を用いた．なお，複合反応としての単分子反応は3.2節で取り扱う．

[†2] 分子を剛体球とみなしたときの二分子素反応の扱いは第6章で述べる．

三分子素反応は，一般的に次のように書き表される．

$$\mathrm{A} + \mathrm{B} + \mathrm{C} \Longrightarrow \text{生成物}$$

三分子素反応の速度は，反応に関わる3種の化学種の濃度それぞれに比例するので，3次反応であり，3次反応速度定数を k_3 とすると，反応速度は次のように表される．

$$-\frac{\mathrm{d}[\mathrm{A}]}{\mathrm{d}t} = k_3[\mathrm{A}][\mathrm{B}][\mathrm{C}]$$

三分子素反応は，3個の分子が出会うことで起こる反応であるが，これら3個の分子が同時に衝突する確率はきわめて低い．したがって三分子素反応が意味をもつほど充分な速度で起こる例は非常にまれである．また，2個の分子がまず衝突し，これに3個目の分子が衝突するような反応を三分子素反応と同等に扱う場合もある．例えば次章で説明する再結合反応は厳密な意味では素反応でないが，条件によっては三分子素反応と同等とみなすことで取り扱いを簡便にすることができる．4個以上の分子が衝突する可能性はさらに低くなるため，反応分子数が4以上の素反応は，実際上考えられていない．

以上のように単分子素反応は1次，二分子素反応は2次，三分子素反応は3次で反応物濃度に依存する．すなわち素反応に限っては，反応式だけから反応速度式を導くことができる．それは素反応が，そこに直接関わっている化学種のみを記述しているからに他ならない．複合反応がどのような素反応の組み合わせでできているかを示したものを**反応機構**という．反応機構がわかれば，それに基づいて個々の素反応の反応速度を記述することができ，最終的に総括反応の速度式を導くことができる．あるいは逆に，実験的に得た反応速度式をもとに，反応機構を推定することも可能である（ただし，一義的に反応機構を決定することは難しい．実験と矛盾しない反応機構は1つとは限らないからである）．対象としている複合反応の反応機構を明らかにすることは，反応速度論において重要な目的の一つである．

複合反応は，素反応が様々に合わさってできているが，次節以降で扱う3つの組み合わせはその基本であり，多くの複合反応がこれらをさらに組み合わせたものである場合が多い．したがって，これら3つの基本的な組み合わせを理解することがまず重要である．

［**例題 2.1**］ 三分子素反応の速度定数 k_3 の単位を答えよ．

［**解**］ 濃度を mol dm^{-3}，時間を s（秒）の単位で表すと，三分子素反応の速度式

$$-\frac{\mathrm{d[A]}}{\mathrm{d}t} = k_3[\mathrm{A}][\mathrm{B}][\mathrm{C}]$$

の左辺は，mol dm^{-3} s^{-1} の単位をもつ．一方，右辺のうち，3つの濃度の積の部分の単位は mol^3 dm^{-9} となる．したがって k_3 の単位は，

$$\mathrm{mol\,dm^{-3}\,s^{-1}\,(mol^3\,dm^{-9})^{-1} = dm^6\,mol^{-2}\,s^{-1}} \qquad \text{となる．}$$

気相反応で化学種の濃度を数密度 molecules cm^{-3} で表す場合，k_3 の単位は

$$\mathrm{cm^6\,molecule^{-2}\,s^{-1}} \qquad \text{になる．}$$

2.2 可逆反応

反応物が生成物へ変化する反応（正反応）と同時に，逆反応，すなわち生成物から反応物へ変化する反応が起こる反応を**可逆反応**という．最も単純な可逆反応は，正反応，逆反応がどちらも単分子素反応の場合である．総括反応が

$$\mathrm{A} \longrightarrow \mathrm{P} \tag{2.2.1}$$

で表され，次の2つの単分子素反応から成り立つ場合を考える[†1]．

$$\mathrm{A} \Longrightarrow \mathrm{P} \tag{2.2.2}$$

$$\mathrm{P} \Longrightarrow \mathrm{A} \tag{2.2.3}$$

これらは単分子素反応なので，正反応 (2.2.2) の速度 v_{I}，逆反応 (2.2.3) の速度 $v_{-\mathrm{I}}$ は，それぞれ次のような1次反応の速度式に従う．

$$v_{\mathrm{I}} = k_{\mathrm{I}}[\mathrm{A}] \tag{2.2.4}$$

$$v_{-\mathrm{I}} = k_{-\mathrm{I}}[\mathrm{P}] \tag{2.2.5}$$

ただし，k_{I}, $k_{-\mathrm{I}}$ は正反応，逆反応の1次反応速度定数をそれぞれ表す．総括反応 (2.2.1) の速度 v は，第1章で学んだように，反応物 A の減少速度，ある

[†1] 可逆反応を

$$\mathrm{A} \rightleftarrows \mathrm{P}$$

のように書き表す場合がある．

いは生成物Pの増加速度で表される．式(2.2.1)の量論関係から，いまの場合

$$v = -\frac{\mathrm{d[A]}}{\mathrm{d}t} = \frac{\mathrm{d[P]}}{\mathrm{d}t}$$

と書くことができる．素反応(2.2.2)はAを減少させてPを増加させる効果があるのに対して，素反応(2.2.3)は逆にPを減少させてAを増加させる効果があるので，反応速度vは，素反応(2.2.2)の反応速度v_{I}と素反応(2.2.3)の反応速度$v_{-\mathrm{I}}$の差として表すことができ，式(2.2.4)，(2.2.5)から次の式が得られる．

$$v = -\frac{\mathrm{d[A]}}{\mathrm{d}t} = v_{\mathrm{I}} - v_{-\mathrm{I}} = k_{\mathrm{I}}[\mathrm{A}] - k_{-\mathrm{I}}[\mathrm{P}] \qquad (2.2.6)$$

この微分方程式は次のようにして解くことができる．まず，$t=0$からtの間に反応した分のAの濃度をxとすると，反応時間tでのAの濃度[A]は，xとAの初濃度$[\mathrm{A}]_0$を用いて

$$[\mathrm{A}] = [\mathrm{A}]_0 - x \qquad (2.2.7)$$

と表される．一方，反応時間tでの生成物の濃度[P]は，xとPの初濃度$[\mathrm{P}]_0$から

$$[\mathrm{P}] = [\mathrm{P}]_0 + x \qquad (2.2.8)$$

と書ける．また，

$$-\frac{\mathrm{d[A]}}{\mathrm{d}t} = -\frac{\mathrm{d}}{\mathrm{d}t}([\mathrm{A}]_0 - x) = \frac{\mathrm{d}x}{\mathrm{d}t}$$

であるので，これらを式(2.2.6)に代入すると，

$$\begin{aligned}\frac{\mathrm{d}x}{\mathrm{d}t} &= k_{\mathrm{I}}([\mathrm{A}]_0 - x) - k_{-\mathrm{I}}([\mathrm{P}]_0 + x) \\ &= -(k_{\mathrm{I}} + k_{-\mathrm{I}})x + k_{\mathrm{I}}[\mathrm{A}]_0 - k_{-\mathrm{I}}[\mathrm{P}]_0 \qquad (2.2.9)\end{aligned}$$

が得られる．具体的な計算は例題2.2 (p.31) で示すが，この微分方程式を解くと，最終的にxを次のように表すことができる．

$$x = \frac{k_{\mathrm{I}}[\mathrm{A}]_0 - k_{-\mathrm{I}}[\mathrm{P}]_0}{k_{\mathrm{I}} + k_{-\mathrm{I}}}\{1 - \exp[-(k_{\mathrm{I}} + k_{-\mathrm{I}})t]\} \qquad (2.2.10)$$

式(2.2.7)，(2.2.8)の関係から，

$$[\mathrm{A}] = \frac{k_{-\mathrm{I}}}{k_{\mathrm{I}} + k_{-\mathrm{I}}}([\mathrm{A}]_0 + [\mathrm{P}]_0) + \frac{k_{\mathrm{I}}[\mathrm{A}]_0 - k_{-\mathrm{I}}[\mathrm{P}]_0}{k_{\mathrm{I}} + k_{-\mathrm{I}}}\exp[-(k_{\mathrm{I}} + k_{-\mathrm{I}})t] \tag{2.2.11}$$

$$[\mathrm{P}] = \frac{k_{\mathrm{I}}}{k_{\mathrm{I}} + k_{-\mathrm{I}}}([\mathrm{A}]_0 + [\mathrm{P}]_0) - \frac{k_{\mathrm{I}}[\mathrm{A}]_0 - k_{-\mathrm{I}}[\mathrm{P}]_0}{k_{\mathrm{I}} + k_{-\mathrm{I}}}\exp[-(k_{\mathrm{I}} + k_{-\mathrm{I}})t] \tag{2.2.12}$$

が得られる．**図 2.1** に，可逆反応における [A]，[P] の時間変化の例を示す．この図で [A]，[P] は，時間が経つにつれて一定の値に近づいているように見える．これは，A と P が**化学平衡**の状態に向かっていることを示している．平衡状態（equilibrium state）での A および P の濃度をそれぞれ $[\mathrm{A}]_{\mathrm{eq}}$，$[\mathrm{P}]_{\mathrm{eq}}$ とすると，これらは式(2.2.11)および(2.2.12)で $t \to \infty$ の極限にしたときの濃度に相当し，次のように表すことができる．

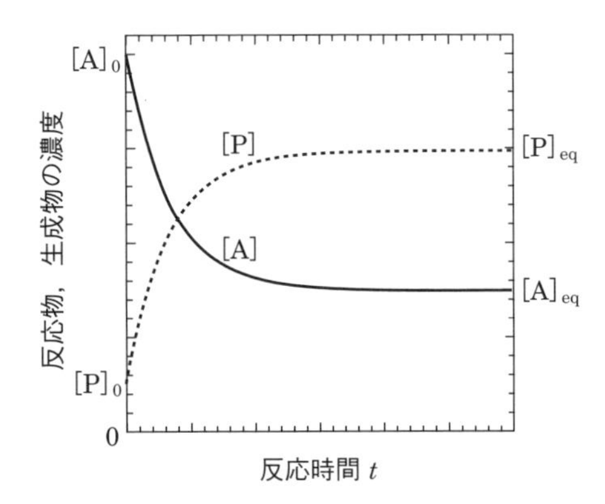

図 2.1　可逆反応での反応物および生成物濃度の時間変化

$$[\mathrm{A}]_{\mathrm{eq}} = \frac{k_{-\mathrm{I}}}{k_{\mathrm{I}} + k_{-\mathrm{I}}}([\mathrm{A}]_0 + [\mathrm{P}]_0) \tag{2.2.13}$$

$$[\mathrm{P}]_{\mathrm{eq}} = \frac{k_{\mathrm{I}}}{k_{\mathrm{I}} + k_{-\mathrm{I}}}([\mathrm{A}]_0 + [\mathrm{P}]_0) \tag{2.2.14}$$

式(2.2.13)，(2.2.14)から，

$$k_{\mathrm{I}}[\mathrm{A}]_{\mathrm{eq}} = k_{-\mathrm{I}}[\mathrm{P}]_{\mathrm{eq}} \tag{2.2.15}$$

が成り立つ．式(2.2.4)，(2.2.5)から，式(2.2.15)の左辺と右辺は，それぞれ平衡状態における正反応と逆反応の速度を表していることがわかる．したがって式(2.2.15)は，平衡状態では，正反応の速度と逆反応の速度が等しく

なっていることを意味している．また，式 (2.2.6) で表される総括反応の速度 ([A] および [P] の時間微分) が 0 となっていることとも対応する．平衡定数 K は，

$$K = \frac{[\mathrm{P}]_{\mathrm{eq}}}{[\mathrm{A}]_{\mathrm{eq}}} \tag{2.2.16}$$

で表されるが，式 (2.2.15) と (2.2.16) から，次の関係が得られる．

$$K = \frac{k_{\mathrm{I}}}{k_{-\mathrm{I}}} \tag{2.2.17}$$

すなわち，平衡定数は正反応と逆反応の速度定数の比に等しい．

化学平衡に達する過程で要する時間は，速度定数 k_{I} と $k_{-\mathrm{I}}$ に依存する．A と P の時間変化を支配しているのは式 (2.2.7)，(2.2.8) で導入した x であり，式 (2.2.10) が示すように x は時間に依存する項 $\exp[-(k_{\mathrm{I}} + k_{-\mathrm{I}})t]$ を含んでいる．1.3 節で学んだ 1 次反応で，寿命 (反応物濃度が初濃度の e 分の 1 になるのに要する時間) が，1 次反応速度定数の逆数で表されたのと同様に，いまの場合は，$k_{\mathrm{I}} + k_{-\mathrm{I}}$ の逆数

$$\tau = \frac{1}{k_{\mathrm{I}} + k_{-\mathrm{I}}} \tag{2.2.18}$$

が x の時間変化を決めていると考えることができる．k_{I} と $k_{-\mathrm{I}}$ は 1 次反応速度定数なので，時間の逆数の単位をもち，したがって τ は時間の単位をもつ．**図 2.2** に x の時間変化を示す．この図に示すように，x は時間とともに増加し，平衡状態での値 x_{eq} に近づいていく．このとき，反応が時間 τ だけ進むと，x の値は x_{eq} の 63 %，時

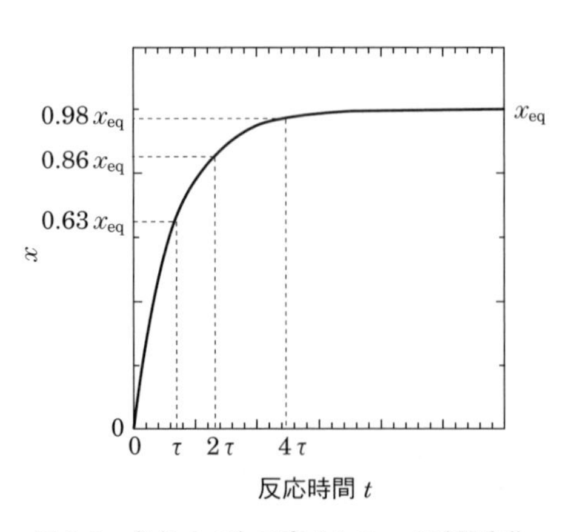

図 2.2　式 (2.2.10) で表される x の時間変化

間 2τ で 86 %，時間 3τ で 95 %，時間 4τ で 98 % に達する．したがって，反応時間が $3\tau \sim 4\tau$ 経過したところで，反応物と生成物はほぼ平衡状態に達しているとみなすことができる．

［**例題 2.2**］　式 (2.2.9)

$$\frac{\mathrm{d}x}{\mathrm{d}t} = -(k_{\mathrm{I}} + k_{-\mathrm{I}})x + k_{\mathrm{I}}[\mathrm{A}]_0 - k_{-\mathrm{I}}[\mathrm{P}]_0$$

を解いて式 (2.2.10) を求めよ．

［**解**］　まず

$$z = -(k_{\mathrm{I}} + k_{-\mathrm{I}})x + k_{\mathrm{I}}[\mathrm{A}]_0 - k_{-\mathrm{I}}[\mathrm{P}]_0$$

とおくと，

$$\frac{\mathrm{d}z}{\mathrm{d}t} = -(k_{\mathrm{I}} + k_{-\mathrm{I}})\frac{\mathrm{d}x}{\mathrm{d}t}$$

であるので，式 (2.2.9) は，

$$-\frac{1}{k_{\mathrm{I}} + k_{-\mathrm{I}}}\frac{\mathrm{d}z}{\mathrm{d}t} = z$$

と表すことができる．変数を分離して，$t = 0 \sim t$，$z = z_0 \sim z$ の間で積分すると，

$$\int_{z_0}^{z} \frac{\mathrm{d}z}{z} = -(k_{\mathrm{I}} + k_{-\mathrm{I}}) \int_0^t \mathrm{d}t$$

$$z = z_0 \exp[-(k_{\mathrm{I}} + k_{-\mathrm{I}})t]$$

が得られる．$t = 0$ では $x = 0$ より，$z_0 = k_{\mathrm{I}}[\mathrm{A}]_0 - k_{-\mathrm{I}}[\mathrm{P}]_0$ となるので，

$$z = (k_{\mathrm{I}}[\mathrm{A}]_0 - k_{-\mathrm{I}}[\mathrm{P}]_0)\exp[-(k_{\mathrm{I}} + k_{-\mathrm{I}})t]$$

であり，最終的に x として，

$$\begin{aligned} x &= \frac{k_{\mathrm{I}}[\mathrm{A}]_0 - k_{-\mathrm{I}}[\mathrm{P}]_0 - z}{k_{\mathrm{I}} + k_{-\mathrm{I}}} \\ &= \frac{k_{\mathrm{I}}[\mathrm{A}]_0 - k_{-\mathrm{I}}[\mathrm{P}]_0 - (k_{\mathrm{I}}[\mathrm{A}]_0 - k_{-\mathrm{I}}[\mathrm{P}]_0)\exp[-(k_{\mathrm{I}} + k_{-\mathrm{I}})t]}{k_{\mathrm{I}} + k_{-\mathrm{I}}} \\ &= \frac{k_{\mathrm{I}}[\mathrm{A}]_0 - k_{-\mathrm{I}}[\mathrm{P}]_0}{k_{\mathrm{I}} + k_{-\mathrm{I}}}\{1 - \exp[-(k_{\mathrm{I}} + k_{-\mathrm{I}})t]\} \end{aligned}$$

のように式 (2.2.10) が求められる．

以上の例は正反応と逆反応がともに単分子素反応の場合であったが，これらが二分子素反応であっても，式(2.2.17)で表される平衡定数と反応速度定数の関係は成り立つ．総括反応が

$$\mathrm{A} + \mathrm{B} \longrightarrow \mathrm{P} + \mathrm{Q}$$

で表される反応が二分子素反応

$$\mathrm{A} + \mathrm{B} \Longrightarrow \mathrm{P} + \mathrm{Q}$$

$$\mathrm{P} + \mathrm{Q} \Longrightarrow \mathrm{A} + \mathrm{B}$$

から成り立つとき，正反応，逆反応の反応速度はそれぞれ

$$v_{\mathrm{I}} = k_{\mathrm{I}}[\mathrm{A}][\mathrm{B}]$$

$$v_{-\mathrm{I}} = k_{-\mathrm{I}}[\mathrm{P}][\mathrm{Q}]$$

で表される．ただし，ここでの k_{I} および $k_{-\mathrm{I}}$ は正反応および逆反応の2次反応速度定数である．化学平衡の状態では，正反応と逆反応の速度が等しい，すなわち $v_{\mathrm{I}} = v_{-\mathrm{I}}$ であるので，平衡状態における各化学種の濃度を $[\mathrm{A}]_{\mathrm{eq}}$，$[\mathrm{B}]_{\mathrm{eq}}$，$[\mathrm{P}]_{\mathrm{eq}}$，$[\mathrm{Q}]_{\mathrm{eq}}$ として，

$$k_{\mathrm{I}}[\mathrm{A}]_{\mathrm{eq}}[\mathrm{B}]_{\mathrm{eq}} = k_{-\mathrm{I}}[\mathrm{P}]_{\mathrm{eq}}[\mathrm{Q}]_{\mathrm{eq}} \qquad (2.2.19)$$

の関係が得られる．この場合の平衡定数 K は，

$$K = \frac{[\mathrm{P}]_{\mathrm{eq}}[\mathrm{Q}]_{\mathrm{eq}}}{[\mathrm{A}]_{\mathrm{eq}}[\mathrm{B}]_{\mathrm{eq}}}$$

で表されるので，これと式(2.2.19)から

$$K = \frac{k_{\mathrm{I}}}{k_{-\mathrm{I}}} \qquad (2.2.20)$$

となる．これは式(2.2.17)と同じ形をしている．ただし，式(2.2.17)で k_{I} および $k_{-\mathrm{I}}$ は1次反応速度定数であったのに対し，式(2.2.20)では2次反応速度定数である．

2.3 並発反応

1つの反応物から複数の経路が存在する反応を**並発反応**という．いま，総括反応

$$\mathrm{A} \longrightarrow p\mathrm{P} + q\mathrm{Q}$$

が，次の2つの単分子素反応からなる並発反応である場合を考える．

$$\mathrm{A} \Longrightarrow \mathrm{P} \tag{2.3.1}$$

$$\mathrm{A} \Longrightarrow \mathrm{Q} \tag{2.3.2}$$

式(2.3.1)，(2.3.2)は単分子素反応なので，これらの反応速度をそれぞれ v_P, v_Q で表すと，いずれも次のようにAの濃度[A]に1次で依存する．

$$v_\mathrm{P} = k_\mathrm{P}[\mathrm{A}]$$

$$v_\mathrm{Q} = k_\mathrm{Q}[\mathrm{A}]$$

ここで k_P および k_Q は，反応(2.3.1)および(2.3.2)の1次反応速度定数をそれぞれ表す．Aは，2つの反応を通じて減少するので，その減少速度は，

$$-\frac{\mathrm{d}[\mathrm{A}]}{\mathrm{d}t} = k_\mathrm{P}[\mathrm{A}] + k_\mathrm{Q}[\mathrm{A}] = (k_\mathrm{P} + k_\mathrm{Q})[\mathrm{A}] \tag{2.3.3}$$

で表される．式(2.3.3)は $k_\mathrm{P} + k_\mathrm{Q}$ を反応速度定数とした1次反応の形をしているので，容易に積分することができ，次のように[A]に対する時間変化の式を得ることができる(式(1.3.5)参照)．

$$[\mathrm{A}] = [\mathrm{A}]_0 \exp[-(k_\mathrm{P} + k_\mathrm{Q})t] \tag{2.3.4}$$

一方，それぞれの反応の生成物PおよびQの増加速度は，

$$\frac{\mathrm{d}[\mathrm{P}]}{\mathrm{d}t} = k_\mathrm{P}[\mathrm{A}] = k_\mathrm{P}[\mathrm{A}]_0 \exp[-(k_\mathrm{P} + k_\mathrm{Q})t] \tag{2.3.5}$$

$$\frac{\mathrm{d}[\mathrm{Q}]}{\mathrm{d}t} = k_\mathrm{Q}[\mathrm{A}] = k_\mathrm{Q}[\mathrm{A}]_0 \exp[-(k_\mathrm{P} + k_\mathrm{Q})t]$$

で表される．式(2.3.5)を積分すると，

$$\int_{[\mathrm{P}]_0}^{[\mathrm{P}]} \mathrm{d}[\mathrm{P}] = k_\mathrm{P}[\mathrm{A}]_0 \int_0^t \exp[-(k_\mathrm{P} + k_\mathrm{Q})t]$$

$$[\mathrm{P}] - [\mathrm{P}]_0 = -\frac{k_\mathrm{P}}{k_\mathrm{P} + k_\mathrm{Q}}[\mathrm{A}]_0 \{\exp[-(k_\mathrm{P} + k_\mathrm{Q})t] - 1\}$$

$$[\mathrm{P}] = [\mathrm{P}]_0 + \frac{k_\mathrm{P}}{k_\mathrm{P} + k_\mathrm{Q}}[\mathrm{A}]_0 \{1 - \exp[-(k_\mathrm{P} + k_\mathrm{Q})t]\} \tag{2.3.6}$$

が得られる．同様にQに対しては，

$$[\mathrm{Q}] = [\mathrm{Q}]_0 + \frac{k_\mathrm{Q}}{k_\mathrm{P}+k_\mathrm{Q}}[\mathrm{A}]_0\{1-\exp[-(k_\mathrm{P}+k_\mathrm{Q})t]\} \quad (2.3.7)$$

が得られる．ただし，$[\mathrm{P}]_0$ および $[\mathrm{Q}]_0$ はそれぞれPおよびQの初濃度を表す．

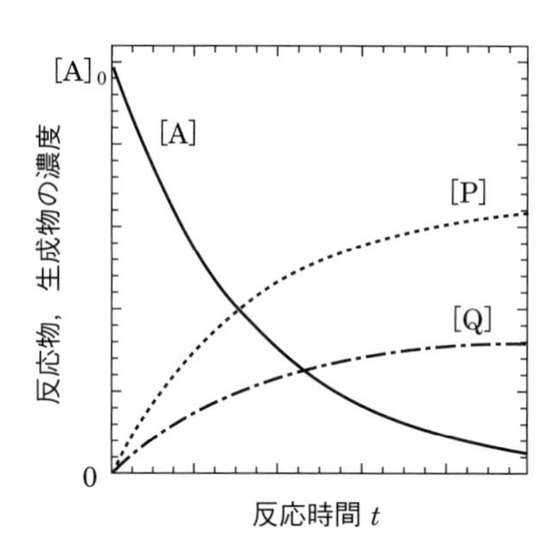

図 2.3 並発反応での反応物および生成物濃度の時間変化

図 2.3 に $[\mathrm{P}]_0 = [\mathrm{Q}]_0 = 0$ のときの $[\mathrm{A}]$，$[\mathrm{P}]$，$[\mathrm{Q}]$ の時間変化を示す．$[\mathrm{A}]$ は，式 (2.3.4) のように1次反応の形をしているので，指数関数的に減衰し，その寿命 τ は，

$$\tau = \frac{1}{k_\mathrm{P}+k_\mathrm{Q}} \quad (2.3.8)$$

で表される．一方，$[\mathrm{P}]$ と $[\mathrm{Q}]$ は，図のように時間とともに増加するが，式 (2.3.6)，(2.3.7) が示すように，どちらも指数部分は $\exp[-(k_\mathrm{P}+k_\mathrm{Q})t]$ である．したがって，これらの時間変化も，それぞれの速度定数ではなく，これらの和で決められている．反応 (2.3.1) と (2.3.2) で生成する生成物の比，すなわち p/q を**分岐比**という．式 (2.3.6)，(2.3.7) より，分岐比は，

$$\frac{p}{q} = \frac{[\mathrm{P}]-[\mathrm{P}]_0}{[\mathrm{Q}]-[\mathrm{Q}]_0} = \frac{k_\mathrm{P}}{k_\mathrm{Q}} \quad (2.3.9)$$

で表される．すなわち分岐比は反応時間によらず，常にそれぞれの反応速度定数の比に保たれる．

2.4 逐次反応

ある反応でできた生成物が，さらに反応を起こして別の生成物になる反応を**逐次反応**という．いま，総括反応が

$$\mathrm{A} \longrightarrow \mathrm{P}$$

で書ける反応が，次のように中間生成物 I を経由した 2 つの単分子素反応から成り立つ逐次反応である場合を考える．

$$\mathrm{A} \Longrightarrow \mathrm{I} \tag{2.4.1}$$

$$\mathrm{I} \Longrightarrow \mathrm{P} \tag{2.4.2}$$

これらの反応速度をそれぞれ v_{I}, v_{II} とすると，どちらも単分子素反応なので，

$$v_{\mathrm{I}} = k_{\mathrm{I}}[\mathrm{A}]$$

$$v_{\mathrm{II}} = k_{\mathrm{II}}[\mathrm{I}]$$

と表すことができる．ただし，k_{I} および k_{II} はそれぞれの反応の 1 次反応速度定数である．したがって，反応物 A の減少速度は，

$$-\frac{\mathrm{d}[\mathrm{A}]}{\mathrm{d}t} = k_{\mathrm{I}}[\mathrm{A}]$$

で表すことができる．これは単純な 1 次反応の速度式なので，積分して

$$[\mathrm{A}] = [\mathrm{A}]_0 \exp(-k_{\mathrm{I}} t) \tag{2.4.3}$$

が得られる．ただし $[\mathrm{A}]_0$ は A の初濃度である．I は反応 (2.4.1) では生成物であるが，反応 (2.4.2) では反応物であるので，増加速度，減少速度のどちらの書き方もできるが，ここでは増加速度として書き表すと

$$\frac{\mathrm{d}[\mathrm{I}]}{\mathrm{d}t} = k_{\mathrm{I}}[\mathrm{A}] - k_{\mathrm{II}}[\mathrm{I}]$$

となる．この式の [A] に式 (2.4.3) を代入し，解析的に積分して [I] の時間変化式を求めることができる．複雑な手順を要するため，結果のみ示すと，$k_{\mathrm{I}} \neq k_{\mathrm{II}}$ の場合，[I] を次のように表すことができる[†1]．

$$[\mathrm{I}] = \frac{k_{\mathrm{I}}}{k_{\mathrm{II}} - k_{\mathrm{I}}}[\mathrm{A}]_0[\exp(-k_{\mathrm{I}} t) - \exp(-k_{\mathrm{II}} t)] \tag{2.4.4}$$

ただし，I の初濃度は 0 としている．最後に P の増加速度は，

[†1] $k_{\mathrm{I}} = k_{\mathrm{II}}$ の場合，[I]，[P] はそれぞれ次の式で表される．

$$[\mathrm{I}] = k_{\mathrm{I}}[\mathrm{A}]_0 t \exp(-k_{\mathrm{I}} t)$$

$$[\mathrm{P}] = [\mathrm{A}]_0[1 - (1 + k_{\mathrm{I}} t)\exp(-k_{\mathrm{I}} t)]$$

$$\frac{d[P]}{dt} = k_{II}[I]$$

で表される．これに式 (2.4.4) を代入して積分することも可能であるが，Pの初濃度がIと同様に0のとき，[P] を次のようにして求めることができる．

$$\begin{aligned}[P] &= [A]_0 - [A] - [I] \\ &= [A]_0\left\{1 - \exp(-k_I t) - \frac{k_I}{k_{II} - k_I}[\exp(-k_I t) - \exp(-k_{II} t)]\right\} \\ &= [A]_0\left[1 + \frac{k_I \exp(-k_{II} t) - k_{II}\exp(-k_I t)}{k_{II} - k_I}\right] \end{aligned} \qquad (2.4.5)$$

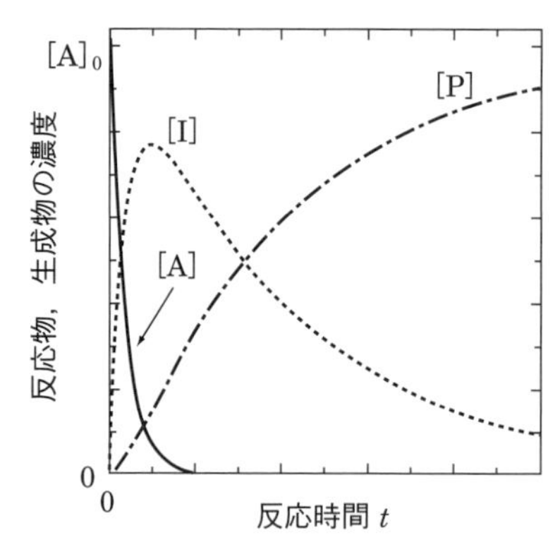

図2.4　逐次反応における反応物，生成物濃度の時間変化 ($k_I = 10k_{II}$ の場合)

[A]，[I]，[P] の時間に対する依存性は，k_I と k_{II} の大小関係により異なった挙動を示す．まずは，$k_I > k_{II}$ の場合を考えてみよう．**図2.4** に例として $k_I = 10k_{II}$ の場合の [A]，[I]，[P] の時間変化を示す．[A] は式 (2.4.3) に示したように単純な1次反応の時間変化を示すので，初濃度 $[A]_0$ から指数関数的に減少し，その寿命 τ_I は，

$$\tau_I = \frac{1}{k_I}$$

で表される．一方，[I] は [A] の減衰とほぼ対称的に増加していくが，ある時点で極大に達し，減少に転じる．[I] のはじめの増加は，反応 (2.4.1) によってAからIへの変換が速やかに進んだことによるものであり，その後の [I] のゆっくりとした減衰は，2段階目の反応 (2.4.2) によるIからPへの変化に対応していると考えられる．反応の初期にAの大部分がIに変化してしまっているので，Iの減衰部分は初濃度 $[A]_0$，1次反応速度定数 k_{II} の指数関数的な減衰，すなわち $[A]_0\exp(-k_{II}t)$ に近い挙動を示すことが予想される．**図2.5**

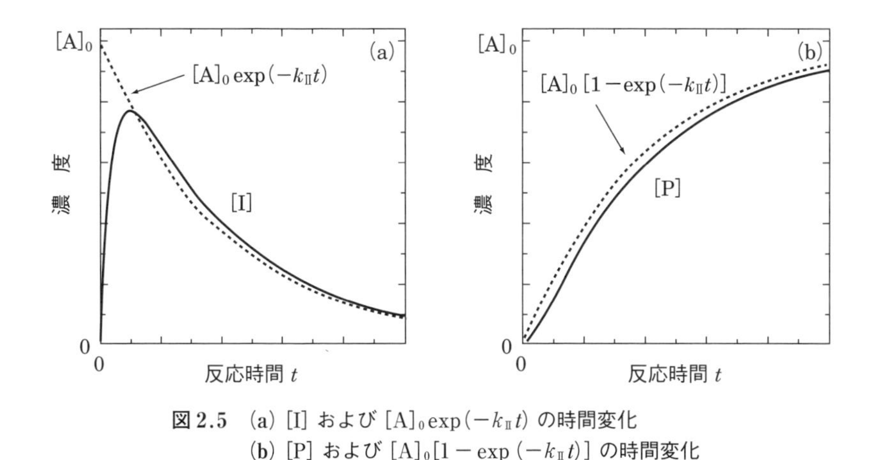

図 2.5　(a) [I] および $[A]_0 \exp(-k_{II}t)$ の時間変化
(b) [P] および $[A]_0[1-\exp(-k_{II}t)]$ の時間変化

(a) に，$[A]_0 \exp(-k_{II}t)$ の時間変化を [I] の時間変化とともにプロットした．[I] と $[A]_0 \exp(-k_{II}t)$ は同じように減衰している[†1]．すなわち [I] の減少部分の時間スケールは，k_{II} の逆数

$$\tau_{II} = \frac{1}{k_{II}}$$

で決まる．図 2.4 を見ると，最終生成物である P の変化も 2 段階目の反応 (2.4.2) の速度を反映して，ゆっくりとしたものになることがわかる．**図 2.5 (b)** に，$[A]_0 [1-\exp(-k_{II}t)]$ の時間変化を [P] とともに示す．反応初期に違いはあるものの，両者の一致は悪くない．[P] の変化は，あたかも初濃度 $[A]_0$ で存在した I が，速度定数 k_2 の 1 次反応で減衰したと考えたときの生成物の変化に近いものとなる．このことは，最終生成物 P の生成速度がほぼ 2 段階目の反応 (2.4.2) によって決まっていることを意味する．反応 (2.4.2) をこの場合の**律速段階**という．

次に $k_I < k_{II}$ の場合を考えてみよう．**図 2.6 (a)** に，$k_{II} = 10k_I$ の場合を例として示す．先の例と大きく違うのは，[I] がほとんど立ち上がらないまま

[†1] このことは $k_I \gg k_{II}$ の場合を扱った例題 2.3 で確かめることができる．

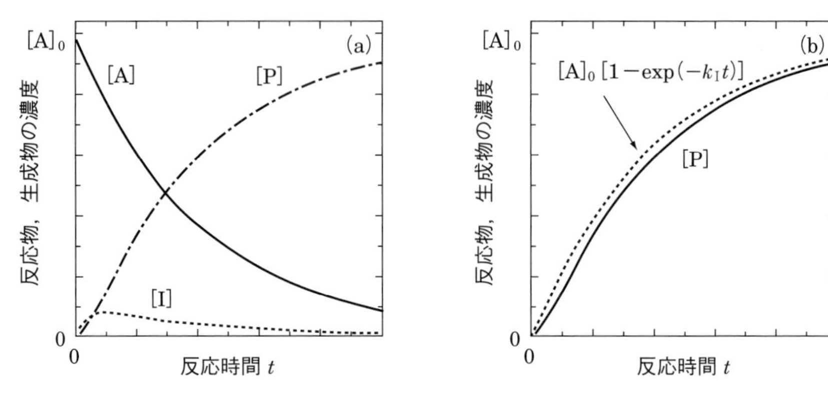

図 2.6　(a) 逐次反応における反応物，生成物濃度の時間変化 ($k_{\rm II} = 10k_{\rm I}$ の場合)
(b) [P] および $[{\rm A}]_0[1 - \exp(-k_{\rm I}t)]$ の時間変化

減少に転じる点である．そして [A] の減衰と [P] の増加がほぼ対称的になっている．[A] は，この場合も式 (2.4.3) が示すように速度定数 $k_{\rm I}$ での1次反応による減衰を示すので，[P] の増加も $k_{\rm I}$ が支配していると考えることができる．**図 2.6 (b)** に $[{\rm A}]_0[1 - \exp(-k_{\rm I}t)]$ を [P] とともに示した．このように反応初期を除いて，[P] は $[{\rm A}]_0[1 - \exp(-k_{\rm I}t)]$ とよく似た時間変化を示す．これは，第1段階のゆっくりとした反応で生成したIが速やかに第2段階の反応でPに変化することを意味している．この場合は第1段階の反応 (2.4.1) が律速段階であると考えられる．

［**例題 2.3**］　$k_{\rm I} \gg k_{\rm II}$ のとき，[I]，[P] は

$$[{\rm I}] = [{\rm A}]_0 \exp(-k_{\rm II}t)$$

$$[{\rm P}] = [{\rm A}]_0[1 - \exp(-k_{\rm II}t)]$$

となることを示せ．逆に $k_{\rm II} \gg k_{\rm I}$ では，

$$[{\rm P}] = [{\rm A}]_0[1 - \exp(-k_{\rm I}t)]$$

となることを示せ．また，このとき [I] はどのように表されるか．

［**解**］　まず，$k_{\rm I} \gg k_{\rm II}$ のとき，$k_{\rm II} - k_{\rm I} \approx -k_{\rm I}$ である．また $\exp(-k_{\rm I}t)$ は，$\exp(-k_{\rm II}t)$ に比べて急速に減衰するので，$\exp(-k_{\rm I}t) - \exp(-k_{\rm II}t) \approx -\exp(-k_{\rm II}t)$ と近似でき，式 (2.4.4) は，

$$[\mathrm{I}] = \frac{k_{\mathrm{I}}}{k_{\mathrm{II}} - k_{\mathrm{I}}}[\mathrm{A}]_0[\exp(-k_{\mathrm{I}}t) - \exp(-k_{\mathrm{II}}t)] \approx -\frac{k_{\mathrm{I}}}{k_{\mathrm{I}}}[\mathrm{A}]_0[-\exp(-k_{\mathrm{II}}t)]$$
$$= [\mathrm{A}]_0 \exp(-k_{\mathrm{II}}t)$$

となる．また，$k_{\mathrm{I}}\exp(-k_{\mathrm{II}}t) - k_{\mathrm{II}}\exp(-k_{\mathrm{I}}t) \approx k_{\mathrm{I}}\exp(-k_{\mathrm{II}}t)$ でもあるので，式(2.4.5)は，

$$[\mathrm{P}] = [\mathrm{A}]_0\left[1 + \frac{k_{\mathrm{I}}\exp(-k_{\mathrm{II}}t) - k_{\mathrm{II}}\exp(-k_{\mathrm{I}}t)}{k_{\mathrm{II}} - k_{\mathrm{I}}}\right] \approx [\mathrm{A}]_0\left[1 + \frac{k_{\mathrm{I}}\exp(-k_{\mathrm{II}}t)}{-k_{\mathrm{I}}}\right]$$
$$= [\mathrm{A}]_0[1 - \exp(-k_{\mathrm{II}}t)]$$

となる．

一方，$k_{\mathrm{II}} \gg k_{\mathrm{I}}$ のとき，$k_{\mathrm{II}} - k_{\mathrm{I}} \approx k_{\mathrm{II}}$，$\exp(-k_{\mathrm{I}}t) - \exp(-k_{\mathrm{II}}t) \approx \exp(-k_{\mathrm{I}}t)$ より，式(2.4.4)は，

$$[\mathrm{I}] = \frac{k_{\mathrm{I}}}{k_{\mathrm{II}} - k_{\mathrm{I}}}[\mathrm{A}]_0[\exp(-k_{\mathrm{I}}t) - \exp(-k_{\mathrm{II}}t)] \approx \frac{k_{\mathrm{I}}}{k_{\mathrm{II}}}[\mathrm{A}]_0\exp(-k_{\mathrm{I}}t)$$

となる．また，$k_{\mathrm{I}}\exp(-k_{\mathrm{II}}t) - k_{\mathrm{II}}\exp(-k_{\mathrm{I}}t) \approx -k_{\mathrm{II}}\exp(-k_{\mathrm{I}}t)$ より，式(2.4.5)は，

$$[\mathrm{P}] = [\mathrm{A}]_0\left[1 + \frac{k_{\mathrm{I}}\exp(-k_{\mathrm{II}}t) - k_{\mathrm{II}}\exp(-k_{\mathrm{I}}t)}{k_{\mathrm{II}} - k_{\mathrm{I}}}\right] \approx [\mathrm{A}]_0\left[1 + \frac{-k_{\mathrm{II}}\exp(-k_{\mathrm{I}}t)}{k_{\mathrm{II}}}\right]$$
$$= [\mathrm{A}]_0[1 - \exp(-k_{\mathrm{I}}t)]$$

となる．

逐次反応は，多くの複合反応の反応機構に現れるが，上の例のように単純な逐次反応でも，生成物濃度の時間変化は複雑な式になるため，一般に，個々の素反応速度式を解いて総括反応の速度式を得ることは非常に難しい．しかし上の例で示した $k_{\mathrm{II}} \gg k_{\mathrm{I}}$ の条件が成り立つとき，次章で説明する定常状態の近似を行うことで，生成物の時間変化をより簡単に把握することができる．

コラム

前駆平衡

2.4節では2つの素反応が連続して起こる逐次反応を扱った．

$$\mathrm{A} \Longrightarrow \mathrm{I}$$

$$\mathrm{I} \Longrightarrow \mathrm{P}$$

この1段階目が可逆反応である場合，すなわち，1段階目の反応の逆反応

$$\mathrm{I} \Longrightarrow \mathrm{A}$$

が加わった，合計3つの素反応からなる組み合わせも，多くの複合反応の反応機構で見られる．特に1段階目の正反応，逆反応が，2段階目の反応に比べ非常に速い場合，AとIは擬似的な平衡状態にあると見なすことができる．これを**前駆平衡**という．前駆平衡が成り立つとき，正反応と逆反応の速度は等しいと考えることができるので，それぞれの反応速度定数を k_{I}，$k_{-\mathrm{I}}$ で表すと，

$$k_{\mathrm{I}}[\mathrm{A}] = k_{-\mathrm{I}}[\mathrm{I}]$$

が成り立ち，そこから [I] は

$$[\mathrm{I}] = \frac{k_{\mathrm{I}}}{k_{-\mathrm{I}}}[\mathrm{A}] = K[\mathrm{A}]$$

で表すことができる．ここで $K = k_{\mathrm{I}}/k_{-\mathrm{I}}$ はAとIの間の平衡定数である．したがって，全反応速度は，2段階目の反応の1次速度定数を k_{II} として

$$\frac{\mathrm{d}[\mathrm{P}]}{\mathrm{d}t} = k_{\mathrm{II}}[\mathrm{I}] = \frac{k_{\mathrm{I}}k_{\mathrm{II}}}{k_{-\mathrm{I}}}[\mathrm{A}] = Kk_{\mathrm{II}}[\mathrm{A}]$$

で表すことができる．すなわち反応は見かけ上Aに対する1次反応となり，反応速度定数は，前駆平衡の平衡定数KとIからPへの反応（これが律速段階となる）の速度定数 k_{II} との積で表される．

演習問題

2.1 反応

$$\mathrm{A} \longrightarrow \mathrm{P} + \mathrm{Q}$$

が次の2つの素反応から成り立つ可逆反応である場合を考える.

$$\mathrm{A} \Longrightarrow \mathrm{P} + \mathrm{Q}$$

$$\mathrm{P} + \mathrm{Q} \Longrightarrow \mathrm{A}$$

初濃度 $[\mathrm{A}]_0 = 3.6 \times 10^{-1}\,\mathrm{mol\,dm^{-3}}$, $[\mathrm{P}]_0 = [\mathrm{Q}]_0 = 0\,\mathrm{mol\,dm^{-3}}$ の条件でこの反応を起こしたところ, 反応開始直後のAの減少速度は $1.8 \times 10^{-1}\,\mathrm{mol\,dm^{-3}\,s^{-1}}$ であった.

(1) 正反応の1次反応速度定数 k_{I} の値を求めよ.

(2) この反応の平衡定数が $K = 2.5 \times 10^{-1}\,\mathrm{mol\,dm^{-3}}$ のとき, 逆反応の2次反応速度定数 $k_{-\mathrm{I}}$ を求めよ. また, 平衡状態でのAおよびPの濃度を求めよ.

2.2 メタン $\mathrm{CH_4}$ と一酸化炭素COの混合気体中でヒドロキシルラジカルOHは次のような二分子素反応を起こす.

反応1　$\mathrm{OH} + \mathrm{CH_4} \Longrightarrow \mathrm{H_2O} + \mathrm{CH_3}$

2次反応速度定数 $k_{\mathrm{I}} = 6.40 \times 10^{-15}\,\mathrm{cm^3\,molecule^{-1}\,s^{-1}}$

反応2　$\mathrm{OH} + \mathrm{CO} \Longrightarrow \mathrm{CO_2} + \mathrm{H}$

2次反応速度定数 $k_{\mathrm{II}} = 1.60 \times 10^{-13}\,\mathrm{cm^3\,molecule^{-1}\,s^{-1}}$

初濃度 $[\mathrm{OH}]_0 = 1.00 \times 10^{8}\,\mathrm{molecules\,cm^{-3}}$, $[\mathrm{CH_4}]_0 = 4.00 \times 10^{13}\,\mathrm{molecules\,cm^{-3}}$, $[\mathrm{CO}]_0 = 3.20 \times 10^{12}\,\mathrm{molecules\,cm^{-3}}$ の条件で反応を起こした. これら2つ以外の反応の影響は無視できるものとして, 以下の問に答えよ.

(1) 生成物の濃度比 $[\mathrm{H_2O}]/[\mathrm{CO_2}]$ を求めよ. ただし, これら生成物の初濃度は0とする.

(2) OHの半減期を求めよ.

第3章 定常状態近似とその応用

反応機構が複雑な複合反応では，その速度式を解析的に解くことが難しくなる．しかし，個々の素反応の時間スケールに応じて適切な近似を行うことで，複合反応の総括反応速度式を比較的容易に導ける場合が多い．中でも定常状態近似は，複合反応の解析に広く用いられている有力な方法である．本章では，定常状態近似の基本を学んだ上で，単分子反応および再結合反応という2つの代表的な複合反応の解析に用いる．さらに，定常状態近似を大気反応と連鎖反応に応用し，その有用性を確かめる．

3.1 定常状態近似

第2章で学んだように，複合反応の反応機構は複数の素反応の組み合わせにより記述される．もし，反応機構の中に化学種Xを生成する素反応と消失する素反応がある場合，Xの濃度の時間変化はこれらの素反応による生成速度と消失速度の差で表される．

$$\frac{\mathrm{d}[\mathrm{X}]}{\mathrm{d}t} = \text{生成速度} - \text{消失速度} \tag{3.1.1}$$

Xを生成する素反応が複数あれば，生成速度はそれらの速度の総和になる．消失速度に対しても同様である．これまで扱ってきた例からわかるように，消失速度は化学種Xの濃度に依存した何らかの関数で表されることが多い．一方，生成速度は[X]の関数とは限らない．むしろ[X]とは無関係に変化する場合が多い．したがって式(3.1.1)は一般的に次のように書くことができる．

$$\frac{\mathrm{d}[\mathrm{X}]}{\mathrm{d}t} = \sum_i P_i - \sum_j L_j([\mathrm{X}]) \tag{3.1.2}$$

ただし，P_iは生成反応iによるXの生成速度を，$L_j([\mathrm{X}])$は消失反応jによる

X の消失速度をそれぞれ表す．$L_j([\mathrm{X}])$ は，消失速度が [X] の関数であることを意味しており，消失反応が X に対する 1 次反応であれば，1 次反応速度定数 k_{1j} を用いて $L_j([\mathrm{X}]) = k_{1j}[\mathrm{X}]$ で表され，X に対する 2 次反応であれば，2 次反応速度定数 k_{2j} を用いて $L_j([\mathrm{X}]) = k_{2j}[\mathrm{X}]^2$ で表される．

最も単純な場合として，生成速度が時間によらない一定値 P_0 で，消失反応が X に対する 1 次反応の場合を考えよう．この場合，式 (3.1.2) は次のような形になる．

$$\frac{\mathrm{d}[\mathrm{X}]}{\mathrm{d}t} = P_0 - k_1[\mathrm{X}] \tag{3.1.3}$$

ここで，k_1 は消失反応の 1 次反応速度定数である．$P_0 - k_1[\mathrm{X}] = x$ とおくと，$[\mathrm{X}] = \dfrac{P_0 - x}{k_1}$，$\dfrac{\mathrm{d}[\mathrm{X}]}{\mathrm{d}t} = -\dfrac{1}{k_1}\dfrac{\mathrm{d}x}{\mathrm{d}t}$ から，式 (3.1.3) は，

$$-\frac{1}{k_1}\frac{\mathrm{d}x}{\mathrm{d}t} = x$$

と書ける．$t = 0$ から t，$x = x_0$ から x で積分して，

$$\int_{x_0}^{x}\frac{\mathrm{d}x}{x} = -k_1\int_0^t \mathrm{d}t$$

$$\ln\frac{x}{x_0} = -k_1 t$$

$$x = x_0 \exp(-k_1 t)$$

が得られる．X の初濃度を $[\mathrm{X}]_0$ とすると，$x_0 = P_0 - k_1[\mathrm{X}]_0$ より，

$$P_0 - k_1[\mathrm{X}] = (P_0 - k_1[\mathrm{X}]_0)\exp(-k_1 t)$$

となり，これを移項，整理して最終的に

$$[\mathrm{X}] = \frac{P_0}{k_1} - \frac{P_0 - k_1[\mathrm{X}]_0}{k_1}\exp(-k_1 t) \tag{3.1.4}$$

が得られる．右辺第 1 項は一定値，第 2 項は $t = 0$ での初期値 $(P_0 - k_1[\mathrm{X}]_0)/k_1$ から指数関数的に減衰し，これらの差が [X] となる．**図 3.1** に，[X] および式 (3.1.4) の右辺第 1 項，第 2 項の時間変化を示す．第 2 項の減衰に対応して [X] が t とともに増加し，P_0/k_1 に漸近していくことがわかる．

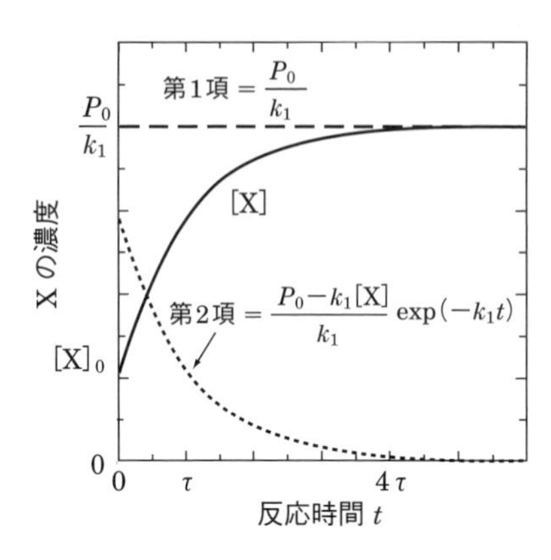

図 3.1　式 (3.1.4) の右辺第1項，第2項，および [X] の時間変化

このように時間が充分たつと，[X] はほぼ一定値となるが，これは X の生成が止まったわけではなく，X の生成速度と消失速度が等しくなって，見かけ上 [X] が変化しなくなったことを意味する．このような状態を**定常状態**（steady state）という．図 3.1 の縦軸を k_1 倍すると，破線は X の生成速度 P_0 を示すことになり，実線は X の消失速度 $k_1[X]$ を示すことになる．一定の生成速度に対して，消失速度が時間とともに増加していき，最終的に生成速度と等しくなることがわかるであろう．

定常状態における X の濃度 $[X]_{SS}$

$$[X]_{SS} = \frac{P_0}{k_1}$$

を式 (3.1.3) に代入すると，

$$\frac{d[X]}{dt} = P_0 - k_1 \times \frac{P_0}{k_1} = 0$$

となり，予想通り生成速度と消失速度がつりあって [X] の時間変化が 0 となっていることが確かめられる．逆に，[X] が定常状態であるという仮定から出発すると，式 (3.1.3) は，

$$\frac{d[X]}{dt} = P_0 - k_1[X] = 0$$

とおけて，ここから，定常状態における X の濃度が $[X]_{SS} = P_0/k_1$ であることが容易に求められる．このように定常状態を仮定して時間微分 = 0 とおき，定常状態における化学種の濃度を得ることを**定常状態の近似**という．化学種が定常状態に至るまでに要する時間は，その化学種の消失反応の速度定数で決まる．

図 3.1 に，消失反応の寿命 $\tau\ (=1/k_1)$ および 4τ の位置を示す．$t=4\tau$ では第 2 項が初期値の 2% 以下にまで減少しており，[X] がほぼ定常状態に達しているとみなすことができる．

上の例では生成速度が時間に依存しない場合を想定したが，生成速度が時間とともに変化する場合にも定常状態近似を適用することができる．重要なことは，生成速度の変化の時間スケール（1 次反応ならば寿命に代表される）に比べ，消失速度の変化の時間スケールが充分短ければ定常状態近似を用いることができるという点である．2.4 節で扱った逐次反応はそのよい応用例となる．2.4 節で示したように，2 つの単分子素反応からなる逐次反応

$$\mathrm{A} \Longrightarrow \mathrm{I} \Longrightarrow \mathrm{P}$$

において，中間生成物 I の濃度の時間変化は，第 1 段階，第 2 段階の 1 次反応速度定数をそれぞれ k_{I}, k_{II} として，次のように表すことができた．

$$\frac{\mathrm{d}[\mathrm{I}]}{\mathrm{d}t} = k_{\mathrm{I}}[\mathrm{A}] - k_{\mathrm{II}}[\mathrm{I}] \tag{3.1.5}$$

2.4 節ではこの微分方程式を数学的に解くことによって，初濃度 $[\mathrm{I}]_0=0$ のもとで [I] の厳密解

$$[\mathrm{I}] = \frac{k_{\mathrm{I}}}{k_{\mathrm{II}} - k_{\mathrm{I}}}[\mathrm{A}]_0[\exp(-k_{\mathrm{I}}t) - \exp(-k_{\mathrm{II}}t)] \tag{3.1.6}$$

を得た．上述のように，定常状態の近似を使うことができるのは，生成速度の時間スケールに比べ消失速度の時間スケールが充分に短い場合であり，これはいまの場合，生成反応と消失反応の 1 次反応速度定数の間に $k_{\mathrm{I}} \ll k_{\mathrm{II}}$ の関係が成り立つことに相当する．$k_{\mathrm{I}} \ll k_{\mathrm{II}}$ の極限では $k_{\mathrm{II}} - k_{\mathrm{I}} \approx k_{\mathrm{II}}$，$\exp(-k_{\mathrm{I}}t) \gg \exp(-k_{\mathrm{II}}t)$ となるので，定常状態における I の濃度 $[\mathrm{I}]_{\mathrm{SS}}$ は，

$$[\mathrm{I}]_{\mathrm{SS}} = \frac{k_{\mathrm{I}}}{k_{\mathrm{II}}}[\mathrm{A}]_0\exp(-k_{\mathrm{I}}t) \tag{3.1.7}$$

と求められる．以上は，微分方程式を解いて得られた厳密解から導いたが，I に対する定常状態の近似を用いると，微分方程式を解くことなく，式 (3.1.7) を得ることができる．すなわち，$\mathrm{d}[\mathrm{I}]/\mathrm{d}t=0$ とおくと，式 (3.1.5) から，

$$\frac{\mathrm{d}[\mathrm{I}]}{\mathrm{d}t} = k_{\mathrm{I}}[\mathrm{A}] - k_{\mathrm{II}}[\mathrm{I}]_{\mathrm{SS}} = 0$$

$$[\mathrm{I}]_{\mathrm{SS}} = \frac{k_{\mathrm{I}}}{k_{\mathrm{II}}}[\mathrm{A}]$$

となる．A の濃度は，$[\mathrm{A}] = [\mathrm{A}]_0 \exp(-k_{\mathrm{I}} t)$ と得られるので (2.4 節参照)，式 (3.1.7) を容易に導くことができる．このように，定常状態近似を用いると，微分部分を 0 とおくことによって，微分方程式を代数方程式に置き換えることができ，解析が格段に簡素化される．

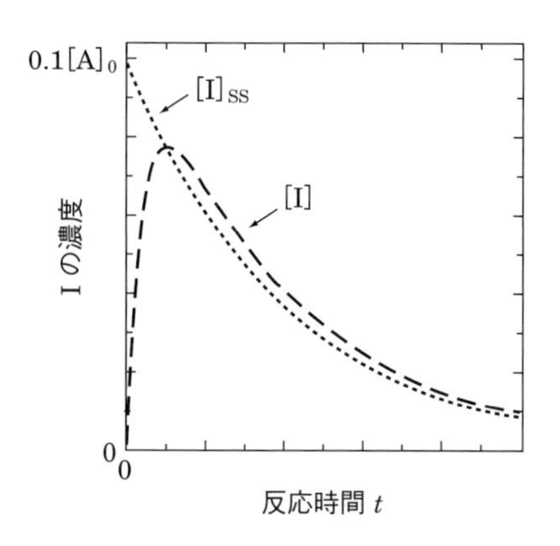

図 3.2 逐次 1 次反応における中間生成物 I の濃度 [I] と定常状態近似から得られた $[\mathrm{I}]_{\mathrm{SS}}$ との比較 ($k_{\mathrm{II}} = 10k_{\mathrm{I}}$ の場合)

微分方程式を解いて得られた [I] と定常状態近似から得られた $[\mathrm{I}]_{\mathrm{SS}}$ を比較してみよう．**図 3.2** に，2.4 節で取り上げた $k_{\mathrm{II}} = 10k_{\mathrm{I}}$ の場合の [I] と $[\mathrm{I}]_{\mathrm{SS}}$ を表す (縦軸のスケールが図 2.6 (a) と違うことに注意を要する)．実際の [I] は反応初期に A から I への反応により増加するが，その後減少に転じる．一方，$[\mathrm{I}]_{\mathrm{SS}}$ は，$k_{\mathrm{I}}[\mathrm{A}]_0/k_{\mathrm{II}}$ すなわち $0.1[\mathrm{A}]_0$ を初期値として，時間とともに単調減少する．[I] が増加し始める反応初期こそ一致はしないが，[I] が減少に転じてからはその傾向を $[\mathrm{I}]_{\mathrm{SS}}$ はよく示していることがわかる．

I の濃度が定常状態近似で得られると，最終生成物である P の濃度も容易に求めることができる．$[\mathrm{P}]_0 = 0$ ならば，

$$\begin{aligned}[\mathrm{P}] &= [\mathrm{A}]_0 - [\mathrm{A}] - [\mathrm{I}]_{\mathrm{SS}} \\ &= [\mathrm{A}]_0\left[1 - \left(1 + \frac{k_{\mathrm{I}}}{k_{\mathrm{II}}}\right)\exp(-k_{\mathrm{I}} t)\right]\end{aligned}$$

が得られ，$k_{\mathrm{I}} \ll k_{\mathrm{II}}$ の極限では，$[\mathrm{P}] = [\mathrm{A}]_0[1 - \exp(-k_{\mathrm{I}} t)]$ となる．これ

は，2.4 節で $k_{\mathrm{II}}=10k_{\mathrm{I}}$ の場合に予想した [P] の時間変化と同じ形である．第 1 段階の反応で生成した I が第 2 段階の反応で速やかに P を生成するため，あたかも第 1 段階の反応で A から P が直接生成するかのような時間変化を示すのである．

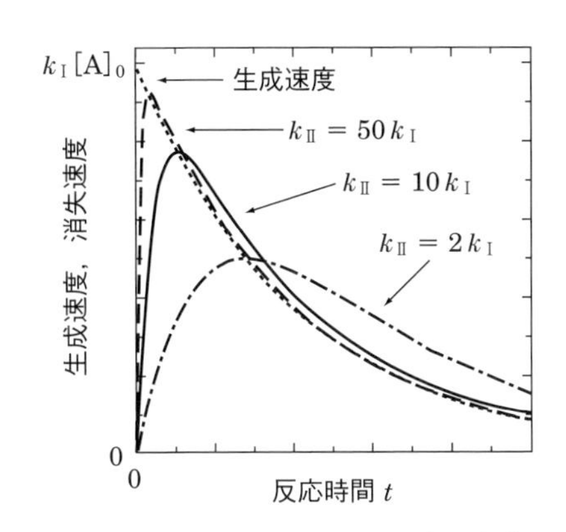

図 3.3　逐次 1 次反応における中間生成物 I の生成速度と消失速度

定常状態近似では $\mathrm{d}[\mathrm{I}]/\mathrm{d}t=0$ とおいたが，[I] が時間に対して全く変化しないわけではない．実際図 3.2 を見てもわかるように，定常状態近似の下で得られた $[\mathrm{I}]_{\mathrm{SS}}$ は時間とともに減衰する．先にも述べたように，定常状態近似の下では，I の生成速度と消失速度がつりあう．いまの場合 [A] が指数関数的に減衰し，それに伴って I の生成速度 $k_{\mathrm{I}}[\mathrm{A}]$ も時間とともに減衰する．これに対して [I] は，消失速度 $k_{\mathrm{II}}[\mathrm{I}]$ が生成速度 $k_{\mathrm{I}}[\mathrm{A}]$ とつりあうように変化する．こうして [I] は [A] に追随して減衰するのである．**図 3.3** は，一定の k_{I} に対して，$k_{\mathrm{II}}=2k_{\mathrm{I}}, 10k_{\mathrm{I}}, 50k_{\mathrm{I}}$ のそれぞれの場合の I の消失速度 $k_{\mathrm{II}}[\mathrm{I}]$ を，生成速度 $k_{\mathrm{I}}[\mathrm{A}]$ とともに示したものである．破線で示した $k_{\mathrm{II}}=50k_{\mathrm{I}}$ の場合，消失速度は $t=0$ から急速に立ち上がって生成速度（点線）のレベルに達し，そこから生成速度とほとんど同じ時間減衰を示す．実線で示した $k_{\mathrm{II}}=10k_{\mathrm{I}}$ では，それよりも立ち上がりが遅くなるが，立ち上がったのち，生成速度にほぼ追随して減衰していることがわかる．しかし $k_{\mathrm{II}}=2k_{\mathrm{I}}$ となると，図の一点鎖線で示したように，$k_{\mathrm{II}}[\mathrm{I}]$ は立ち上がりが遅くなるだけでなく，その後の減衰も $k_{\mathrm{I}}[\mathrm{A}]$ の変化に追随できていない．

このように，定常状態近似を用いる場合は，生成速度に比べて消失速度の時間スケールが充分短いことが要求される．複合反応には，通常 1 桁以上異なる時間スケールの反応から成り立っているものも多く，このような場合に定常状態近似を用いることで，速い反応と遅い反応を分離して解析することが可能となる．定常状態近似に限らず，時間スケールの異なる反応を分離することは，複雑な複合反応の解析を単純化できる点で非常に有用な手段である．以下の3.2節から3.5節では，気相における複合反応を例として扱うが，これらにおいても定常状態近似に代表される速い反応と遅い反応との分離が，解析において重要となる．

3.2　単分子反応 ─ リンデマン機構

気相分子が熱的に解離あるいは異性化する反応は，反応物をAとして次の総括反応で表される．

$$\mathrm{A} \longrightarrow \mathrm{P}\,(+\,\mathrm{Q}) \tag{3.2.1}$$

この反応は見かけ上，反応分子数が1であり，それゆえ一般に「単分子反応」とよばれる．もしこの反応が2.1節で説明したような単分子素反応であれば，反応速度は1次反応の速度式

$$-\frac{\mathrm{d}[\mathrm{A}]}{\mathrm{d}t} = k_{\mathrm{uni}}[\mathrm{A}] \tag{3.2.2}$$

に従うはずである．しかしながら，この式で1次反応速度定数に対応する k_{uni} は，温度を一定としても単純な定数にはならない．圧力や，場合によっては反応物Aの濃度に依存して変化する．したがって，熱的な単分子反応は単純な素反応ではない．それゆえ本書では，「単分子素反応」と「単分子反応」という言葉を区別して用いている (2.1節の脚注を参照のこと)．複合反応である単分子反応の反応機構を本節では取り扱う．

1.6節で学んだように，多くの反応で反応速度定数は温度とともに増加する．これは反応が進むために，遷移状態を超えるためのエネルギー，すなわち活性化エネルギーが必要だからである．単分子反応もこの例にもれず，分子が活性化するためにエネルギーを他から得る必要がある．リンデマンは，反応物分子が他の分子と衝突することによってこのエネルギーを得ると考え，次の3つの素反応からなる反応機構 (**リンデマン機構**) を提案した．

$$\mathrm{A} + \mathrm{M} \Longrightarrow \mathrm{A}^* + \mathrm{M} \qquad \text{2 次反応速度定数 } k_{\mathrm{I}} \tag{3.2.3}$$

$$A^* + M \Longrightarrow A + M \qquad 2次反応速度定数\ k_{-\mathrm{I}} \qquad (3.2.4)$$

$$A^* \Longrightarrow P\,(+Q) \qquad 1次反応速度定数\ k_{\mathrm{II}} \qquad (3.2.5)$$

まず (3.2.3) は A が衝突により活性化された分子 A^* になる反応である．ここで M は，衝突を通じて A とエネルギーのやり取りをするが，化学的には変化しない分子で，このような分子を**第三体**という．反応物気体 A のみの系であれば，A が M の役割を担う．もし，反応が大過剰の希ガスや窒素などの不活性気体雰囲気下で起きるならば，これらの気体分子が主に第三体としてはたらく．いずれにしても気体の圧力が高いと M の濃度 (数密度) は高くなる．反応 (3.2.3) を通じて生じた A^* は 2 通りの経路をたどる．1 つは，(3.2.4) で表したように，再び第三体と衝突してエネルギーを失い，元の A に戻る脱活性化過程である[†1]．一方，脱活性化を免れた A^* は，(3.2.5) に示したように自発的に異性化または解離して生成物に至る．異性化反応ならば生成物は 1 分子 (P) であり，解離反応であれば生成物は 2 分子 (P と Q) 以上になる．リンデマン機構を構成している 3 つの素反応のうち，活性化 (3.2.3)，脱活性化 (3.2.4) はどちらも二分子素反応である．純粋な単分子素反応は反応 (3.2.5) だけである．

A^* は活性化状態であるので，反応 (3.2.5) による消失の寿命は一般的に短い．したがって A^* に対して定常状態の近似を用いることができる．それぞれの素反応の反応速度定数を用いると，A^* に対する定常状態の近似は，

$$\frac{\mathrm{d}[A^*]}{\mathrm{d}t} = k_{\mathrm{I}}[A][M] - k_{-\mathrm{I}}[A^*]_{\mathrm{SS}}[M] - k_{\mathrm{II}}[A^*]_{\mathrm{SS}} = 0$$

で書き表すことができ，ここから

$$[A^*]_{\mathrm{SS}} = \frac{k_{\mathrm{I}}[A][M]}{k_{-\mathrm{I}}[M] + k_{\mathrm{II}}} \qquad (3.2.6)$$

が得られる．総括反応 (3.2.1) の全反応速度は A の減少速度，あるいは P の

[†1] 反応 (3.2.4) によって M は A^* からエネルギーを受け取るので，M^* と表記するべきかもしれないが，M^* はさらに他の分子との衝突を通して熱的な平衡状態に戻っていくので，一般的に M と M^* は区別されない．

増加速度のどちらで表してもよいが，ここではAの減少速度として表すと，

$$-\frac{\mathrm{d}[\mathrm{A}]}{\mathrm{d}t} = k_{\mathrm{I}}[\mathrm{A}][\mathrm{M}] - k_{-\mathrm{I}}[\mathrm{A}^*]_{\mathrm{SS}}[\mathrm{M}] = k_{\mathrm{II}}[\mathrm{A}^*]_{\mathrm{SS}}$$

となるので，これに式(3.2.6)を代入して，最終的に

$$-\frac{\mathrm{d}[\mathrm{A}]}{\mathrm{d}t} = \frac{k_{\mathrm{I}}k_{\mathrm{II}}[\mathrm{A}][\mathrm{M}]}{k_{-\mathrm{I}}[\mathrm{M}] + k_{\mathrm{II}}} \tag{3.2.7}$$

が得られる．すなわち全反応速度は，反応物であるAの濃度だけでなく，総括反応(3.2.1)には現れてこない第三体Mの濃度にも依存することになる．

式(3.2.7)を見ると，右辺の分母には2つの項があり，これらの大小関係で反応速度式が変わることが予想される．まず，$k_{-\mathrm{I}}[\mathrm{M}] \ll k_{\mathrm{II}}$ の場合を考えてみよう．この場合，式(3.2.7)は次のように近似される．

$$-\frac{\mathrm{d}[\mathrm{A}]}{\mathrm{d}t} \approx \frac{k_{\mathrm{I}}k_{\mathrm{II}}[\mathrm{A}][\mathrm{M}]}{k_{\mathrm{II}}} = k_{\mathrm{I}}[\mathrm{A}][\mathrm{M}] \tag{3.2.8}$$

全反応速度は，反応(3.2.3)の速度と等しく，Aに対して1次，Mに対して1次，合計2次の速度式で表される．この場合は，AとMの衝突によるA^*の生成過程(3.2.3)が律速段階となり，ひとたびA^*が生成すると速やかにPへ変化していく．この極限は，$k_{-\mathrm{I}}$とk_{II}の大小関係にかかわらず，第三体Mの濃度が限りなく低くなるとき，すなわち圧力が低い場合に相当するので，**低圧極限**という．

逆に[M]が高くなる極限を**高圧極限**という．この極限では $k_{-\mathrm{I}}[\mathrm{M}] \gg k_{\mathrm{II}}$ となるので，式(3.2.7)は

$$-\frac{\mathrm{d}[\mathrm{A}]}{\mathrm{d}t} \approx \frac{k_{\mathrm{I}}k_{\mathrm{II}}[\mathrm{A}][\mathrm{M}]}{k_{-\mathrm{I}}[\mathrm{M}]} = \frac{k_{\mathrm{I}}k_{\mathrm{II}}}{k_{-\mathrm{I}}}[\mathrm{A}] \tag{3.2.9}$$

に近づく．すなわち全反応速度はAに対する1次反応の形で表され，第三体Mの濃度に依存しない．この場合はA^*の単分子素反応(3.2.5)が律速段階となる．反応(3.2.3)と反応(3.2.4)を通してAとA^*がほぼ平衡状態にある中で，A^*のごく一部が反応(3.2.5)を通してPへと変化していく．AとA^*が反応(3.2.3)と反応(3.2.4)を通して平衡状態にあるとき，$k_{\mathrm{I}}[\mathrm{A}] = k_{-\mathrm{I}}[\mathrm{A}^*]$

の関係にあるので，反応 (3.2.5) の速度は，$k_{\rm II}[{\rm A}^*] = (k_{\rm I}k_{\rm II}/k_{-{\rm I}})[{\rm A}]$ で表すことができ，式 (3.2.9) の形になる．

単分子反応の全反応速度を式 (3.2.2) で表したときの見かけ上の 1 次反応速度定数 $k_{\rm uni}$ が，低圧極限，高圧極限でどのような形になるか，見てみよう．式 (3.2.2) と式 (3.2.7) を比較することにより，

$$k_{\rm uni} = \frac{k_{\rm I}k_{\rm II}[{\rm M}]}{k_{-{\rm I}}[{\rm M}] + k_{\rm II}} \tag{3.2.10}$$

の関係が得られる．したがって低圧極限での $k_{\rm uni}$ を $k_{\rm uni}{}^0$ とすると，

$$k_{\rm uni}{}^0 = k_{\rm I}[{\rm M}] \tag{3.2.11}$$

で表される．一方高圧極限での $k_{\rm uni}$ を $k_{\rm uni}{}^\infty$ とすると，

$$k_{\rm uni}{}^\infty = \frac{k_{\rm I}k_{\rm II}}{k_{-{\rm I}}} \tag{3.2.12}$$

で表される．**図 3.4** に，リンデマン機構に従って式 (3.2.10) で表される $k_{\rm uni}$ と第三体濃度 [M] の関係を示す．$k_{\rm uni}$ は [M] が低い領域，すなわち低圧領域で [M] とともに増加するが，徐々にその依存性が鈍くなっていき，最終的に [M] が高い領域，すなわち高圧領域で一定の値 $k_{\rm uni}{}^\infty$ に近づく．このような傾向は，多くの単分子反応で実際に測定される $k_{\rm uni}$ の [M] 依存性と大まかには一致する．**図 3.5** (a) に，シス-2-ブテンがトランス-2-ブテンに異性化する反応

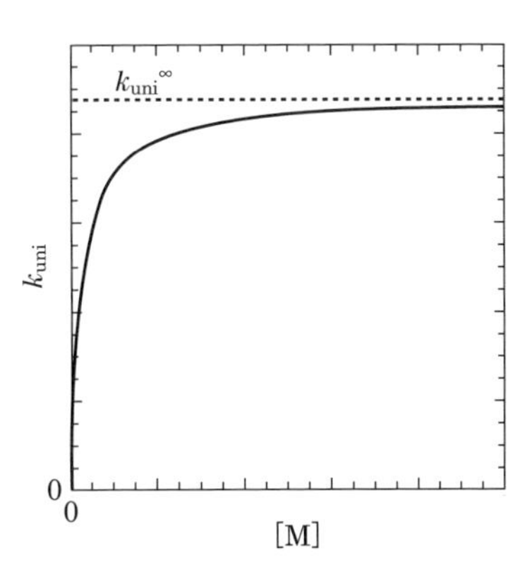

図 3.4　式 (3.2.10) で表される $k_{\rm uni}$ の [M] に対する変化

$\mathrm{H_3C(H)C{=}C(H)CH_3}$ ⟶ $\mathrm{H_3C(H)C{=}C(H)CH_3}$

シス-2-ブテン　　　　トランス-2-ブテン

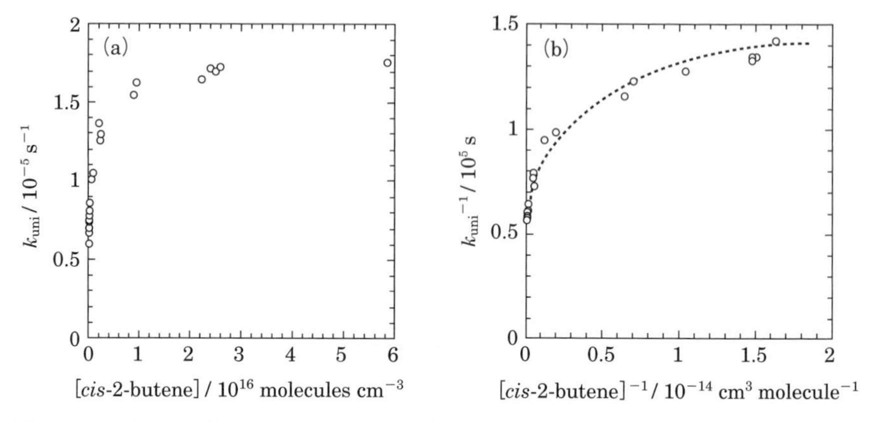

図 3.5　(a) シス-2-ブテンからトランス-2-ブテンへの単分子異性化反応速度定数 $k_{\rm uni}$ のシス-2-ブテン濃度依存性　(b) その逆数-逆数プロット（図の点線は目安として引いたもの）

における $k_{\rm uni}$ のシス-2-ブテン濃度依存性を示す[†1]．この実験では，反応物であるシス-2-ブテンのみで反応を開始しているので，シス-2-ブテン自身が第三体 M の役割も果たしている．したがって，リンデマン機構による $k_{\rm uni}$ は，

$$k_{\rm uni}=\frac{k_{\rm I}k_{\rm II}[\text{シス-2-ブテン}]}{k_{-\rm I}[\text{シス-2-ブテン}]+k_{\rm II}} \qquad (3.2.13)$$

で表される．図 3.4 と図 3.5 (a) を比べると，リンデマン機構により導かれた $k_{\rm uni}$ は実験結果をうまく表しているように見える．しかし，詳しく調べるとリンデマン機構が $k_{\rm uni}$ の挙動を必ずしも正確に表してはいないことがわかる．式 (3.2.13) より $k_{\rm uni}$ の逆数は，

$$\frac{1}{k_{\rm uni}}=\frac{k_{-\rm I}[\text{シス-2-ブテン}]+k_{\rm II}}{k_{\rm I}k_{\rm II}[\text{シス-2-ブテン}]}=\frac{k_{-\rm I}}{k_{\rm I}k_{\rm II}}+\frac{1}{k_{\rm I}[\text{シス-2-ブテン}]}$$

で表されるので，リンデマン機構に従うならば，$k_{\rm uni}$ の逆数をシス-2-ブテン濃度の逆数に対してプロットしたときに直線が得られるはずである．しかし，図 3.5 (a) の結果を逆数プロットすると**図 3.5 (b)** のように，直線的な変化を示さない．このずれは，リンデマン機構が問題を単純化しすぎていることに起因す

[†1] B. S. Rabinovitch and K. W. Michel, *J. Am. Chem. Soc.*, **81**, 5065 (1959) に掲載された温度 742 K でのデータを用いた．

る．実際に過程 (3.2.3) において分子が受け取るエネルギーの大きさは一律ではなく，幅をもつ．また，励起された分子内でエネルギーがどのように分配され，反応 (異性化，解離) につながるかも，分子がもつ自由度と関係して考慮する必要がある．しかしリンデマン機構はこれらを考慮せず，単一の励起分子 A^* のみを考えているため，実験結果とのずれが生じるのである．A^* のエネルギー状態を考慮した単分子反応理論については，付録 A.6，A.7 に記す．

[**例題 3.1**]　ある分子の単分子解離反応において，見かけ上の 1 次反応速度定数 k_{uni} を測定したところ，高圧極限で $k_{\mathrm{uni}}{}^{\infty} = 6.90 \times 10^{-2}\ \mathrm{s^{-1}}$ であった．また，低圧極限では [M] を $\mathrm{mol\ dm^{-3}}$ の単位で表したとき $k_{\mathrm{uni}}{}^{0} = (72.2 \times [\mathrm{M}])\ \mathrm{s^{-1}}$ と表された．k_{uni} がリンデマン機構に従うとして，k_{uni} が $k_{\mathrm{uni}}{}^{\infty}$ の半分の値になるときの [M] を求めよ．

[**解**]　まず，式 (3.2.11) より $k_{\mathrm{I}} = 72.2\ \mathrm{dm^3\ mol^{-1}\ s^{-1}}$ であることがわかる．また，式 (3.2.12) より

$$k_{\mathrm{uni}}{}^{\infty} = \frac{k_{\mathrm{I}} k_{\mathrm{II}}}{k_{-\mathrm{I}}} \quad \text{なので} \quad \frac{k_{\mathrm{II}}}{k_{-\mathrm{I}}} = \frac{k_{\mathrm{uni}}{}^{\infty}}{k_{\mathrm{I}}} = \frac{6.90 \times 10^{-2}\ \mathrm{s^{-1}}}{72.2\ \mathrm{dm^3\ mol^{-1}\ s^{-1}}} = 9.56 \times 10^{-4}\ \mathrm{mol\ dm^{-3}}$$

が得られる．一方，式 (3.2.10) より，k_{uni} が高圧極限での半分になるときの [M] を $[\mathrm{M}]_{1/2}$ で表すと，

$$\frac{1}{2} k_{\mathrm{uni}}{}^{\infty} = \frac{k_{\mathrm{I}} k_{\mathrm{II}}}{2 k_{-\mathrm{I}}} = \frac{k_{\mathrm{I}} k_{\mathrm{II}} [\mathrm{M}]_{1/2}}{k_{-\mathrm{I}} [\mathrm{M}]_{1/2} + k_{\mathrm{II}}}$$

となるので，これを解いて

$$[\mathrm{M}]_{1/2} = \frac{k_{\mathrm{II}}}{k_{-\mathrm{I}}} = 9.56 \times 10^{-4}\ \mathrm{mol\ dm^{-3}} \quad \text{と求められる．}$$

反応速度が低圧極限，または高圧極限の速度式で表されるとき，単分子反応を素反応に準じたものとして取り扱う場合がある．例えば速度式が低圧極限での式 (3.2.8) で表される場合，総括反応式を

$$\mathrm{A} + \mathrm{M} \longrightarrow \mathrm{P} + \mathrm{M} \tag{3.2.14}$$

のように書き表すことで，反応速度が A と M の濃度に依存することを明示することができる．これにより，本来 3 つの素反応で記述しなければならなかった単分子反応を 1 つの反応式だけで表すことができ，反応機構をより簡素に表現することができる．

3.3 再結合反応

前節で扱った（複合反応としての）単分子反応のうち，反応物が解離する反応，すなわち単分子解離反応のちょうど逆の反応が**再結合反応**とよばれる反応である．この反応は，2つの分子が結合して1つの分子を生成する反応で，総括反応は次のように表される．

$$\mathrm{A} + \mathrm{B} \longrightarrow \mathrm{P} \tag{3.3.1}$$

この反応の反応機構は，次のような3つの素反応で記述される．

$$\mathrm{A} + \mathrm{B} \Longrightarrow \mathrm{P}^* \qquad 2\text{次反応速度定数}\ k_{\mathrm{I}} \tag{3.3.2}$$

$$\mathrm{P}^* \Longrightarrow \mathrm{A} + \mathrm{B} \qquad 1\text{次反応速度定数}\ k_{-\mathrm{I}} \tag{3.3.3}$$

$$\mathrm{P}^* + \mathrm{M} \Longrightarrow \mathrm{P} + \mathrm{M} \qquad 2\text{次反応速度定数}\ k_{\mathrm{II}} \tag{3.3.4}$$

反応 (3.3.2) は分子 A と B が結合し，P を生成する反応である．しかしここで生成する P は結合による安定化で生じたエネルギーを余剰なエネルギーとしてもっている．したがって，P^* として表している．P^* は余剰エネルギーをもっているため，自発的に解離して A + B に戻る反応 (3.3.3) が起こりうる．一方，P^* が第三体 M と衝突して M にエネルギーを受け渡すことで，エネルギー的に安定な生成物 P ができる（反応 (3.3.4)）．

この場合も，P^* の寿命が短いと仮定して，定常状態近似を用いると

$$\frac{\mathrm{d}[\mathrm{P}^*]}{\mathrm{d}t} = k_{\mathrm{I}}[\mathrm{A}][\mathrm{B}] - k_{-\mathrm{I}}[\mathrm{P}^*]_{\mathrm{SS}} - k_{\mathrm{II}}[\mathrm{P}^*]_{\mathrm{SS}}[\mathrm{M}] = 0$$

の式が導かれる．これを解いて，定常状態における P^* の濃度 $[\mathrm{P}^*]_{\mathrm{SS}}$ は，

$$[\mathrm{P}^*]_{\mathrm{SS}} = \frac{k_{\mathrm{I}}[\mathrm{A}][\mathrm{B}]}{k_{-\mathrm{I}} + k_{\mathrm{II}}[\mathrm{M}]} \tag{3.3.5}$$

と得られる．反応 (3.3.1) の全反応速度を A の消失速度で表すと

$$-\frac{\mathrm{d}[\mathrm{A}]}{\mathrm{d}t} = k_{\mathrm{I}}[\mathrm{A}][\mathrm{B}] - k_{-\mathrm{I}}[\mathrm{P}^*]_{\mathrm{SS}} = k_{\mathrm{II}}[\mathrm{P}^*]_{\mathrm{SS}}[\mathrm{M}] \tag{3.3.6}$$

で表されるので，ここに式 (3.3.5) を代入して

$$-\frac{\mathrm{d}[\mathrm{A}]}{\mathrm{d}t} = \frac{k_{\mathrm{I}}k_{\mathrm{II}}[\mathrm{A}][\mathrm{B}][\mathrm{M}]}{k_{-\mathrm{I}} + k_{\mathrm{II}}[\mathrm{M}]} \tag{3.3.7}$$

が最終的に得られる．単分子反応の場合と同じように，全反応速度は，第三体 M の濃度に依存し，低圧極限と高圧極限で速度式は異なる形になる．まず，低圧極限では，$k_{-\mathrm{I}} \gg k_{\mathrm{II}}[\mathrm{M}]$ となるので，式 (3.3.7) は

$$-\frac{\mathrm{d}[\mathrm{A}]}{\mathrm{d}t} \approx \frac{k_{\mathrm{I}} k_{\mathrm{II}}}{k_{-\mathrm{I}}}[\mathrm{A}][\mathrm{B}][\mathrm{M}] \tag{3.3.8}$$

で近似される．すなわち全反応速度は，A, B, M それぞれの濃度に 1 次で依存した 3 次反応の速度式で表される．この場合，A と B が結合してできた P* の大部分が解離して A と B に戻るので，A + B と P* が擬似的な平衡状態になっているとみなすことができる．そして P* のごく一部が M と衝突して安定化するので，反応 (3.3.4) が律速段階となる．

一方，高圧極限では，$k_{-\mathrm{I}} \ll k_{\mathrm{II}}[\mathrm{M}]$ となり，式 (3.3.7) は，

$$-\frac{\mathrm{d}[\mathrm{A}]}{\mathrm{d}t} \approx \frac{k_{\mathrm{I}} k_{\mathrm{II}}[\mathrm{A}][\mathrm{B}][\mathrm{M}]}{k_{\mathrm{II}}[\mathrm{M}]} = k_{\mathrm{I}}[\mathrm{A}][\mathrm{B}] \tag{3.3.9}$$

で表される．この場合は，反応 (3.3.4) が非常に速く進み，反応 (3.3.2) で生成した P* のほとんどが M と衝突して安定化する．そのため反応 (3.3.2) が律速段階となり，全反応速度が反応 (3.3.2) の速度と等しくなる．

単分子反応の場合と同様に，再結合反応を素反応と同等とみなす場合がある．低圧極限で反応速度は式 (3.3.8) のように 3 次反応で表されるので，総括反応式を

$$\mathrm{A} + \mathrm{B} + \mathrm{M} \longrightarrow \mathrm{P} + \mathrm{M} \tag{3.3.10}$$

と書くことで，反応速度が A，B，M の 3 種の濃度に依存することを示すことができる．したがって反応 (3.3.10) を三分子素反応と同等とみなして反応機構に組み入れることがある．

[例題 3.2]　再結合反応 (3.3.1) の見かけの反応速度定数 k_{rec} を次のように定義する．

$$-\frac{\mathrm{d}[\mathrm{A}]}{\mathrm{d}t} = k_{\mathrm{rec}}[\mathrm{A}][\mathrm{B}]$$

低圧極限，高圧極限での速度定数をそれぞれ ${k_{\mathrm{rec}}}^0 = k_0[\mathrm{M}]$, ${k_{\mathrm{rec}}}^{\infty}$ と表したとき，反

応 (3.3.2) から (3.3.4) の反応速度定数を用いて k_0 および $k_{rec}{}^{\infty}$ を表せ．また，k_0 および $k_{rec}{}^{\infty}$ を用いて k_{rec} を表せ．

［**解**］　式 (3.3.7) との比較により

$$k_{rec} = \frac{k_{\mathrm{I}} k_{\mathrm{II}} [\mathrm{M}]}{k_{-\mathrm{I}} + k_{\mathrm{II}} [\mathrm{M}]}$$

であることがわかる．したがって

$$k_{rec}{}^{0} = \frac{k_{\mathrm{I}} k_{\mathrm{II}}}{k_{-\mathrm{I}}} [\mathrm{M}] \ \text{より，} \ k_0 = \frac{k_{\mathrm{I}} k_{\mathrm{II}}}{k_{-\mathrm{I}}}$$

$$k_{rec}{}^{\infty} = k_{\mathrm{I}}$$

が得られる．また，k_{rec} の式を変形して

$$k_{rec} = \frac{k_{\mathrm{I}} k_{\mathrm{II}} [\mathrm{M}]/k_{-\mathrm{I}}}{1 + k_{\mathrm{II}} [\mathrm{M}]/k_{-\mathrm{I}}} = \frac{k_0 [\mathrm{M}]}{1 + k_0 [\mathrm{M}]/k_{\mathrm{I}}} = \frac{k_0 k_{rec}{}^{\infty} [\mathrm{M}]}{k_{rec}{}^{\infty} + k_0 [\mathrm{M}]}$$

のように表される．

3.4　大気反応 ― チャップマン機構

気相複合反応の身近な例として，成層圏大気中の化学反応が挙げられる．成層圏とは高度が十数 km から約 50 km の間に位置し，オゾン層の存在により，高度とともに温度が上昇する領域である．これは，オゾン層が紫外線のエネルギーを吸収して，最終的に熱としてエネルギーを放出する熱源の役割を果たすことによる．成層圏のオゾンは，大気主成分の一つである酸素分子から化学反応により生成する．成層圏オゾンの生成に対し，以下のような反応機構がチャップマンによって 1930 年に提案されている[†1]．

$$\mathrm{O_2} + h\nu \Longrightarrow 2\mathrm{O} \qquad \text{1 次反応速度定数 } k_{\mathrm{I}} \qquad (3.4.1)$$

$$\mathrm{O} + \mathrm{O_2} + \mathrm{M} \longrightarrow \mathrm{O_3} + \mathrm{M} \qquad \text{3 次反応速度定数 } k_{\mathrm{II}} \qquad (3.4.2)$$

$$\mathrm{O_3} + h\nu \Longrightarrow \mathrm{O} + \mathrm{O_2} \qquad \text{1 次反応速度定数 } k_{\mathrm{III}} \qquad (3.4.3)$$

$$\mathrm{O} + \mathrm{O_3} \Longrightarrow 2\mathrm{O_2} \qquad \text{2 次反応速度定数 } k_{\mathrm{IV}} \qquad (3.4.4)$$

---

†1　もともとチャップマンが提案した反応機構では，これら 4 つの反応に加え，酸素原子の再結合反応 $\mathrm{O} + \mathrm{O} + \mathrm{M} \rightarrow \mathrm{O_2} + \mathrm{M}$ が含まれていたが，この反応は成層圏では非常に遅いので，現在では考慮に入れないことが多い．

反応 (3.4.1) で h はプランク定数，ν は光の振動数を表し，O_2 が光のエネルギー $h\nu$ を吸収して，光解離することを意味している．具体的には，約 242 nm よりも短い波長の光で O_2 は 2 個の酸素原子に解離する．この反応は単分子素反応であり，k_{I} は，この反応の 1 次反応速度定数で，光解離定数とよばれる．第 9 章で説明するように，光解離定数の大きさは，光の強度，分子が光を吸収する効率 (光吸収断面積)，光を吸収した分子が解離する割合 (量子収率) に依存する．また，反応 (3.4.1) では O_2 分子 1 個から O 原子が 2 個生成するので，反応速度を O_2 の減少速度で表す場合と O 原子の増加速度で表す場合とで，k_{I} の値に倍の違いが生じる．ここでは，O_2 の減少速度をもとに k_{I} を定義する．反応 (3.4.2) は，O と O_2 からオゾン O_3 が生成する再結合反応である．成層圏大気の圧力条件 (10^2 ～ 10^4 Pa) で，この反応の速度は低圧極限にあるとみなすことができる．すなわち反応速度は O，O_2，M の 3 つの化学種の濃度に比例した 3 次の速度式で表される．そのため，3.3 節で説明したように，この反応を三分子素反応と同等とみなして，反応機構に組み入れている．反応 (3.4.3) は O_3 の光解離反応で，反応 (3.4.1) と同様に単分子素反応である．O_3 の光解離は，エネルギー的には 1180 nm より短い波長で起こりうるが，成層圏では特に波長 250 nm 付近に極大をもつハートレー帯の吸収による光解離が重要である (第 9 章参照)．k_{III} は O_3 の光解離定数である．最後の反応 (3.4.4) は O と O_3 の二分子素反応である．**表 3.1** に，成層圏の上部 (高度 50 km) と下部 (高度 25 km) でのこれらの定数の代表的な値を載せる．

表 3.1　高度 25 km，50 km における反応速度定数および M と O_2 の濃度

高度/km	25	50
$k_{\mathrm{I}}/\mathrm{s}^{-1}$	2×10^{-12}	1×10^{-9}
$k_{\mathrm{II}}/\mathrm{cm}^6\ \mathrm{molecule}^{-2}\ \mathrm{s}^{-1}$	1.2×10^{-33}	7.6×10^{-34}
$k_{\mathrm{III}}/\mathrm{s}^{-1}$	5×10^{-4}	7×10^{-3}
$k_{\mathrm{IV}}/\mathrm{cm}^3\ \mathrm{molecule}^{-1}\ \mathrm{s}^{-1}$	7.5×10^{-16}	4.0×10^{-15}
$[\mathrm{M}]/\mathrm{molecules\ cm}^{-3}$	8.32×10^{17}	2.13×10^{16}
$[\mathrm{O_2}]/\mathrm{molecules\ cm}^{-3}$	1.74×10^{17}	4.48×10^{15}

いま，反応に関わっている化学種のうち，O_2 は体積混合比で約 21 % を占める大気主成分の一つであり，きわめて安定な化学種なので，その濃度はほぼ一定と考えられる．O_2 に比べると O および O_3 の反応性が高いと考え，これらの化学種に対して定常状態の近似を適用してみる．

$$\frac{d[O]}{dt} = 2k_{\mathrm{I}}[O_2] - k_{\mathrm{II}}[O]_{SS}[O_2][M] + k_{\mathrm{III}}[O_3]_{SS} - k_{\mathrm{IV}}[O]_{SS}[O_3]_{SS} = 0 \tag{3.4.5}$$

$$\frac{d[O_3]}{dt} = k_{\mathrm{II}}[O]_{SS}[O_2][M] - k_{\mathrm{III}}[O_3]_{SS} - k_{\mathrm{IV}}[O]_{SS}[O_3]_{SS} = 0 \tag{3.4.6}$$

式 (3.4.5) より

$$[O]_{SS} = \frac{2k_{\mathrm{I}}[O_2] + k_{\mathrm{III}}[O_3]_{SS}}{k_{\mathrm{II}}[O_2][M] + k_{\mathrm{IV}}[O_3]_{SS}} \tag{3.4.7}$$

であるので，これを式 (3.4.6) に代入して整理すると，$[O_3]_{SS}$ に対する 2 次方程式が得られる．

$$k_{\mathrm{III}}k_{\mathrm{IV}}[O_3]_{SS}^2 + k_{\mathrm{I}}k_{\mathrm{IV}}[O_2][O_3]_{SS} - k_{\mathrm{I}}k_{\mathrm{II}}[O_2]^2[M] = 0$$

解の公式を使ってこれを解いて

$$[O_3]_{SS} = \frac{-k_{\mathrm{I}}k_{\mathrm{IV}}[O_2] + \sqrt{k_{\mathrm{I}}^2k_{\mathrm{IV}}^2[O_2]^2 + 4k_{\mathrm{I}}k_{\mathrm{II}}k_{\mathrm{III}}k_{\mathrm{IV}}[O_2]^2[M]}}{2k_{\mathrm{III}}k_{\mathrm{IV}}} \tag{3.4.8}$$

が最終的に得られる[†1]．成層圏オゾン濃度がほぼ極大となる高度 25 km での代表的な値を式 (3.4.8) に入れると $[O_3]_{SS} = 1.3 \times 10^{13}$ molecules cm^{-3} が得られる．この値は実際に観測されるオゾンの濃度に比べると約 2 倍高いが[†2]，高度 25 km 付近で極大になるという高度分布はチャップマン機構で定性的に再現することができる．

[†1] 解の公式から $[O_3]_{SS}$ に対して解がもう 1 つ求められるが，負の値となるので，採用されない．

[†2] これは，チャップマン機構が酸素原子を構成要素とした 3 つの化学種 (O, O_2, O_3) の反応しか考慮していないのに対して，実際の成層圏には，他の元素，具体的には水素，窒素，塩素，臭素などからなる化学種も存在し，オゾンの消失反応に関与しているからである．これについては 4.2 節で，塩素を含む化学種を例にして取り扱う．

3.5 連鎖反応

水素分子と臭素分子から臭化水素ができる反応は，

$$H_2 + Br_2 \longrightarrow 2HBr \tag{3.5.1}$$

で表されるが，単純な二分子素反応ではない．実験から，総括反応の全反応速度は次のような複雑な速度式に従うことが見いだされている．

$$-\frac{d[H_2]}{dt} = \frac{1}{2}\frac{d[HBr]}{dt} = \frac{k_a[H_2][Br_2]^{\frac{1}{2}}}{1 + \dfrac{k_b[HBr]}{[Br_2]}} \tag{3.5.2}$$

ここで k_a, k_b は，反応物，生成物の濃度によらない定数である．

この速度式と整合する次のような反応機構が提案されている．

$$Br_2 + M \longrightarrow 2Br + M \qquad 2\text{次反応速度定数 } k_{\mathrm{I}} \tag{3.5.3}$$

$$Br + H_2 \Longrightarrow HBr + H \qquad 2\text{次反応速度定数 } k_{\mathrm{II}} \tag{3.5.4}$$

$$H + Br_2 \Longrightarrow HBr + Br \qquad 2\text{次反応速度定数 } k_{\mathrm{III}} \tag{3.5.5}$$

$$HBr + H \Longrightarrow Br + H_2 \qquad 2\text{次反応速度定数 } k_{\mathrm{IV}} \tag{3.5.6}$$

$$2Br + M \longrightarrow Br_2 + M \qquad 3\text{次反応速度定数 } k_{\mathrm{V}} \tag{3.5.7}$$

反応 (3.5.3) と (3.5.7) は単分子解離反応と再結合反応であるが，どちらも低圧極限で反応速度を表すことができるため，それぞれ二分子素反応と三分子素反応に準じた扱いをして反応機構に入れている (式 (3.2.14), (3.3.10) 参照)[†1]．この反応機構のうち HBr の生成反応である (3.5.4) と (3.5.5) に着目すると，総括反応に現れていない Br 原子と H 原子が HBr の生成に関わっていることがわかる．Br 原子は反応 (3.5.4) で消失するが，反応 (3.5.5) で再生し，逆に H 原子は反応 (3.5.4) で生成するが，反応 (3.5.5) で消失する．これらの反応が 1 回ずつ起こると，H_2 と Br_2 が減って，HBr が生成するが，Br 原子と H 原子は増減しない．したがってこれを 1 サイクルとして，Br 原子と H 原子が消失，再生を繰り返しながら，何回も HBr の生成を進めることができる．このような反応を**連鎖反応**といい，Br 原子，H 原子をこの連鎖反応の**連鎖担体**

[†1] 反応 (3.5.3) の速度定数 k_{I} と反応 (3.5.7) の速度定数 k_{V} は，それぞれ Br_2 の減少速度と増加速度をもとに定義されている．

という．連鎖反応には，連鎖担体を新たに生成する開始反応と，連鎖担体を再生せずに消失させる停止反応がある．上の例では反応 (3.5.3) が開始反応，反応 (3.5.7) が停止反応になる．反応 (3.5.4) と (3.5.5) は上述のように連鎖担体を再生しながら HBr の生成を進める反応で，**成長反応**（**伝播反応**）という．一方，反応 (3.5.6) は，H 原子を消失し，Br 原子を生成するので連鎖担体の総数は増減しないが，成長反応とは逆に，生成物である HBr を減らし，反応物の1つである H_2 を生成する．このような反応を**阻害反応**という．

上記の反応機構をもとに，総括反応 (3.5.1) の速度が式 (3.5.2) の形になるか，確かめてみよう．まず，HBr は，反応 (3.5.4) と (3.5.5) で生成するが，反応 (3.5.6) で消失するので，[HBr] の時間変化は，

$$\frac{\mathrm{d}[\mathrm{HBr}]}{\mathrm{d}t} = k_{\mathrm{II}}[\mathrm{Br}][\mathrm{H_2}] + k_{\mathrm{III}}[\mathrm{H}][\mathrm{Br_2}] - k_{\mathrm{IV}}[\mathrm{HBr}][\mathrm{H}] \quad (3.5.8)$$

で表される．この式には，総括反応式には現れてこない Br や H の濃度が入っているので，反応物である H_2 や Br_2，生成物である HBr の濃度で置き換えることを考える．一般的に連鎖担体は，原子やラジカルなど，不対電子をもって反応性が高い化学種なので，定常状態の近似を用いることができる．そこで，次の2つの式が得られる[†1]．

$$\begin{aligned}\frac{\mathrm{d}[\mathrm{Br}]}{\mathrm{d}t} &= 2k_{\mathrm{I}}[\mathrm{Br_2}][\mathrm{M}] - k_{\mathrm{II}}[\mathrm{Br}]_{\mathrm{SS}}[\mathrm{H_2}] + k_{\mathrm{III}}[\mathrm{H}]_{\mathrm{SS}}[\mathrm{Br_2}] \\ &\quad + k_{\mathrm{IV}}[\mathrm{HBr}][\mathrm{H}]_{\mathrm{SS}} - 2k_{\mathrm{V}}[\mathrm{Br}]_{\mathrm{SS}}{}^2[\mathrm{M}] = 0 \end{aligned} \quad (3.5.9)$$

$$\frac{\mathrm{d}[\mathrm{H}]}{\mathrm{d}t} = k_{\mathrm{II}}[\mathrm{Br}]_{\mathrm{SS}}[\mathrm{H_2}] - k_{\mathrm{III}}[\mathrm{H}]_{\mathrm{SS}}[\mathrm{Br_2}] - k_{\mathrm{IV}}[\mathrm{HBr}][\mathrm{H}]_{\mathrm{SS}} = 0 \quad (3.5.10)$$

まず，式 (3.5.9) と (3.5.10) の和をとると，

$$2k_{\mathrm{I}}[\mathrm{Br_2}][\mathrm{M}] - 2k_{\mathrm{V}}[\mathrm{Br}]_{\mathrm{SS}}{}^2[\mathrm{M}] = 0$$

[†1] 反応速度定数 k_{I} は，Br_2 の減少速度をもとにして定義されているため，式 (3.5.9) において，反応 (3.5.3) による Br の生成項に係数2がつく．反応 (3.5.7) による Br の消失項にも，同様の理由で係数2がつく．

が得られるので，これを解いて，

$$[\mathrm{Br}]_{\mathrm{SS}} = \left(\frac{k_{\mathrm{I}}}{k_{\mathrm{V}}}[\mathrm{Br}_2]\right)^{\frac{1}{2}} \tag{3.5.11}$$

が得られる．これを式 (3.5.10) に代入して，

$$[\mathrm{H}]_{\mathrm{SS}} = \frac{k_{\mathrm{II}}[\mathrm{Br}]_{\mathrm{SS}}[\mathrm{H}_2]}{k_{\mathrm{III}}[\mathrm{Br}_2] + k_{\mathrm{IV}}[\mathrm{HBr}]} = \frac{k_{\mathrm{II}}\left(\frac{k_{\mathrm{I}}}{k_{\mathrm{V}}}\right)^{\frac{1}{2}}[\mathrm{H}_2][\mathrm{Br}_2]^{\frac{1}{2}}}{k_{\mathrm{III}}[\mathrm{Br}_2] + k_{\mathrm{IV}}[\mathrm{HBr}]} \tag{3.5.12}$$

と表される．また，式 (3.5.8) と (3.5.10) から

$$\frac{\mathrm{d}[\mathrm{HBr}]}{\mathrm{d}t} = 2k_{\mathrm{III}}[\mathrm{H}]_{\mathrm{SS}}[\mathrm{Br}_2]$$

と表されるので，これに式 (3.5.12) を代入して最終的に

$$\frac{\mathrm{d}[\mathrm{HBr}]}{\mathrm{d}t} = \frac{2k_{\mathrm{II}}\left(\frac{k_{\mathrm{I}}}{k_{\mathrm{V}}}\right)^{\frac{1}{2}}[\mathrm{H}_2][\mathrm{Br}_2]^{\frac{1}{2}}}{1 + \frac{k_{\mathrm{IV}}[\mathrm{HBr}]}{k_{\mathrm{III}}[\mathrm{Br}_2]}}$$

が得られる．これは式 (3.5.2) と同じ形をしており，2 つの式の比較から式 (3.5.2) の k_{a}, k_{b} は，

$$k_{\mathrm{a}} = k_{\mathrm{II}}\left(\frac{k_{\mathrm{I}}}{k_{\mathrm{V}}}\right)^{\frac{1}{2}}, \qquad k_{\mathrm{b}} = \frac{k_{\mathrm{IV}}}{k_{\mathrm{III}}}$$

で表されることがわかる．

[**例題 3.3**] 水素分子と塩素分子から塩化水素ができる反応

$$\mathrm{H}_2 + \mathrm{Cl}_2 \longrightarrow 2\mathrm{HCl}$$

の反応機構は次のように提案されている．

$$\mathrm{Cl}_2 + \mathrm{M} \longrightarrow 2\mathrm{Cl} + \mathrm{M} \qquad 2\text{ 次反応速度定数 } k_{\mathrm{I}}$$
$$\mathrm{Cl} + \mathrm{H}_2 \Longrightarrow \mathrm{HCl} + \mathrm{H} \qquad 2\text{ 次反応速度定数 } k_{\mathrm{II}}$$
$$\mathrm{H} + \mathrm{Cl}_2 \Longrightarrow \mathrm{HCl} + \mathrm{Cl} \qquad 2\text{ 次反応速度定数 } k_{\mathrm{III}}$$
$$2\mathrm{Cl} + \mathrm{M} \longrightarrow \mathrm{Cl}_2 + \mathrm{M} \qquad 3\text{ 次反応速度定数 } k_{\mathrm{IV}}$$

総括反応の速度は水素分子，塩素分子の濃度にそれぞれ何次で依存するか．

[**解**] 塩素原子，水素原子に対して定常状態を仮定すると

$$\frac{\mathrm{d}[\mathrm{Cl}]}{\mathrm{d}t} = 2k_{\mathrm{I}}[\mathrm{Cl_2}][\mathrm{M}] - k_{\mathrm{II}}[\mathrm{Cl}]_{\mathrm{SS}}[\mathrm{H_2}] + k_{\mathrm{III}}[\mathrm{H}]_{\mathrm{SS}}[\mathrm{Cl_2}] - 2k_{\mathrm{IV}}[\mathrm{Cl}]_{\mathrm{SS}}{}^2[\mathrm{M}] = 0$$

$$\frac{\mathrm{d}[\mathrm{H}]}{\mathrm{d}t} = k_{\mathrm{II}}[\mathrm{Cl}]_{\mathrm{SS}}[\mathrm{H_2}] - k_{\mathrm{III}}[\mathrm{H}]_{\mathrm{SS}}[\mathrm{Cl_2}] = 0$$

の2つの式が得られる．これら2つの式の和から

$$2k_{\mathrm{I}}[\mathrm{Cl_2}][\mathrm{M}] - 2k_{\mathrm{IV}}[\mathrm{Cl}]_{\mathrm{SS}}{}^2[\mathrm{M}] = 0$$

$$[\mathrm{Cl}]_{\mathrm{SS}} = \left(\frac{k_{\mathrm{I}}}{k_{\mathrm{IV}}}[\mathrm{Cl_2}]\right)^{\frac{1}{2}}$$

の関係が得られる．また，2番目の式から

$$k_{\mathrm{II}}[\mathrm{Cl}]_{\mathrm{SS}}[\mathrm{H_2}] = k_{\mathrm{III}}[\mathrm{H}]_{\mathrm{SS}}[\mathrm{Cl_2}]$$

である．これらを総括反応の速度に代入して

$$\begin{aligned} -\frac{\mathrm{d}[\mathrm{Cl_2}]}{\mathrm{d}t} = \frac{1}{2}\frac{\mathrm{d}[\mathrm{HCl}]}{\mathrm{d}t} &= \frac{1}{2}(k_{\mathrm{II}}[\mathrm{Cl}]_{\mathrm{SS}}[\mathrm{H_2}] + k_{\mathrm{III}}[\mathrm{H}]_{\mathrm{SS}}[\mathrm{Cl_2}]) \\ &= k_{\mathrm{II}}[\mathrm{Cl}]_{\mathrm{SS}}[\mathrm{H_2}] \\ &= k_{\mathrm{II}}\left(\frac{k_{\mathrm{I}}}{k_{\mathrm{IV}}}\right)^{\frac{1}{2}}[\mathrm{H_2}][\mathrm{Cl_2}]^{\frac{1}{2}} \end{aligned}$$

が最終的に得られる．したがって，全反応速度は水素分子濃度に1次，塩素分子濃度に2分の1次で依存する．

コラム

H_2 と I_2 の反応

3.5節で扱ったように，H_2 と Br_2 から HBr が生成する反応の速度は，反応物，生成物の濃度に対して複雑な依存性を示す．この反応速度式は，20世紀初頭にボーデンシュタインとリンドが精密な反応速度測定を通して求めた．ボーデンシュタインはその約10年前に，H_2 と I_2 から HI が生成する反応

$$\mathrm{H_2} + \mathrm{I_2} \longrightarrow 2\mathrm{HI}$$

の速度も測定し，HI の生成速度が，H_2，I_2 それぞれの濃度に対して1次で依存することを示した．それゆえ，この反応は H_2 と I_2 が直接衝突して起こる二分子素反応であるとみなされた．実際，第6章で示すやり方で2分子の衝突頻度に基づいてこの反応の速度定数を計算すると，ボーデンシュタインの測定値をうまく再現できることが報告され，二分子素反応の典型的な例と考えられてきた．一方で，この反応

が I_2 の関わる二分子素反応ではなく，I_2 が解離して生成した I 原子が関わる複合反応である可能性も示唆されてきた．その一つが，以下のような反応機構で記述される複合反応である．

$$\text{①}\quad I_2 + M \longrightarrow 2I + M$$
$$\text{②}\quad 2I + M \longrightarrow I_2 + M$$
$$\text{③}\quad 2I + H_2 \Longrightarrow 2HI$$

ここで HI は I 原子と H_2 の三分子素反応 ③ で生成する．反応 ③ の 3 次反応速度定数を k_T で表すと，HI の生成速度は

$$\frac{d[HI]}{dt} = k_T[I]^2[H_2]$$

のように，I 原子に対して 2 次，H_2 に対して 1 次となる．ここで，① と ② で表される I_2 と I 原子との可逆的な相互変換反応が非常に速いとき，I_2 と I 原子は平衡状態にあると考えることができるので，これらの濃度は，平衡定数 K を用いて

$$K = \frac{[I]^2}{[I_2]}$$

で関係付けられる (第 2 章のコラム「前駆平衡」も参照)．これを上の HI の生成速度の式に代入すると，

$$\frac{d[HI]}{dt} = k_T K[I_2][H_2] = k'[I_2][H_2]$$

が得られ，HI の生成速度が見かけ上 I_2 と H_2 の濃度にそれぞれ 1 次で依存することが示される．すなわち，ボーデンシュタインの測定結果と矛盾せずにこの反応を説明することができる．1960 年代にサリバンは，I_2 の熱分解反応 ① がほとんど起こらない 520 K 以下の温度で光解離により I 原子を生成し，H_2 との反応による HI の生成速度を調べることで反応速度定数 k_T を求めた．一方で，より高温の 633～738 K で H_2 と I_2 から HI が生成する反応速度を上述の ① から ③ の反応からなる複合反応の機構に基づいて解析し，実験的に得られた 2 次反応速度定数 (上の式の k') と，I_2 と I 原子の間の平衡定数 K から k_T を算出した ($k' = k_T K$ の関係があるため)．このようにして得られた 2 通りの k_T のアレニウス・プロットを描くと，図に示すように，

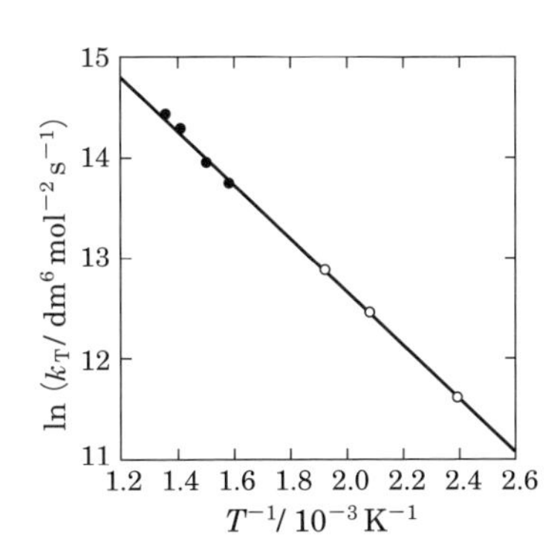

光解離で生成したI原子の反応から求めたk_T（図の白丸）と，H_2とI_2の反応から算出したk_T（図の黒丸）が同じ直線上にのり，H_2とI_2の反応が単純な二分子素反応ではなく，I原子の関わる複合反応であることが示された．

演習問題

3.1　チャップマン機構について，表3.1の25 kmでの値を用いて以下の問に答えよ．

(1) チャップマン機構より得られたオゾン濃度と式(3.4.7)をもとに，25 kmにおける酸素原子濃度[O]を求めよ．

(2) 反応(3.4.1)から(3.4.4)の速度をそれぞれv_{I}からv_{IV}とすると，高度25 kmにおいて$v_{\mathrm{I}}, v_{\mathrm{IV}} \ll v_{\mathrm{II}}, v_{\mathrm{III}}$の関係があることを確かめよ．

(3) 4つの反応の速度に上のような大小関係があるとき，OとO_3は反応(3.4.2)および(3.4.3)からなる可逆反応により相互変換しているとみなすことができる．25 kmで，OとO_3が平衡状態になるまでに要する時間はどれくらいか．

3.2　アセトアルデヒドの熱分解からは，次のような総括反応で表されるように，メタンと一酸化炭素が生成する．

$$CH_3CHO \longrightarrow CH_4 + CO$$

これに対して次のような反応機構が提案されている．

① $CH_3CHO + M \longrightarrow CH_3 + CHO + M$　　2次反応速度定数k_{I}

② $CH_3 + CH_3CHO \Longrightarrow CH_4 + CH_3CO$　　2次反応速度定数k_{II}

③ $CH_3CO + M \longrightarrow CH_3 + CO + M$　　2次反応速度定数k_{III}

④ $2CH_3 + M \longrightarrow C_2H_6 + M$　　3次反応速度定数k_{IV}

ただし，k_{IV}はC_2H_6の増加速度をもとに定義されている．

(1) CH_3およびCH_3COに対して定常状態の近似を用いることにより，定常状態におけるCH_3の濃度$[CH_3]_{SS}$を，アセトアルデヒドの濃度$[CH_3CHO]$を用いて表せ．

(2) この機構に基づいて，メタンの生成速度がアセトアルデヒド濃度に対して2分の3次で依存することを示せ．

第4章 触媒反応

触媒は化学反応を速めるはたらきをする．本章では，主に均一触媒を対象として，触媒が反応速度へ及ぼす影響を速度論に基づいて考察する．まず，気相均一触媒反応を取り上げ，その速度論的な解析を行う．次いで，代表的な液相均一触媒反応として酸－塩基触媒反応と酵素反応を取り上げる．最後に，反応生成物自体が触媒のはたらきをする自触媒反応の反応速度を扱う．これらの解析においても，第3章で学んだ定常状態の近似が強力な手段となる．

4.1 触媒と活性化エネルギー

触媒とは，その添加によって反応速度を高めるが，それ自体は反応を通して増減しない化学種である．1.6節で述べたように，反応速度は活性化エネルギーの大きさによって強く影響を受ける．触媒の添加は，この活性化エネルギーを下げることで反応速度定数を増加させる効果をもつ．**図4.1**にその概略

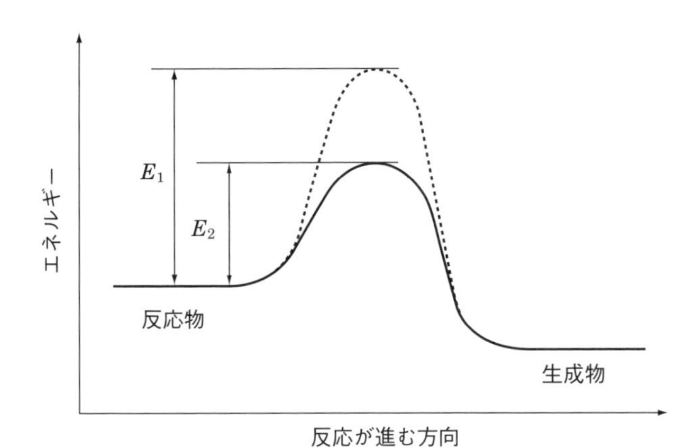

図4.1 触媒がある場合（実線）とない場合（点線）の反応のエネルギー曲線の模式図

を示す．触媒がない場合は図の点線のような経路で反応が進むのに対して，触媒を添加すると図の実線のような経路になり，反応の活性化エネルギーは，E_1 から E_2 に小さくなる．アレニウスの式

$$k = A\exp\left(-\frac{E_a}{RT}\right)$$

では，反応速度定数 k は，活性化エネルギー E_a に対して指数関数的に依存するので，触媒の添加によって活性化エネルギーが減少すると，反応速度定数に大きく影響する．

触媒のなかで，気相連鎖反応に触媒としてはたらくラジカルや，水溶液中で起こる反応に触媒としてはたらく金属イオンなど，反応物，生成物と同じ相にある触媒を**均一触媒**という．一方，固体状態の様々な金属や金属酸化物が，気相や液相で進行する反応に触媒としてはたらく．このような触媒は，反応物，生成物と異なる相にあり，**不均一触媒**という．本章では，主に均一触媒を対象として，触媒が反応速度へ及ぼす影響を速度論に基づいて考察する．不均一触媒については，固体表面での反応を扱う第7章で触れる．

4.2　気相均一触媒反応

気相における均一触媒反応の例として，ラジカルによるオゾン破壊反応を取り上げる．3.4節で扱ったチャップマン機構は成層圏におけるオゾン濃度の高度依存性をうまく説明するが，具体的に計算すると濃度は約2倍高い値を与える．これは，チャップマン機構に含まれていない，水素，窒素，塩素，臭素など，他の元素からなる化学種もオゾンの消失反応に関与しているからである．例えば，人間活動を通して大気中に放出されるクロロフルオロカーボン (CFC) は，成層圏で光解離して，塩素原子 Cl を生成する．

$$CFCl_3(CFC\text{-}11) + h\nu \Longrightarrow Cl + CFCl_2$$

Cl はオゾンと衝突して以下のような二分子素反応を起こす．

$$Cl + O_3 \Longrightarrow ClO + O_2 \qquad (4.2.1)$$

ここで生成した ClO ラジカルが，酸素原子との二分子素反応を通して Cl を再

生する．

$$ClO + O \Longrightarrow Cl + O_2 \tag{4.2.2}$$

2つの反応を合わせると，総括反応は

$$O + O_3 \longrightarrow 2O_2 \tag{4.2.3}$$

で表される．正味で消失しているのはO原子とオゾンであり，正味で生成するのは酸素分子である．ClとClOは2つの反応を通して増減しない触媒としてはたらいていることがわかる．この総括反応は3.4節で述べたチャップマン機構の4つ目の反応(3.4.4)と見かけ上同じ形をしている．反応(3.4.4)を改めて反応(4.2.4)と表記する．

$$O + O_3 \Longrightarrow 2O_2 \tag{4.2.4}$$

反応(4.2.4)は，酸素原子とオゾンが直接衝突して起こる二分子素反応であるのに対し，反応(4.2.3)は，(4.2.1)と(4.2.2)という2つの二分子素反応からなる複合反応である．

反応(4.2.1)と(4.2.2)の2次反応速度定数をそれぞれk_{I}, k_{II}とすると，総括反応(4.2.3)の全速度v_{cat}は次のように表される．

$$v_{\mathrm{cat}} = \frac{1}{2}\frac{\mathrm{d}[\mathrm{O_2}]}{\mathrm{d}t} = \frac{1}{2}(k_{\mathrm{I}}[\mathrm{Cl}][\mathrm{O_3}] + k_{\mathrm{II}}[\mathrm{ClO}][\mathrm{O}]) \tag{4.2.5}$$

また，Cl原子に対して定常状態の近似を用いると，

$$\frac{\mathrm{d}[\mathrm{Cl}]}{\mathrm{d}t} = -k_{\mathrm{I}}[\mathrm{Cl}]_{\mathrm{SS}}[\mathrm{O_3}] + k_{\mathrm{II}}[\mathrm{ClO}][\mathrm{O}] = 0$$

より，

$$k_{\mathrm{I}}[\mathrm{Cl}]_{\mathrm{SS}}[\mathrm{O_3}] = k_{\mathrm{II}}[\mathrm{ClO}][\mathrm{O}] \tag{4.2.6}$$

の関係が得られる．Cl，ClOは触媒であるので，反応(4.2.1)と(4.2.2)を通して互いに変換しあっているが，その総量は変わらないはずである[†1]．そこで，[Cl]と[ClO]の和を$[\mathrm{ClO}_x]_0$とおく．

†1 実際には触媒の消失反応が起こる．また，CFCの光解離によりClO_xは供給される．しかし，これらの反応は，ClO_xの触媒反応に比べはるかに遅いので，$[\mathrm{ClO}_x]_0$が一定と見なして差し支えない．

$$[\mathrm{ClO}_x]_0 = [\mathrm{Cl}] + [\mathrm{ClO}]$$

定常状態での [ClO] は

$$[\mathrm{ClO}] = [\mathrm{ClO}_x]_0 - [\mathrm{Cl}]_{\mathrm{SS}}$$

で表され，これを式 (4.2.6) に代入すると，

$$k_{\mathrm{I}}[\mathrm{Cl}]_{\mathrm{SS}}[\mathrm{O}_3] = k_{\mathrm{II}}([\mathrm{ClO}_x]_0 - [\mathrm{Cl}]_{\mathrm{SS}})[\mathrm{O}]$$

$$(k_{\mathrm{I}}[\mathrm{O}_3] + k_{\mathrm{II}}[\mathrm{O}])[\mathrm{Cl}]_{\mathrm{SS}} = k_{\mathrm{II}}[\mathrm{ClO}_x]_0[\mathrm{O}]$$

$$[\mathrm{Cl}]_{\mathrm{SS}} = \frac{k_{\mathrm{II}}[\mathrm{ClO}_x]_0[\mathrm{O}]}{k_{\mathrm{I}}[\mathrm{O}_3] + k_{\mathrm{II}}[\mathrm{O}]}$$

が得られる．これらから，式 (4.2.5) は，

$$v_{\mathrm{cat}} = k_{\mathrm{I}}[\mathrm{Cl}][\mathrm{O}_3] = \frac{k_{\mathrm{I}}k_{\mathrm{II}}[\mathrm{ClO}_x]_0[\mathrm{O}][\mathrm{O}_3]}{k_{\mathrm{I}}[\mathrm{O}_3] + k_{\mathrm{II}}[\mathrm{O}]} \tag{4.2.7}$$

で表すことができる．右辺の分母にある 2 つの項の大小を比較すると，成層圏を通して，$k_{\mathrm{I}}[\mathrm{O}_3] \gg k_{\mathrm{II}}[\mathrm{O}]$ であるので，式 (4.2.7) は近似的に次のように表される．

$$v_{\mathrm{cat}} \approx \frac{k_{\mathrm{I}}k_{\mathrm{II}}[\mathrm{ClO}_x]_0[\mathrm{O}][\mathrm{O}_3]}{k_{\mathrm{I}}[\mathrm{O}_3]} = k_{\mathrm{II}}[\mathrm{ClO}_x]_0[\mathrm{O}] \tag{4.2.8}$$

総括反応の全速度は，触媒である ClO_x (Cl と ClO の和) の濃度に比例することがわかる．一方，二分子素反応 (4.2.4) の反応速度 v_{direct} は，

$$v_{\mathrm{direct}} = \frac{1}{2}\frac{\mathrm{d}[\mathrm{O}_2]}{\mathrm{d}t} = k_{\mathrm{direct}}[\mathrm{O}][\mathrm{O}_3] \tag{4.2.9}$$

で表される．ただし，k_{direct} はこの反応の 2 次反応速度定数であり，3.4 節の k_{IV} に相当する．k_{direct} の温度依存性から，反応 (4.2.4) の活性化エネルギーは約 17 kJ mol^{-1} と見積もられている．これに対して，k_{II} は温度とともにわずかに減少する傾向 (弱い負の温度依存性) を示すことから，反応 (4.2.2) は活性化障壁なく進行すると考えられている．その結果，成層圏温度で k_{II} は k_{direct} より約 1 万倍高い値となる．これは，ClO_x がオゾンの約 1 万分の 1 の濃度で存在

したとしても，式 (4.2.8) で表される触媒反応の速度 v_{cat} が，式 (4.2.9) で表される O と O_3 の直接反応の速度 v_{direct} と同程度になることを意味している．

[例題 4.1]　反応 (4.2.4) の速度定数 k_{direct} と反応 (4.2.2) の速度定数 k_{II} それぞれの温度依存性は，次の式で表される．

$$k_{direct}/\mathrm{cm^3\ molecule^{-1}\ s^{-1}} = 8.0\times10^{-12}\exp\left(-\frac{2060}{T}\right)$$

$$k_{II}/\mathrm{cm^3\ molecule^{-1}\ s^{-1}} = 3.0\times10^{-11}\exp\left(\frac{70}{T}\right)$$

温度 250 K における k_{direct} および k_{II} を求めよ．また，$[O_3] = 4.0\times10^{11}$ molecules cm^{-3}，$[ClO_x]_0 = 7.0\times10^7$ molecules cm^{-3} のとき，v_{cat}/v_{direct} 比を求めよ．

[解]　$T = 250$ K を上の式にあてはめて

$$k_{direct} = 8.0\times10^{-12}\exp(-8.24) = 2.1_1\times10^{-15}\ \mathrm{cm^3\ molecule^{-1}\ s^{-1}}$$

$$k_{II} = 3.0\times10^{-11}\exp(0.28) = 3.9_7\times10^{-11}\ \mathrm{cm^3\ molecule^{-1}\ s^{-1}}$$

が求められる．k_{II} は k_{direct} の約 19000 倍高い．

また，反応速度の比は，式 (4.2.8)，(4.2.9) より，

$$\frac{v_{cat}}{v_{direct}} = \frac{k_{II}[ClO_x]_0[O]}{k_{direct}[O][O_3]} = \frac{k_{II}[ClO_x]_0}{k_{direct}[O_3]}$$

$$= \frac{3.9_7\times10^{-11}\ \mathrm{cm^3\ molecule^{-1}\ s^{-1}}\times7.0\times10^7\ \mathrm{molecules\ cm^{-3}}}{2.1_1\times10^{-15}\ \mathrm{cm^3\ molecule^{-1}\ s^{-1}}\times4.0\times10^{11}\ \mathrm{molecules\ cm^{-3}}}$$

$$= \frac{2.7_8\times10^{-3}}{8.4_4\times10^{-4}} = 3.3$$

と求められる．

4.3　酸－塩基触媒

液相均一触媒反応の中で代表的なものとして，酸あるいは塩基が触媒としてはたらく**酸－塩基触媒反応**がある．アレニウスの定義では，酸とは水に溶けて水素イオン H^+（ヒドロニウムイオン H_3O^+）を生じる物質であり，塩基とは水に溶けて水酸化物イオン OH^- を生じる物質である．一方，ブレンステッドとローリーの定義によれば，酸とは他に H^+ を与える物質であり，塩基とは他から H^+ を受け取る物質である．例えば，弱酸を HA で表すと，HA は溶液中で次のように解離（電離）する．

$$\mathrm{HA + H_2O \rightleftarrows H_3O^+ + A^-}$$

このとき HA と A^- は互いに共役な酸と塩基である．強酸性溶液中や強塩基性溶液中では，H^+ や OH^- の濃度が高いため，これらが触媒としてはたらく反応が重要となる．このような反応を**特殊酸－塩基触媒反応**という．例えば，次のようなエポキシの加水分解反応は，H^+，OH^- どちらからも触媒作用を受ける．

$$\mathrm{R_2C(-O-)CH_2 + H_2O \longrightarrow R_2C(OH)-CH_2OH} \quad (4.3.1)$$

まず，H^+ による触媒反応に対して次の反応機構が提案されている．

$$\mathrm{R_2C(-O-)CH_2 + H^+ \Longrightarrow R_2C(-\overset{+}{O}H-)CH_2} \quad (4.3.2)$$

$$\mathrm{R_2C(-\overset{+}{O}H-)CH_2 \Longrightarrow R_2C(-O-)CH_2 + H^+} \quad (4.3.3)$$

$$\mathrm{R_2C(-\overset{+}{O}H-)CH_2 \Longrightarrow R_2\overset{+}{C}-CH_2OH} \quad (4.3.4)$$

$$\mathrm{R_2\overset{+}{C}-CH_2OH + H_2O \Longrightarrow R_2C(OH)-CH_2OH + H^+} \quad (4.3.5)$$

この反応機構では，反応 (4.3.2) と (4.3.3) の可逆反応が非常に速く，反応物であるエポキシとそのプロトン付加物が擬似的な平衡状態にある．また，反応 (4.3.4) に比べて反応 (4.3.5) は非常に速い．以下の例題 4.2 でわかるように，この場合は反応 (4.3.4) が律速段階となり，全反応速度は，

$$v_{\mathrm{H^+}} = k_{\mathrm{H^+}}[\mathrm{S}][\mathrm{H^+}] \quad (4.3.6)$$

で表される．ここで，S は触媒作用を受ける反応物を示し，**基質**とよばれる．式 (4.3.6) より，反応速度は基質であるエポキシの濃度と水素イオン濃度の積に比例する．

[例題 4.2]　上述の反応機構を，一般的に次のように書き表す．

$S + H^+ \Longrightarrow SH^+$	2 次反応速度定数 k_{I}	(4.3.2′)
$SH^+ \Longrightarrow S + H^+$	1 次反応速度定数 $k_{-\mathrm{I}}$	(4.3.3′)
$SH^+ \Longrightarrow X^+$	1 次反応速度定数 k_{II}	(4.3.4′)
$X^+ + H_2O \Longrightarrow P + H^+$	擬 1 次反応速度定数 k_{III}	(4.3.5′)

全反応速度が式 (4.3.6) で表されることを示せ．ただし，反応 (4.3.5′) は二分子素反応であるが，H_2O は過剰量に存在し，反応による濃度変化を無視することができるので，擬 1 次反応として扱い，擬 1 次反応速度定数を k_{III} としている．

[解]　まず，反応 (4.3.2′) と (4.3.3′) を通して，S と SH^+ が擬似的な平衡状態にあるとみなせるので，

$$k_{\mathrm{I}}[\mathrm{S}][\mathrm{H}^+] = k_{-\mathrm{I}}[\mathrm{SH}^+]$$

$$[\mathrm{SH}^+] = \frac{k_{\mathrm{I}}}{k_{-\mathrm{I}}}[\mathrm{S}][\mathrm{H}^+]$$

が成り立つ．また，反応 (4.3.4′) に比べて反応 (4.3.5′) が非常に速いので，X^+ に対して定常状態近似を適用して，

$$\frac{\mathrm{d}[\mathrm{X}^+]}{\mathrm{d}t} = k_{\mathrm{II}}[\mathrm{SH}^+] - k_{\mathrm{III}}[\mathrm{X}^+]_{\mathrm{SS}} = 0$$

が得られる．以上より，全反応速度は，

$$\begin{aligned} v_{\mathrm{H}^+} = \frac{\mathrm{d}[\mathrm{P}]}{\mathrm{d}t} &= k_{\mathrm{III}}[\mathrm{X}^+]_{\mathrm{SS}} \\ &= k_{\mathrm{II}}[\mathrm{SH}^+] \\ &= \frac{k_{\mathrm{I}}k_{\mathrm{II}}}{k_{-\mathrm{I}}}[\mathrm{S}][\mathrm{H}^+] \end{aligned}$$

で表される．$k_{\mathrm{H}^+} = k_{\mathrm{I}}k_{\mathrm{II}}/k_{-\mathrm{I}}$ とおけば，式 (4.3.6) が得られる．

一方，OH^- による触媒反応に対しては，以下の機構が提案されている．

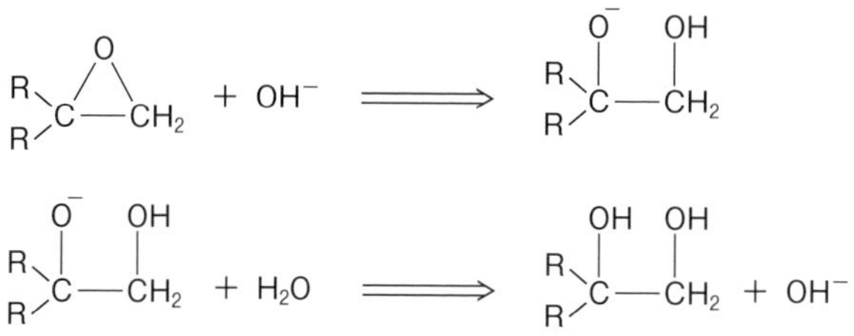

$$R_2C(-O-)CH_2 + OH^- \Longrightarrow R_2C(O^-)-CH_2(OH)$$

$$R_2C(O^-)-CH_2(OH) + H_2O \Longrightarrow R_2C(OH)-CH_2(OH) + OH^-$$

この場合は第 1 段階が律速となり，全反応速度は，

$$v_{OH^-} = k_{OH^-}[S][OH^-] \tag{4.3.7}$$

で表される．

ここで例としてあげたエポキシの加水分解では，上述の酸触媒，塩基触媒反応に加え，H^+，OH^- の濃度によらない無触媒反応，あるいは水反応とよばれる反応も寄与する．この反応の速度は，擬1次反応速度定数 k_{H_2O} を用いて

$$v_{H_2O} = k_{H_2O}[S]$$

で表されるので，総括反応 (4.3.1) の全速度 v_{total} は，

$$v_{total} = v_{H_2O} + v_{H^+} + v_{OH^-} = (k_{H_2O} + k_{H^+}[H^+] + k_{OH^-}[OH^-])[S]$$

のように書くことができる．$v_{total} = k_{total}[S]$ で書き表すと，

$$k_{total} = k_{H_2O} + k_{H^+}[H^+] + k_{OH^-}[OH^-] \tag{4.3.8}$$

となる．強酸性条件では $[H^+] \gg [OH^-]$，強塩基性条件では逆に $[H^+] \ll [OH^-]$，中性に近い条件では $[H^+]$，$[OH^-]$ がともに低いことを考えると，k_{total} はそれぞれの条件で，次のように近似的に表すことができる．

$$\begin{aligned} k_{total} &= k_{H^+}[H^+] && \text{強酸性条件} \\ &= k_{H_2O} && \text{中性に近い条件} \\ &= k_{OH^-}[OH^-] && \text{強塩基性条件} \end{aligned}$$

両辺の常用対数をとると，強酸性条件では，

$$\log_{10} k_{total} = \log_{10} k_{H^+} + \log_{10}[H^+] = \log_{10} k_{H^+} - \mathrm{pH} \tag{4.3.9}$$

中性に近い条件では，

$$\log_{10} k_{total} = \log_{10} k_{H_2O} \tag{4.3.10}$$

強塩基性条件では，

$$\begin{aligned} \log_{10} k_{total} &= \log_{10} k_{OH^-} + \log_{10}[OH^-] \\ &= \log_{10} k_{OH^-} + \log_{10}\frac{K_w}{[H^+]} \\ &= \log_{10} k_{OH^-} + \log_{10} K_w + \mathrm{pH} \end{aligned} \tag{4.3.11}$$

の関係が得られる．ただし，式 (4.3.11) の導出では，$[H^+]$ と $[OH^-]$ の積が水のイオン積 K_w となることを用いた．これらの式から，$\log_{10} k_{total}$ を pH に対してプロットすると，強酸性条件では傾き -1 の直線，中性に近い条件では

pH によらない直線，強塩基性条件では傾き 1 の直線上にのることが予想される．**図 4.2** に，1,1-ジメチル-オキシラン（反応 (4.3.1) で R = CH_3 としたエポキシ化合物）の加水分解反応での $\log_{10} k_{total}$ の pH 依存性を示す．式 (4.3.8) で表される k_{total} の対数値が図の白丸で表されるのに対し，式 (4.3.9)，(4.3.10)，(4.3.11) の直線がそれぞれ実線，一点鎖線，点線で示されている．

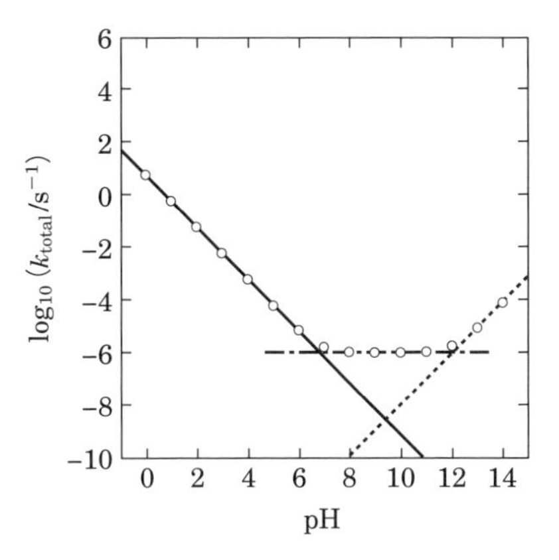

図 4.2 1,1-ジメチル-オキシランの加水分解反応における $\log_{10} k_{total}$ の pH 依存性

中性付近の溶液，すなわち弱酸から弱塩基の領域の溶液では，水素イオン H^+，水酸化物イオン OH^- 濃度が低いため，HA やその共役塩基である A^- などの他の酸，塩基が重要な触媒としてはたらく場合がある．このように H^+，OH^- 以外の酸，塩基が触媒としてはたらく反応を**一般酸 - 塩基触媒反応**という．

4.4 酵素反応

酵素とは，生体内の液相化学反応において均一触媒としてはたらくタンパク質である．酵素の特徴は，特定の反応物分子に作用するということである．酵素反応に対して様々な反応機構が提案されているが，その中で最も基本的なものが，1914 年にミカエリスとメンテンが提案した**ミカエリス - メンテン機構**である．この機構では，基質 S が酵素 E の作用を受けて生成物 P に変化する．総括反応は

$$S \longrightarrow P \qquad (4.4.1)$$

であるが，次の 3 つの素反応から成り立っていると考えられる．

$$S + E \Longrightarrow ES \qquad 2\text{ 次反応速度定数 } k_{\mathrm{I}} \qquad (4.4.2)$$

$$ES \Longrightarrow S + E \qquad 1\text{ 次反応速度定数 } k_{-\mathrm{I}} \qquad (4.4.3)$$

$$\mathrm{ES} \Longrightarrow \mathrm{P} + \mathrm{E} \qquad 1\text{次反応速度定数}\ k_{\mathrm{II}} \tag{4.4.4}$$

反応 (4.4.2) は，基質Sと酵素Eが結合して，酵素 - 基質複合体ESを生成する反応である．生成したESの一部は，反応 (4.4.3) を通して，元の基質と酵素に戻る．ESの残りは，反応 (4.4.4) により生成物Pに変化する．このとき，酵素Eが再生するので，Eは再び基質と反応することができる．

酵素 - 基質複合体に対して定常状態の近似を適用すると，

$$\frac{\mathrm{d}[\mathrm{ES}]}{\mathrm{d}t} = k_{\mathrm{I}}[\mathrm{S}][\mathrm{E}] - k_{-\mathrm{I}}[\mathrm{ES}]_{\mathrm{SS}} - k_{\mathrm{II}}[\mathrm{ES}]_{\mathrm{SS}} = 0 \tag{4.4.5}$$

の関係が得られる．基質Sが生成物Pへ変換される総括反応 (4.4.1) の進行において，触媒である酵素は減少することなく，ただ酵素Eと酵素 - 基質複合体ESの間を行き来するだけである．したがって，酵素の初濃度を $[\mathrm{E}]_0$ とすると，次の保存則が成り立つ．

$$[\mathrm{E}] + [\mathrm{ES}] = [\mathrm{E}]_0 \tag{4.4.6}$$

式 (4.4.6) を式 (4.4.5) に代入して解くと，

$$k_{\mathrm{I}}[\mathrm{S}]([\mathrm{E}]_0 - [\mathrm{ES}]_{\mathrm{SS}}) - k_{-\mathrm{I}}[\mathrm{ES}]_{\mathrm{SS}} - k_{\mathrm{II}}[\mathrm{ES}]_{\mathrm{SS}} = 0$$

$$k_{\mathrm{I}}[\mathrm{E}]_0[\mathrm{S}] - (k_{\mathrm{I}}[\mathrm{S}] + k_{-\mathrm{I}} + k_{\mathrm{II}})[\mathrm{ES}]_{\mathrm{SS}} = 0$$

$$[\mathrm{ES}]_{\mathrm{SS}} = \frac{k_{\mathrm{I}}[\mathrm{E}]_0[\mathrm{S}]}{k_{\mathrm{I}}[\mathrm{S}] + k_{-\mathrm{I}} + k_{\mathrm{II}}} \tag{4.4.7}$$

が得られる．総括反応 (4.4.1) の全速度 v は，生成物Pの生成速度で表すことができるので，式 (4.4.7) を用いると，

$$v = \frac{\mathrm{d}[\mathrm{P}]}{\mathrm{d}t} = k_{\mathrm{II}}[\mathrm{ES}]_{\mathrm{SS}}$$

$$= \frac{k_{\mathrm{I}}k_{\mathrm{II}}[\mathrm{E}]_0[\mathrm{S}]}{k_{\mathrm{I}}[\mathrm{S}] + k_{-\mathrm{I}} + k_{\mathrm{II}}} \tag{4.4.8}$$

で表される．反応開始直後の速度（初速度）v_0 に着目すると[†1]，基質の濃度[S]はその初濃度 $[\mathrm{S}]_0$ とほぼ等しいとみなすことができるので，それも考慮して

[†1] 反応開始直後の速度を**初速度**という．様々に条件を変えて初速度を測定する反応速度解析法を初速度法といい，第5章で説明する．

式 (4.4.8) はさらに次のように変形される．

$$
\begin{aligned}
v_0 &= \frac{k_{\mathrm{I}} k_{\mathrm{II}} [\mathrm{E}]_0 [\mathrm{S}]_0}{k_{\mathrm{I}} [\mathrm{S}]_0 + k_{-\mathrm{I}} + k_{\mathrm{II}}} \\
&= \frac{k_{\mathrm{II}} [\mathrm{E}]_0 [\mathrm{S}]_0}{\dfrac{k_{-\mathrm{I}} + k_{\mathrm{II}}}{k_{\mathrm{I}}} + [\mathrm{S}]_0} \\
&= \frac{k_{\mathrm{II}} [\mathrm{E}]_0 [\mathrm{S}]_0}{K_{\mathrm{m}} + [\mathrm{S}]_0}
\end{aligned}
\tag{4.4.9}
$$

ここで，

$$
K_{\mathrm{m}} = \frac{k_{-\mathrm{I}} + k_{\mathrm{II}}}{k_{\mathrm{I}}} \tag{4.4.10}
$$

を**ミカエリス定数**という．**図 4.3** に，酵素の初濃度 $[\mathrm{E}]_0$ を一定にして，基質の初濃度 $[\mathrm{S}]_0$ を変えたときの初速度 v_0 の変化を示す．$[\mathrm{S}]_0$ が低いとき，v_0 は $[\mathrm{S}]_0$ に対してほぼ 1 次で増加するが，$[\mathrm{S}]_0$ が高くなるにつれて v_0 の増加は鈍くなり，最終的にある最大値 v_{max} に近づいていく．式 (4.4.9) から $K_{\mathrm{m}} \ll [\mathrm{S}]_0$ では $v_0 = k_{\mathrm{II}} [\mathrm{E}]_0$ となり，これが v_{max} に相当することがわかる．したがって，式 (4.4.9) は次のように書き表すこともできる．

$$
v_0 = \frac{v_{\mathrm{max}} [\mathrm{S}]_0}{K_{\mathrm{m}} + [\mathrm{S}]_0} \tag{4.4.11}
$$

ミカエリス定数 K_{m} は，式 (4.4.10) で表されるが，k_{I} が 2 次反応速度定数，$k_{-\mathrm{I}}$ と k_{II} が 1 次反応速度定数であることを考えると，K_{m} は濃度の単位をもつ．式 (4.4.11) から，$[\mathrm{S}]_0 = K_{\mathrm{m}}$ のとき $v_0 = v_{\mathrm{max}}/2$ となることがわかる．

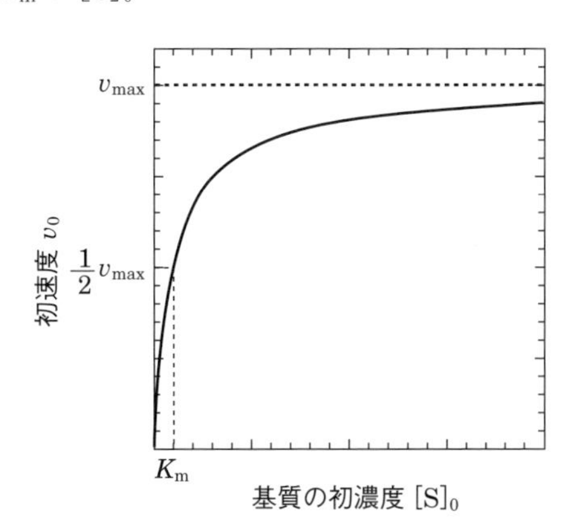

図 4.3　ミカエリス-メンテン機構に従った酵素反応における基質の初濃度と初速度の関係

反応がミカエリス-メンテン機構に従う場合，K_{m} と v_{max} は，

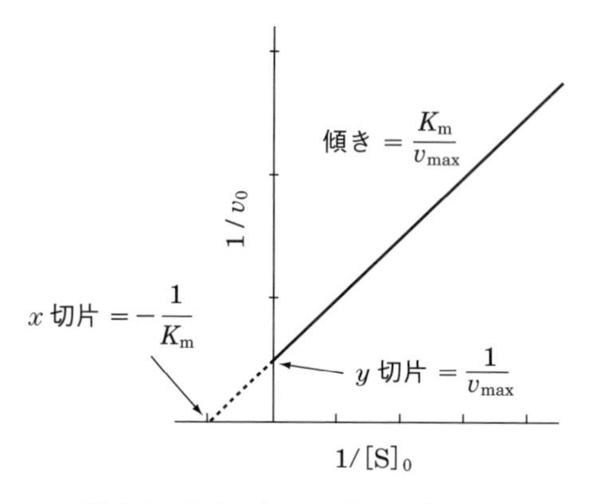

図4.4　ラインウィーバー－バーク・プロットの例

反応速度 v_0 の基質濃度依存性から式(4.4.11)に基づいて実験的に求めることができる．式(4.4.11)の両辺の逆数を取ると，

$$\frac{1}{v_0} = \frac{K_m + [S]_0}{v_{max}[S]_0} = \frac{K_m}{v_{max}}\frac{1}{[S]_0} + \frac{1}{v_{max}}$$

の関係があることがわかる．したがって，$1/v_0$ を $1/[S]_0$ に対してプロットすると直線が得られ，その傾きが K_m/v_{max} を与える．また，y 切片と x 切片がそれぞれ $1/v_{max}$ と $-1/K_m$ になる．これをラインウィーバー－バーク・プロットという．**図4.4** にその例を示す．

4.5　自触媒反応

反応生成物が触媒としてはたらく場合がある．このような反応を**自触媒反応**という．自触媒反応では，生成物濃度が反応速度に影響を与える．簡単な例として，総括反応が

$$A \longrightarrow P$$

で表される反応の速度が A および P にそれぞれ1次で依存する場合を考えてみよう．この場合素反応は，

$$A + P \Longrightarrow P + P$$

で表され，2次反応速度定数を k とすると，速度式は

$$-\frac{d[A]}{dt} = k[A][P] \tag{4.5.1}$$

と書ける．A，P の初濃度を $[A]_0$，$[P]_0$，反応した A の濃度を x とすると，

$$[A] = [A]_0 - x \tag{4.5.2}$$

$$[\mathrm{P}] = [\mathrm{P}]_0 + x \tag{4.5.3}$$

なので，これらを式 (4.5.1) に代入して

$$\frac{\mathrm{d}x}{\mathrm{d}t} = k([\mathrm{A}]_0 - x)([\mathrm{P}]_0 + x) \tag{4.5.4}$$

が得られる．これを解くと，

$$x = \frac{[\mathrm{A}]_0[\mathrm{P}]_0\{\exp[k([\mathrm{A}]_0 + [\mathrm{P}]_0)t] - 1\}}{[\mathrm{A}]_0 + [\mathrm{P}]_0 \exp[k([\mathrm{A}]_0 + [\mathrm{P}]_0)t]} \tag{4.5.5}$$

が得られ (例題 4.3 を参照)，式 (4.5.2)，(4.5.3) に代入して，最終的に

$$[\mathrm{A}] = \frac{[\mathrm{A}]_0([\mathrm{A}]_0 + [\mathrm{P}]_0)}{[\mathrm{A}]_0 + [\mathrm{P}]_0 \exp[k([\mathrm{A}]_0 + [\mathrm{P}]_0)t]} \tag{4.5.6}$$

$$[\mathrm{P}] = \frac{[\mathrm{P}]_0([\mathrm{A}]_0 + [\mathrm{P}]_0)\exp[k([\mathrm{A}]_0 + [\mathrm{P}]_0)t]}{[\mathrm{A}]_0 + [\mathrm{P}]_0 \exp[k([\mathrm{A}]_0 + [\mathrm{P}]_0)t]} \tag{4.5.7}$$

が導かれる．

図 4.5 (a) に [A] および [P] の時間変化の例を示す．反応により [A] は単調に減少し，[P] は単調に増加するが，[P] の時間変化は変曲点をもち，S 字曲線に近い形を示す．これは，反応が最初加速され，その後減速されることによる．**図 4.5 (b)** に，式 (4.5.1) で表される反応速度の時間変化を示す．反応速度は時間とともに増加し，ある極大に達したのち，減少していることがわかる．反応速度が反応物の濃度のみに依存する反応では，反応物濃度が時間とともに減少するため，反応速度も単調減少するのに対し，自触媒反応では，反応速度が生成物濃度にも依存するため,反応速度の時間依存性が複雑になるのである．反応速度が極大になるときの x を x_{max} で表すと，$x = x_{\mathrm{max}}$ では，反応速度の x 微分値が 0 となるはずである．すなわち

$$\frac{\mathrm{d}}{\mathrm{d}x}[k([\mathrm{A}]_0 - x)([\mathrm{P}]_0 + x)] = 0$$

$$k([\mathrm{A}]_0 - [\mathrm{P}]_0) - 2kx_{\mathrm{max}} = 0$$

$$x_{\mathrm{max}} = \frac{1}{2}([\mathrm{A}]_0 - [\mathrm{P}]_0)$$

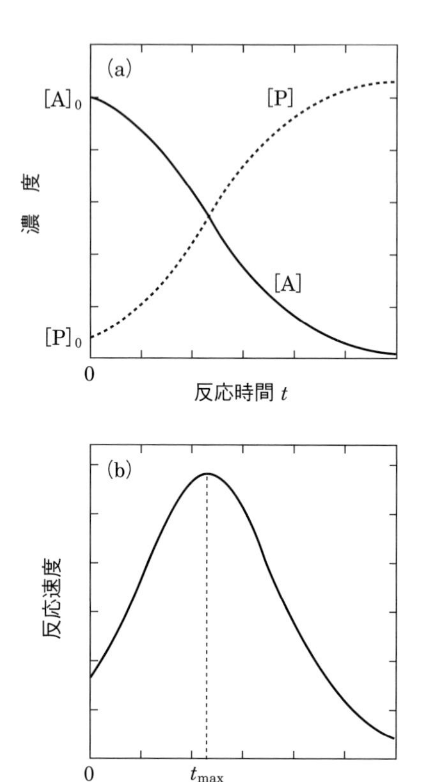

図4.5 自触媒反応における (a) 生成物A, 反応物Pの濃度および (b) 反応速度

であり，このときの[A]と[P]は，

$$
\begin{aligned}
[\mathrm{A}] &= [\mathrm{A}]_0 - x_{\max} \\
&= [\mathrm{A}]_0 - \frac{1}{2}([\mathrm{A}]_0 - [\mathrm{P}]_0) \\
&= \frac{1}{2}([\mathrm{A}]_0 + [\mathrm{P}]_0) \\
[\mathrm{P}] &= [\mathrm{P}]_0 + x_{\max} \\
&= [\mathrm{P}]_0 + \frac{1}{2}([\mathrm{A}]_0 - [\mathrm{P}]_0) \\
&= \frac{1}{2}([\mathrm{A}]_0 + [\mathrm{P}]_0)
\end{aligned}
$$

であることがわかる．すなわち，いまの場合，[A] = [P] で反応速度が極大値をとる．また，$x = x_{\max}$ となる反応時間 $t_{\max}$ は，

$$
t_{\max} = \frac{1}{k([\mathrm{A}]_0 + [\mathrm{P}]_0)} \ln \frac{[\mathrm{A}]_0}{[\mathrm{P}]_0}
$$

で表される[†1]．

[例題4.3] 式(4.5.4)を解いて式(4.5.5)を導け．

[解] 式(4.5.4)を変形して

$$
\frac{\mathrm{d}x}{([\mathrm{A}]_0 - x)([\mathrm{P}]_0 + x)} = k\mathrm{d}t
$$

$$
\frac{1}{[\mathrm{A}]_0 + [\mathrm{P}]_0}\left(\frac{1}{[\mathrm{A}]_0 - x} + \frac{1}{[\mathrm{P}]_0 + x}\right) = k\mathrm{d}t
$$

積分すると

[†1] この式は，$x_{\max}$ を式(4.5.5)に代入しても得られるが，[A] = [P] の関係を利用して式(4.5.6)と(4.5.7)が等しいとおくと，より簡単に導くことができる．

$$\int_0^x \left(\frac{1}{[\mathrm{A}]_0 - x} + \frac{1}{[\mathrm{P}]_0 + x}\right) \mathrm{d}x = \int_0^t k([\mathrm{A}]_0 + [\mathrm{P}]_0)\,\mathrm{d}t$$

$$\ln\left[\frac{[\mathrm{A}]_0([\mathrm{P}]_0 + x)}{([\mathrm{A}]_0 - x)[\mathrm{P}]_0}\right] = k([\mathrm{A}]_0 + [\mathrm{P}]_0)t$$

$$\frac{[\mathrm{A}]_0([\mathrm{P}]_0 + x)}{([\mathrm{A}]_0 - x)[\mathrm{P}]_0} = \exp\left[k([\mathrm{A}]_0 + [\mathrm{P}]_0)t\right]$$

整理して，式(4.5.5)

$$x = \frac{[\mathrm{A}]_0[\mathrm{P}]_0\{\exp\left[k([\mathrm{A}]_0 + [\mathrm{P}]_0)t\right] - 1\}}{[\mathrm{A}]_0 + [\mathrm{P}]_0\exp\left[k([\mathrm{A}]_0 + [\mathrm{P}]_0)t\right]}$$

が得られる．

コラム

成層圏における触媒的なオゾン消失反応

4.2節では，クロロフルオロカーボン(CFC)から生成したClO_xが，O原子とオゾンの反応に触媒としてはたらく例を示したが，同様の反応はClO_x以外の触媒でも促進される．この反応機構は一般的に，触媒としてはたらくラジカルをX，XOとして，次のように表される．

① $X + O_3 \Longrightarrow XO + O_2$

② $XO + O \Longrightarrow X + O_2$

成層圏では，ClO_xの他に，HO_x ($X = OH$, $XO = HO_2$)，NO_x ($X = NO$, $XO = NO_2$)，BrO_x ($X = Br$，$XO = BrO$)がオゾンの消失にはたらく触媒として知られている．このうち，HO_xは成層圏の水蒸気由来であるのに対して，NO_xは，土壌微生物による脱窒作用や，人間活動などを通して放出される亜酸化窒素N_2O由来である．また，BrO_xはClO_xと同じように，人間活動で使用され，ハロンとよばれる有機臭素化合物から主に生成する．

人間活動を通して大気中に放出されたCFCが成層圏に達してClO_xの発生源となり，触媒反応を通してオゾン層の破壊につながることは，1974年にカリフォルニア大学アーバイン校のモリーナとローランドによって指摘された．その後1980年代になって，南極の春季にあたる9月から11月に成層圏オゾン濃度が異常に低くなる現象，いわゆるオゾンホールが発見され，これにCFC由来のClO_xが関与していることが明らかになった(ただし，オゾン消失の化学反応機構は，上の反応①，②より複雑である)．このような背景のもとで，1985年に「オゾン層保護のためのウィーン条約」が採択され，1987年にはCFCやハロンなどのオゾン層を破壊するおそれがある物質の生産と消費を段階的に削減していくことを定めた「オゾン層を破壊する物質に関するモントリオール議定書」が採択された．その結果，先進国でハロンは1994年，CFCは1996年までにそれぞれ製造が廃止され，他のオゾン層破壊物質についても全廃に向けた削減がなされている．なお，モリーナとローランドは，N_2Oの化学反応から生成したNO_xが成層圏のオゾン消失の触媒としてはたらく可能性を指摘したクルッツェンとともに，1995年のノーベル化学賞を受賞した．

演習問題

4.1 2分子のオゾンから3分子の酸素分子が生成する反応

$$2O_3 \longrightarrow 3O_2$$

は，二分子素反応としては非常に遅いため，正確な反応速度の測定がなされていないが，OHラジカルとHO_2ラジカルは，次のようにしてこの反応の触媒としてはたらく．

$$① \ O_3 + OH \Longrightarrow HO_2 + O_2$$

$$② \ O_3 + HO_2 \Longrightarrow OH + 2O_2$$

温度220Kにおける反応①，②の2次反応速度定数k_{I}, k_{II}は

$$k_{\mathrm{I}} = 2.4 \times 10^{-14}\ \mathrm{cm^3\ molecule^{-1}\ s^{-1}}$$

$$k_{\mathrm{II}} = 1.1 \times 10^{-15}\ \mathrm{cm^3\ molecule^{-1}\ s^{-1}}$$

である．これら以外の反応は無視できるものとして，以下の問に答えよ．

(1) OHラジカルに対して定常状態の近似を用いることにより，[OH]をk_{I}, k_{II}および$[HO_2]$を用いて表せ．また，220Kにおける$[OH]/[HO_2]$比を求めよ．

(2) 触媒の総濃度（$[OH]+[HO_2]$）を$[HO_x]_0$とおいたとき，$[HO_2]$を$[HO_x]_0$を用いて表せ．

(3) 総括反応の速度vは，

$$v = \frac{1}{3}\frac{\mathrm{d}[O_2]}{\mathrm{d}t}$$

で表すことができる．vをk_{I}, k_{II}, $[O_3]$および$[HO_x]_0$を用いて表せ．

4.2 弱酸HAに共役な塩基A^-が触媒としてはたらく反応

$$SH + H_2O \longrightarrow P_1 + P_2$$

の反応機構が次のように表されるとする．

① $SH + A^- \Longrightarrow S^- + HA$ 2次反応速度定数 k_{I}

② $S^- + HA \Longrightarrow SH + A^-$ 2次反応速度定数 $k_{-\mathrm{I}}$

③ $S^- + H_2O \Longrightarrow P_1 + P_2 + OH^-$ 擬1次反応速度定数 k_{II}

ただしSHは基質，P_1, P_2は生成物を表す．HAの酸解離定数をK_a，水のイオン積をK_wとして，以下の問に答えよ．

(1) 反応①，②に比べ③の速度が非常に遅い場合，全反応速度vが

$$v = k_{OH^-}[OH^-][SH]$$

で表されることを示せ．このときのk_{OH^-}を，与えられた定数を用いて表せ．

(2) 反応①，②に比べ③の速度が非常に速い場合，全反応速度vが

$$v = k_{A^-}[A^-][SH]$$

で表されることを示せ．このときのk_{A^-}を，与えられた定数を用いて表せ．

(3) HAの酸解離平衡を利用した緩衝溶液中で，全反応速度vが(2)で表される反応を調べた．緩衝溶液のpHを一定に保ちながら[HA]と[A^-]の和$[HA]_0$を変えたとき，vは$[HA]_0$に対してどのように変化するか．

4.3 酵素反応では，様々な型の阻害剤が反応速度に負の効果を及ぼすことが知られている．阻害剤のうち，酵素の活性部位に結合することで，基質と酵素との結合（すなわち酵素－基質複合体の生成）を妨げるものを拮抗阻害剤という．拮抗阻害剤をI，酵素と阻害剤との結合体をEIで表すと，反応機構は次のように表される．

$S + E \Longrightarrow ES$ 2次反応速度定数 k_{I}

$ES \Longrightarrow S + E$ 1次反応速度定数 $k_{-\mathrm{I}}$

$ES \Longrightarrow P + E$ 1次反応速度定数 k_{II}

$I + E \Longrightarrow EI$ 2次反応速度定数 k_{III}

$EI \Longrightarrow I + E$ 1次反応速度定数 $k_{-\mathrm{III}}$

以下の問に答えよ．

(1) 酵素の初濃度$[E]_0$はどのように表されるか．

(2) ESおよびEIに対して定常状態近似を用いて，総括反応の速度vが

$$v = \frac{v_{max}[S]}{(1 + K_{\mathrm{I}}[I])K_m + [S]}$$

の形で表されることを示せ．このとき，v_{max}, K_m, K_{I}はそれぞれ何を表すか．

(3) 反応速度と基質濃度の関係をラインウィーバー－バーク・プロットを用いて解析したとき，直線の傾きとy切片は何を表すか．

第5章
反応速度の解析法

一般的に，反応速度式は経験的に導かれるものであり，それゆえ反応次数や反応速度定数を実験により決定することは，反応速度論においてきわめて重要である．本章では，第1章で学んだ基礎的な知識をもとに，反応速度式を導くための具体的な解析方法を学ぶ．

5.1 微 分 法

第3章，第4章で学んだように，化学反応は実験室の中だけでなく，地球大気や生体内でも起きており，反応速度を測定し，そこから反応速度式を得ることは，基礎化学にとどまらず多くの分野で重要である．素反応に対しては，このあとの第6章で説明するように，反応速度式を分子論的な反応機構に基づいて理論的に記述することが可能であるが，一般的に反応速度式は実験から経験的に導かれる．その点で反応速度の測定と解析は，反応速度論においてきわめて重要である．反応速度式に基づいて反応次数と反応速度定数を実験により決定することができれば，他の条件における反応速度を予測することも可能となり，反応機構を明らかにする手がかりを得ることもできる．本章では，反応次数や反応速度定数を求めるための具体的な解析方法を学ぶ．

第1章で学んだように，反応速度は一般的に反応物濃度の関数であり，多くの場合そのべき乗の積で表される．したがって，反応物濃度や反応時間を変えて反応速度を測定し，そこから反応速度式を得る方法が最も単純な方法として考えられる．例として反応速度が1種類の反応物Aにのみ依存する場合を考えてみよう[†1]．反応物Aの濃度[A]が時間 t に対して**図5.1**のように表され

[†1] 反応速度が2種類以上の反応物の濃度に依存する場合については，5.3節で扱う．

るとき，1.1 節で学んだように，反応速度 v は，この曲線の接線の傾きから求めることができる．

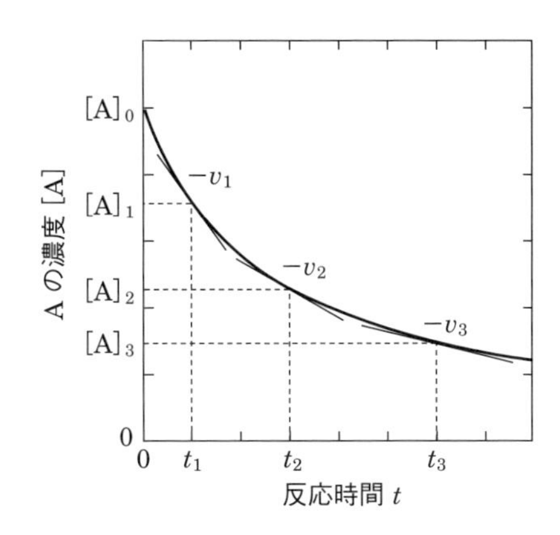

図 5.1 反応物 A の濃度の時間変化．時間 t_1, t_2, t_3 での反応速度が v_1, v_2, v_3 に対応する．

反応次数を n，反応速度定数を k_n とすると，v は，

$$v = -\frac{\mathrm{d}[\mathrm{A}]}{\mathrm{d}t} = k_n[\mathrm{A}]^n \tag{5.1.1}$$

で表されるので，対数をとると

$$\begin{aligned}\log_{10} v &= \log_{10}(k_n[\mathrm{A}]^n) \\ &= \log_{10} k_n + n\log_{10}[\mathrm{A}]\end{aligned} \tag{5.1.2}$$

の関係が導かれる[†1]．したがって，横軸に濃度 [A] の対数，縦軸に反応速度 v の対数をとってプロットすると直線が得られるはずである．例えば，図 5.1 で，反応時間 t_1, t_2, t_3 に対応して，反応速度 v_1, v_2, v_3 が得られたとすると，**図 5.2** のようなプロットが得られ，その傾きが反応次数 n を，切片が反応速度定数の対数値 $\log_{10} k_n$ をそれぞれ与える．この方法は，濃度の時間微分である反応速度を求め，それをもとに解析するので，**微分法**とよばれる．

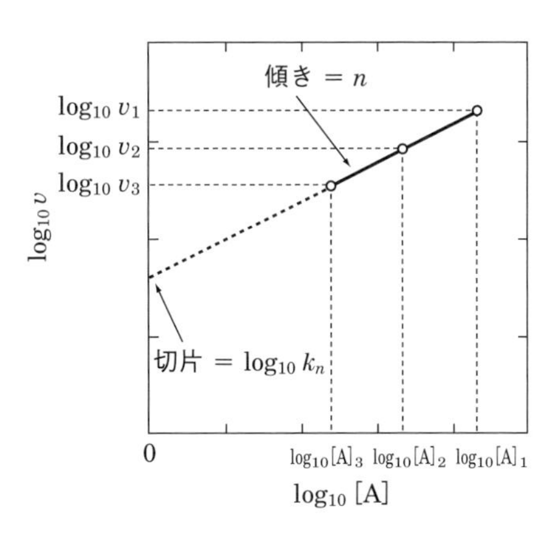

図 5.2 横軸に [A] の対数，縦軸に v の対数をとったプロット．

†1 対数の引数が無次元の数値であることを考えると，例えば濃度の単位として mol dm^{-3}，時間の単位として s を用いた場合，式 (5.1.2) は

$$\log_{10}(v/\mathrm{mol\,dm^{-3}\,s^{-1}}) = \log_{10}(k_n/[(\mathrm{mol\,dm^{-3}})^{1-n}\,\mathrm{s^{-1}}]) + n\log_{10}([\mathrm{A}]/\mathrm{mol\,dm^{-3}})$$

となる．また，式 (5.1.2) は，対数の底の値に何を用いても成り立つが，ここでは 10 を用いる．

[**例題 5.1**]　反応速度 v が式 (5.1.1) のように表される反応に対して，反応物濃度 [A] と v の間に以下のような関係が得られた．この反応の反応次数および反応速度定数を求めよ．

$[A]/\text{mol dm}^{-3}$	$v/\text{mol dm}^{-3}\text{ s}^{-1}$
1.0×10^{-2}	1.99×10^{-3}
1.0×10^{-3}	1.26×10^{-4}
1.0×10^{-4}	7.93×10^{-6}

[**解**]　それぞれの [A] および v の常用対数を求めると，

$\log_{10}([A]/\text{mol dm}^{-3})$	$\log_{10}(v/\text{mol dm}^{-3}\text{ s}^{-1})$
−2.0	−2.7
−3.0	−3.9
−4.0	−5.1

となるので，横軸に $\log_{10}[A]$，縦軸に $\log_{10}v$ をとり，3つのデータをプロットすると，

$$\log_{10}(v/\text{mol dm}^{-3}\text{ s}^{-1}) = -0.3 + 1.2\times\log_{10}([A]/\text{mol dm}^{-3})$$

の関係が得られる．したがって反応次数 n は 1.2 と求められる．また，反応速度定数を $k_{1.2}$ とすると，$\log_{10}(k_{1.2}/[(\text{mol dm}^{-3})^{-0.2}\text{ s}^{-1}]) = -0.3$ より，

$$k_{1.2} = 10^{-0.3} = 0.50\text{ dm}^{0.6}\text{ mol}^{-0.2}\text{ s}^{-1}$$

が得られる．

上で示した方法では，ある単一の条件で時々刻々の反応物濃度 [A] を測定し，その変化の接線から得られた v をもとに，反応次数や反応速度定数を求めた．この方法では，反応が進むにつれて逆反応や副反応の影響を受けて，求めた反応次数や反応速度定数に誤差が生じるおそれがある．そこで，反応開始直後の速度，すなわち初速度 v_0 のみを測定し，そこから反応次数や反応速度定数を決定する方法がある．この方法を**初速度法**という．

式 (5.1.2) に対応する式は初速度 v_0 に対しても成り立つので，A の初濃度を $[A]_0$ で表すと，

$$\log_{10}v_0 = \log_{10}k_n + n\log_{10}[A]_0 \qquad (5.1.3)$$

が成り立つ．n，k_n は定数なので，この式は，$\log_{10}v_0$ が $\log_{10}[A]_0$ の関数である

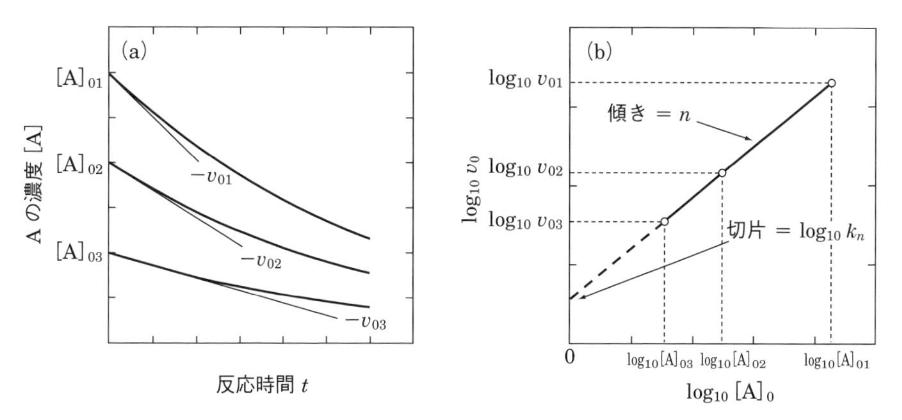

図 5.3 (a) 初濃度 $[A]_{01}$, $[A]_{02}$, $[A]_{03}$ で反応を開始したときの [A] の時間変化. それぞれの初速度が v_{01}, v_{02}, v_{03} に対応する. (b) 横軸に $[A]_0$ の対数, 縦軸に v_0 の対数をとったプロット.

ことを表している. そこで, **図 5.3(a)** に示すように, $[A]_0$ を変えて反応を開始し, その都度初速度 v_0 のみを測定する. 横軸に $\log_{10}[A]_0$, 縦軸にその初濃度 $[A]_0$ に対応した $\log_{10} v_0$ をとってプロットすると, **図 5.3(b)** のような直線関係が得られ, その傾きから反応次数 n を, 切片から反応速度定数 k_n を決定することができる.

[**例題 5.2**] 反応速度 v が式 (5.1.1) のように表される反応に対して, A の初濃度 $[A]_0$ を変えて初速度 v_0 を測定したところ以下のような結果が得られた. この反応の反応次数および反応速度定数を求めよ.

$[A]_0/\text{mol dm}^{-3}$	$v_0/\text{mol dm}^{-3}\text{ s}^{-1}$
2.5×10^{-2}	1.0×10^{-3}
1.0×10^{-2}	1.0×10^{-4}
4.0×10^{-3}	1.0×10^{-5}

[**解**] それぞれの $[A]_0$ および v_0 の常用対数を求めると,

$\log_{10}([A]_0/\text{mol dm}^{-3})$	$\log_{10}(v_0/\text{mol dm}^{-3}\text{ s}^{-1})$
-1.6	-3.0
-2.0	-4.0
-2.4	-5.0

となるので，横軸に $\log_{10}[\mathrm{A}]_0$，縦軸に $\log_{10}v_0$ をとり，3つのデータをプロットすると，

$$\log_{10}(v_0/\mathrm{mol\,dm^{-3}\,s^{-1}}) = 1.0 + 2.5 \times \log_{10}([\mathrm{A}]_0/\mathrm{mol\,dm^{-3}})$$

の関係が得られる．したがって反応次数 n は2.5と求められる．また，反応速度定数を $k_{2.5}$ とすると，$\log_{10}(k_{2.5}/[(\mathrm{mol\,dm^{-3}})^{-1.5}\,\mathrm{s^{-1}}]) = 1.0$ より，

$$k_{2.5} = 10\,\mathrm{dm^{4.5}\,mol^{-1.5}\,s^{-1}}$$

が得られる．

初速度法は，反応速度が2種類以上の反応物濃度に依存する場合の解析法としても有用である．これについては5.3節で説明する．

5.2 積 分 法

微分法は，反応速度式に現れる反応物濃度と反応速度を測定し，その関係を調べるので，反応次数や反応速度定数を決定するための最も直接的な方法といえる．しかし図5.1のような反応物濃度の時間変化曲線に接線を引いて，その傾きから反応速度を求めることは実際には簡単ではなく，大きな誤差を伴うおそれもある．反応次数がある程度予想できる場合は，微分方程式である反応速度式を時間に対して積分し，得られた式を解析に用いることで，より簡便な解析が可能となる．これを**積分法**という．この場合も，反応速度が1種類の反応物の濃度のみに依存する場合を例にとると，まず，式(5.1.1)で表される反応速度式を時間に対して積分する．$n = 1$ の場合，式(5.1.1)は，

$$v = -\frac{\mathrm{d}[\mathrm{A}]}{\mathrm{d}t} = k_1[\mathrm{A}]$$

となるので，1.3節で扱ったように積分して

$$\ln\frac{[\mathrm{A}]}{[\mathrm{A}]_0} = -k_1 t \qquad (5.2.1)$$

の関係が得られる．また，$n = 1$ 以外の場合，式(5.1.1)は次のように積分できる．

$$-\int_{[\mathrm{A}]_0}^{[\mathrm{A}]}\frac{\mathrm{d}[\mathrm{A}]}{[\mathrm{A}]^n}=k_n\int_0^t\mathrm{d}t$$

$$\left[\frac{1}{n-1}\frac{1}{[\mathrm{A}]^{n-1}}\right]_{[\mathrm{A}]_0}^{[\mathrm{A}]}=k_n[t]_0^t$$

$$\frac{1}{n-1}\left(\frac{1}{[\mathrm{A}]^{n-1}}-\frac{1}{[\mathrm{A}]_0{}^{n-1}}\right)=k_nt \tag{5.2.2}$$

したがって，図 5.1 のような t と [A] の関係が得られたならば，ある反応次数 n を仮定して，式 (5.2.1) あるいは (5.2.2) の左辺にあたる値を求め，t に対してプロットすればよい．例えば，A に対する 1.5 次反応，すなわち反応速度が

$$v=-\frac{\mathrm{d}[\mathrm{A}]}{\mathrm{d}t}=k_{1.5}[\mathrm{A}]^{1.5}$$

で表されると予想される場合，時間 t に対して測定した [A] を，式 (5.2.2) で $n=1.5$ とした式

$$2\left(\frac{1}{[\mathrm{A}]^{0.5}}-\frac{1}{[\mathrm{A}]_0{}^{0.5}}\right)=k_{1.5}t \tag{5.2.3}$$

に当てはめて解析すればよい．**図 5.4 (a)** は，1.5 次反応で得られた [A] から，式 (5.2.3) の左辺に相当する値を求め，これを縦軸にとって，反応時間 t (横軸)

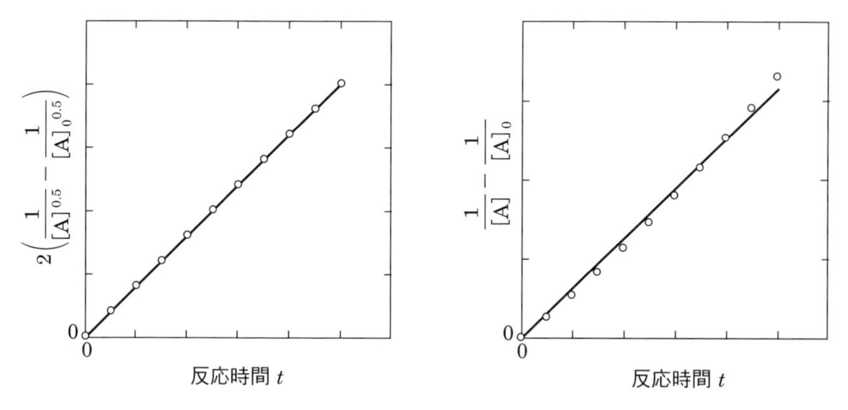

図 5.4 (a) 1.5 次反応に従う反応速度データを式 (5.2.3) に当てはめたプロット．
(b) 同じデータを 2 次反応の式 (5.2.4) に当てはめたプロット．

に対してプロットしたものである．このようにプロットが直線にのれば，仮定した n が正しいと考えられ，その傾きから反応速度定数（この場合1.5次反応速度定数 $k_{1.5}$）を求めることができる．もしプロットが直線状にならなければ，仮定した n が誤っていたことになる．

積分法の利点は，反応時間に対する濃度の変化を実験で測定できれば，そのまま式(5.2.1)あるいは(5.2.2)に当てはめて，解析を行うことができる点である．欠点は,反応次数をあらかじめ予想できないと使えない点である．また，反応次数の微妙な違いを判別することが難しく,その決定を見誤る場合がある．例えば，上で示した例の場合，この反応をあらかじめ1.5次であると予想することは難しい．より一般的な2次反応に当てはめて解析してしまう可能性が高い．2次反応の場合，反応速度式を積分すると

$$\frac{1}{[\mathrm{A}]} - \frac{1}{[\mathrm{A}]_0} = k_2 t \tag{5.2.4}$$

が得られるので，この式に当てはめて解析することになる．式(5.2.3)に当てはめた1.5次反応のデータを式(5.2.4)に当てはめてみると**図5.4(b)**になる．よく見ると直線からずれているが，反応次数に対する正確な知識があらかじめなければ，直線的に変化していると見誤るおそれがある．実験結果の精度によっては，直線からのずれがさらに判別しにくくなり，この反応が2次反応であるという誤った結論に至る可能性がある．

［**例題5.3**］ Aに対する3次反応で反応時間とAの濃度の間に次のような関係が得られた．

t/s	[A]/mol dm^{-3}
0	1.0×10^{-1}
100	5.0×10^{-2}
500	2.5×10^{-2}
800	2.0×10^{-2}

3次反応速度定数 k_3 を求めよ．

［**解**］ 3次反応の速度式を時間に対して積分すると，式(5.2.2)に $n = 3$ を代入し

た

$$\frac{1}{2}\left(\frac{1}{[\mathrm{A}]^2}-\frac{1}{{[\mathrm{A}]_0}^2}\right)=k_3t \tag{5.2.5}$$

が得られる．与えられたデータから，$[\mathrm{A}]^2$ 分の 1 を計算すると，下の表の中央の欄のようになる．$t=0\,\mathrm{s}$ で $[\mathrm{A}]_0=1.0\times10^{-1}\,\mathrm{mol\,dm^{-3}}$，${[\mathrm{A}]_0}^2$ 分の 1 は $1.0\times10^2\,\mathrm{dm^6\,mol^{-2}}$ なので，これを用いて式 (5.2.5) の左辺を計算すると，下の表の右の欄のようになる．

t/s	$[\mathrm{A}]^{-2}/\mathrm{dm^6\,mol^{-2}}$	式 (5.2.5) の左辺/$\mathrm{dm^6\,mol^{-2}}$
0	1.0×10^2	0
100	4.0×10^2	1.5×10^2
500	1.6×10^3	7.5×10^2
800	2.5×10^3	1.2×10^3

以上より，k_3 は，

$$k_3=\frac{1.5\times10^2\,\mathrm{dm^6\,mol^{-2}}}{100\,\mathrm{s}}=\frac{7.5\times10^2\,\mathrm{dm^6\,mol^{-2}}}{500\,\mathrm{s}}=\frac{1.2\times10^3\,\mathrm{dm^6\,mol^{-2}}}{800\,\mathrm{s}}$$
$$=1.5\,\mathrm{dm^6\,mol^{-2}\,s^{-1}}$$

と求められる．

積分法では，反応速度式を積分した式 (5.2.1)，(5.2.2) をもとに反応速度の解析を行うが，半減期を用いても同じような解析ができる．これを**半減期法**という．1.3 節で学んだように，1 次反応の半減期 $t_{1/2}$ は，1 次反応速度定数 k_1 にのみ依存し，次のように表される．

$$t_{1/2}=\frac{\ln 2}{k_1} \tag{5.2.6}$$

したがって，半減期が A の濃度によらず，常に一定の値になるならば，その反応は 1 次反応であると考えられ，式 (5.2.6) から k_1 を求めることができる．一方，$n=1$ 以外の反応では，式 (5.2.2) に $[\mathrm{A}]=[\mathrm{A}]_0/2$ を代入して，

$$t_{1/2}=\frac{2^{n-1}-1}{(n-1)k_n{[\mathrm{A}]_0}^{n-1}}$$

が得られる．

5.3　分離法と初速度法

5.1，5.2 節では反応速度が 1 種類の反応物 A の濃度のべき乗で表される場合を例にとり，微分法と積分法を用いた反応速度の解析法を解説した．これらの方法は，反応速度が 2 種類以上の反応物の濃度に依存する反応にも応用できるが，ひと工夫が必要である．例えば，反応速度が 3 つの反応物 A，B，C の濃度に依存して次式で表される場合を考えてみよう．

$$v = k[\mathrm{A}]^{n_\mathrm{A}}[\mathrm{B}]^{n_\mathrm{B}}[\mathrm{C}]^{n_\mathrm{C}} \tag{5.3.1}$$

前節までと同じように，v の [A] に対する依存性から反応次数 n_A や反応速度定数 k の情報を得たいところであるが，一般に反応が進むと [A] だけでなく [B]，[C] も変化してしまうので，このままでは v の [A] に対する依存性のみを容易に得ることができない．このような場合は，反応速度が実質的に [A] のみに依存し，[B]，[C] に依存しないような条件をつくる必要がある．このような条件は 1.5 節で扱った擬 1 次反応と同じ考え方で実現することができる．すなわち A の初濃度 $[\mathrm{A}]_0$ に比べ B および C の初濃度 $[\mathrm{B}]_0$，$[\mathrm{C}]_0$ を大過剰にする．

$$[\mathrm{A}]_0 \ll [\mathrm{B}]_0,\ [\mathrm{C}]_0$$

この条件で反応を開始すると，反応初期では B および C の濃度の減少は無視できるので，$[\mathrm{B}] \approx [\mathrm{B}]_0$，$[\mathrm{C}] \approx [\mathrm{C}]_0$ と近似することができ，式 (5.3.1) は

$$v = k[\mathrm{A}]^{n_\mathrm{A}}[\mathrm{B}]_0^{n_\mathrm{B}}[\mathrm{C}]_0^{n_\mathrm{C}} \tag{5.3.2}$$

で表すことができる．$[\mathrm{B}]_0$，$[\mathrm{C}]_0$ は時間に依存しない定数と見なせるので，新たな反応速度定数 k_A を

$$k_\mathrm{A} = k[\mathrm{B}]_0^{n_\mathrm{B}}[\mathrm{C}]_0^{n_\mathrm{C}}$$

とおくと，式 (5.3.2) は，

$$v = k_\mathrm{A}[\mathrm{A}]^{n_\mathrm{A}} \tag{5.3.3}$$

に書き換えることができる．反応速度は A の濃度のみの関数となるので，5.1，5.2 節で示した方法を用いて [A] に対する反応次数 n_A と対応する速度定数 k_A

を求めることができる．次いで，$[B]_0 \ll [A]_0$，$[C]_0$ の条件で実験を行えば，反応速度は

$$v = k_B[B]^{n_B} \tag{5.3.4}$$

で表されるので，その結果から [B] に対する反応次数 n_B と次の式で表される反応速度定数 k_B を求めることができる．

$$k_B = k[A]_0^{n_A}[C]_0^{n_C}$$

このようにして順次，ある1種類の反応物の初濃度のみを他の初濃度に比べて低くすることで，その反応物の濃度に対する反応次数とそれに対応する速度定数（式 (5.3.3) の k_A，式 (5.3.4) の k_B）を実験により求めることができる．すべての反応物に対して反応次数と速度定数が得られれば，それらの値をもとに，式 (5.2.2) の反応速度定数 k も決定することができる．この方法を**分離法**という．上の例では反応速度が3種類の反応物の濃度に依存する場合を取り上げたが，分離法は，反応速度が4種類以上の反応物濃度に依存する場合にも拡張することができる．

［例題 5.4］ A と B の2種類の反応物による反応 A + B → P を調べるため，$[A]_0 \gg [B]_0$ を満たす3つの条件で実験を行い，[B] の時間変化を測定した．

	条件 1 $[A]_0 = 0.10\ \mathrm{mol\ dm^{-3}}$	条件 2 $[A]_0 = 0.20\ \mathrm{mol\ dm^{-3}}$	条件 3 $[A]_0 = 0.25\ \mathrm{mol\ dm^{-3}}$
t/s	$[B]/\mathrm{mol\ dm^{-3}}$	$[B]/\mathrm{mol\ dm^{-3}}$	$[B]/\mathrm{mol\ dm^{-3}}$
0	1.00×10^{-2}	5.00×10^{-3}	4.00×10^{-3}
50	5.00×10^{-3}	2.50×10^{-3}	2.00×10^{-3}
200	2.00×10^{-3}	1.00×10^{-3}	8.00×10^{-4}
450	1.00×10^{-3}	5.00×10^{-4}	4.00×10^{-4}

反応速度が $v = k[A]^{n_A}[B]^{n_B}$ で表されるとして，$n_B = 2$ であることを積分法により確かめるとともに，A に対する反応次数 n_A および反応速度定数 k を求めよ．

［解］ $[A]_0 \gg [B]_0$ なので，反応による [A] の変化を無視すると，$n_B = 2$ では反応速度式を次のように書き換えることができる．

$$v = k[A]_0^{n_A}[B]^2 = k_B[B]^2$$

反応が B に対する2次反応ならば式 (5.2.2) より，

$$\frac{1}{[\mathrm{B}]} - \frac{1}{[\mathrm{B}]_0} = k_\mathrm{B} t \tag{5.3.5}$$

が成り立つはずなので，式(5.3.5)の左辺に当たる値を上の表の各[B]に対して求めると，次のようになる．

	条件1 $[\mathrm{A}]_0 = 0.10\ \mathrm{mol\ dm^{-3}}$	条件2 $[\mathrm{A}]_0 = 0.20\ \mathrm{mol\ dm^{-3}}$	条件3 $[\mathrm{A}]_0 = 0.25\ \mathrm{mol\ dm^{-3}}$
t/s	式(5.3.5)の左辺/$\mathrm{dm^3\ mol^{-1}}$		
0	0	0	0
50	1.00×10^2	2.00×10^2	2.50×10^2
200	4.00×10^2	8.00×10^2	1.00×10^3
450	9.00×10^2	1.80×10^3	2.25×10^3

それぞれの条件で，この値を時間 t に対してプロットすると直線が得られ，その傾きから定数 k_B を次のように求めることができる．

条件1（$[\mathrm{A}]_0 = 0.10\ \mathrm{mol\ dm^{-3}}$）　$k_\mathrm{B} = 2.0\ \mathrm{dm^3\ mol^{-1}\ s^{-1}}$
条件2（$[\mathrm{A}]_0 = 0.20\ \mathrm{mol\ dm^{-3}}$）　$k_\mathrm{B} = 4.0\ \mathrm{dm^3\ mol^{-1}\ s^{-1}}$
条件3（$[\mathrm{A}]_0 = 0.25\ \mathrm{mol\ dm^{-3}}$）　$k_\mathrm{B} = 5.0\ \mathrm{dm^3\ mol^{-1}\ s^{-1}}$

定義より $k_\mathrm{B} = k[\mathrm{A}]_0^{n_\mathrm{A}}$ であるが，上の結果を見ると，$[\mathrm{A}]_0$ と k_B が1次の関係にあることがわかる（例えば $[\mathrm{A}]_0$ が2倍になると k_B も2倍になる）．したがって $n_\mathrm{A} = 1$ である．反応速度定数 k は，

$$k = k_\mathrm{B}/[\mathrm{A}]_0 = 20\ \mathrm{dm^6\ mol^{-2}\ s^{-1}}$$

と求められる．

分離法は，反応速度が多種類の反応物の濃度に依存する場合に有用な方法であるが，反応によっては，ある1種類の反応物濃度に比べ他の反応物濃度を大過剰とする条件を実現することが難しい場合がある．このような場合は，5.1節で説明した初速度法を応用することができる．この場合も式(5.3.1)のように，反応速度が3つの反応物A，B，Cの濃度に依存する場合を例にとると，初速度 v_0 はそれぞれの初濃度を用いて，

$$v_0 = k[\mathrm{A}]_0^{n_\mathrm{A}}[\mathrm{B}]_0^{n_\mathrm{B}}[\mathrm{C}]_0^{n_\mathrm{C}}$$

で表される．両辺の対数をとると，

$$\log_{10} v_0 = \log_{10} k + n_A \log_{10} [A]_0 + n_B \log_{10} [B]_0 + n_C \log_{10} [C]_0 \tag{5.3.6}$$

が得られる．したがって $[B]_0$，$[C]_0$ を一定値に固定し，$[A]_0$ を変化させて，その都度初速度 v_0 を測れば，v_0 と $[A]_0$ の関係を得ることができる．この場合，$[B]_0$，$[C]_0$ は初濃度なので一定値であり，$[A]_0 \ll [B]_0$，$[C]_0$ の制約は必要ない．$\log_{10} k + n_B \log_{10} [B]_0 + n_C \log_{10} [C]_0$ を定数 $\log_{10} k_A$ と置き換えれば，式 (5.3.6) は

$$\log_{10} v_0 = \log_{10} k_A + n_A \log_{10} [A]_0$$

で表され，5.1 節の式 (5.1.3) と同じ形の式が得られる．よって横軸に $\log_{10} [A]_0$，縦軸に $\log_{10} v_0$ をとってプロットすると直線が得られ，その傾きから n_A を，切片から $\log_{10} k_A$ をそれぞれ求めることができる．k_A はその定義から

$$k_A = k[B]_0{}^{n_B}[C]_0{}^{n_C}$$

の関係にある．同様に，$[A]_0$ と $[C]_0$ を固定し，$[B]_0$ を変えて v_0 を測定すれば，その対数プロットから B に対する反応次数 n_B と定数 $k_B = k[A]_0{}^{n_A}[C]_0{}^{n_C}$ についての情報を得ることができる．

［**例題 5.5**］　A と B の 2 種類の反応物による反応 A + B → P の初速度 v_0 を，A と B の初濃度を変えて測定したところ，以下の表のような結果を得た．

	$[A]_0$/mol dm^{-3}	$[B]_0$/mol dm^{-3}	v_0/mol dm^{-3} s^{-1}
条件 1	1.0×10^{-3}	1.0×10^{-2}	2.0×10^{-6}
条件 2	2.0×10^{-3}	1.0×10^{-2}	4.0×10^{-6}
条件 3	4.0×10^{-3}	1.0×10^{-2}	8.0×10^{-6}
条件 4	8.0×10^{-3}	1.0×10^{-2}	1.6×10^{-5}
条件 5	1.0×10^{-3}	1.6×10^{-2}	4.0×10^{-6}
条件 6	1.0×10^{-3}	2.5×10^{-2}	8.0×10^{-6}
条件 7	1.0×10^{-3}	4.0×10^{-2}	1.6×10^{-5}

反応速度が $v = k[A]^{n_A}[B]^{n_B}$ で表されるとして，反応次数 n_A，n_B および反応速度定数 k を求めよ．

［**解**］ $[\mathrm{A}]_0$，$[\mathrm{B}]_0$ および v_0 の常用対数を求めると，次の表のようになる．

	$\log_{10}([\mathrm{A}]_0/\mathrm{mol\,dm^{-3}})$	$\log_{10}([\mathrm{B}]_0/\mathrm{mol\,dm^{-3}})$	$\log_{10}(v_0/\mathrm{mol\,dm^{-3}\,s^{-1}})$
条件1	−3	−2	−5.7
条件2	−2.7	−2	−5.4
条件3	−2.4	−2	−5.1
条件4	−2.1	−2	−4.8
条件5	−3	−1.8	−5.4
条件6	−3	−1.6	−5.1
条件7	−3	−1.4	−4.8

$[\mathrm{B}]_0$ の値が等しい条件1から4のデータを，横軸に $\log_{10}[\mathrm{A}]_0$，縦軸に $\log_{10} v_0$ をとりプロットすると，

$$\log_{10}(v_0/\mathrm{mol\,dm^{-3}\,s^{-1}}) = -2.7 + \log_{10}([\mathrm{A}]_0/\mathrm{mol\,dm^{-3}}) \qquad (5.3.7)$$

の関係が得られるので，A に対する反応次数 n_A は1であることがわかる．

一方，$[\mathrm{A}]_0$ の値が等しい条件1および条件5から7のデータを，横軸に $\log_{10}[\mathrm{B}]_0$，縦軸に $\log_{10} v_0$ をとりプロットすると，

$$\log_{10}(v_0/\mathrm{mol\,dm^{-3}\,s^{-1}}) = -2.7 + 1.5 \times \log_{10}([\mathrm{B}]_0/\mathrm{mol\,dm^{-3}})$$

の関係が得られるので，B に対する反応次数 n_B は1.5であることがわかる．このときの切片 −2.7 は $\log_{10}(k[\mathrm{A}]_0/[(\mathrm{mol\,dm^{-3}})^{-0.5}\,\mathrm{s^{-1}}])$ なので，

$$k[\mathrm{A}]_0 = 10^{-2.7} = 2.0 \times 10^{-3}\,\mathrm{dm^{1.5}\,mol^{-0.5}\,s^{-1}}$$

$[\mathrm{A}]_0 = 1.0 \times 10^{-3}\,\mathrm{mol\,dm^{-3}}$ より，

$$k = 2.0\,\mathrm{dm^{4.5}\,mol^{-1.5}\,s^{-1}}$$

が得られる．同様にして，式(5.3.7)の切片の値 −2.7 からも同じ k の値が得られる．

5.4　緩 和 法

2.2節で学んだ可逆素反応や可逆的な複合反応では，上述とは別の方法で反応速度についての情報を得ることができる．これらの反応では，反応時間が充分経過すると，正反応と逆反応の速度が等しく，反応物，生成物濃度が見かけ上変化しない平衡状態に達する．この平衡状態の系に何らかの変化を加えると，その変化を打ち消す方向に反応物，生成物の濃度が変化し，新しい平衡状態に向かう．この濃度の時間変化を測定することで，正反応，逆反応の速度に関する情報を得ることができる．この方法を**緩和法**という．平衡状態の系に加

える変化としては，温度や圧力，pH などが考えられるが，温度を変化させる方法が最も一般的である．

例として，正反応，逆反応がともに1次反応であるような系を考えてみよう．

$$\text{正反応} \qquad A \longrightarrow P \qquad v_{\mathrm{I}} = k_{\mathrm{I}}[\mathrm{A}]$$

$$\text{逆反応} \qquad P \longrightarrow A \qquad v_{-\mathrm{I}} = k_{-\mathrm{I}}[\mathrm{P}]$$

温度 T_1 で平衡状態1にある系の温度を T_2 に瞬間的に変えた場合を考える．新しい平衡状態2での A の濃度を $[\mathrm{A}]_{\mathrm{eq2}}$ で表し，そこからの差 y を用いて A の濃度を，

$$[\mathrm{A}] = [\mathrm{A}]_{\mathrm{eq2}} + y$$

で表す[†1]．一方，平衡状態2での P の濃度を $[\mathrm{P}]_{\mathrm{eq2}}$ で表すと，[P] は上の y を用いて

$$[\mathrm{P}] = [\mathrm{P}]_{\mathrm{eq2}} - y$$

で表される．したがって [A] の時間変化の式

$$\frac{\mathrm{d}[\mathrm{A}]}{\mathrm{d}t} = -k_{\mathrm{I}}[\mathrm{A}] + k_{-\mathrm{I}}[\mathrm{P}]$$

は，y を用いて

$$\begin{aligned}\frac{\mathrm{d}y}{\mathrm{d}t} &= -k_{\mathrm{I}}([\mathrm{A}]_{\mathrm{eq2}} + y) + k_{-\mathrm{I}}([\mathrm{P}]_{\mathrm{eq2}} - y) \\ &= -(k_{\mathrm{I}} + k_{-\mathrm{I}})y - k_{\mathrm{I}}[\mathrm{A}]_{\mathrm{eq2}} + k_{-\mathrm{I}}[\mathrm{P}]_{\mathrm{eq2}} \qquad (5.4.1)\end{aligned}$$

で表される．ただし，k_{I} および $k_{-\mathrm{I}}$ は，温度 T_2 における正反応および逆反応の1次反応速度定数である．平衡状態2では正反応と逆反応の速度が等しく，$k_{\mathrm{I}}[\mathrm{A}]_{\mathrm{eq2}} = k_{-\mathrm{I}}[\mathrm{P}]_{\mathrm{eq2}}$ の関係が成り立つので，式(5.4.1)は，

$$\frac{\mathrm{d}y}{\mathrm{d}t} = -(k_{\mathrm{I}} + k_{-\mathrm{I}})y \qquad (5.4.2)$$

に整理することができる．温度を T_1 から T_2 に変えた瞬間を $t = 0$ として，式(5.4.2)を積分すると次式が得られる．

---

†1 y は，正負どちらの値もとりうる．温度の変化によって [A] が減少するならば y は正であり，増加するならば負である．

$$y = y_0 \exp[-(k_{\mathrm{I}} + k_{-\mathrm{I}})t] \tag{5.4.3}$$

ここで，y_0 は時間 $t = 0$ での y の値なので，最初の平衡状態1での A の濃度 $[\mathrm{A}]_{\mathrm{eq1}}$ と新たな平衡状態2での A の濃度 $[\mathrm{A}]_{\mathrm{eq2}}$ との差になる．

$$y_0 = [\mathrm{A}]_{\mathrm{eq1}} - [\mathrm{A}]_{\mathrm{eq2}}$$

式(5.4.3)より，[A]，[P]は，

$$[\mathrm{A}] = [\mathrm{A}]_{\mathrm{eq2}} + y_0 \exp[-(k_{\mathrm{I}} + k_{-\mathrm{I}})t]$$

$$[\mathrm{P}] = [\mathrm{P}]_{\mathrm{eq2}} - y_0 \exp[-(k_{\mathrm{I}} + k_{-\mathrm{I}})t]$$

で表すことができる．**図5.5**に[A]，[P]の時間変化を示す．$t < 0$ で平衡状態1にあった系の温度を，時間 $t = 0$ で T_1 から T_2 に変えることにより，[A]および[P]が新たな平衡状態2に向かって変化を始める．図の例では，$y_0 > 0$，すなわち $[\mathrm{A}]_{\mathrm{eq1}} > [\mathrm{A}]_{\mathrm{eq2}}$ の場合を示している．

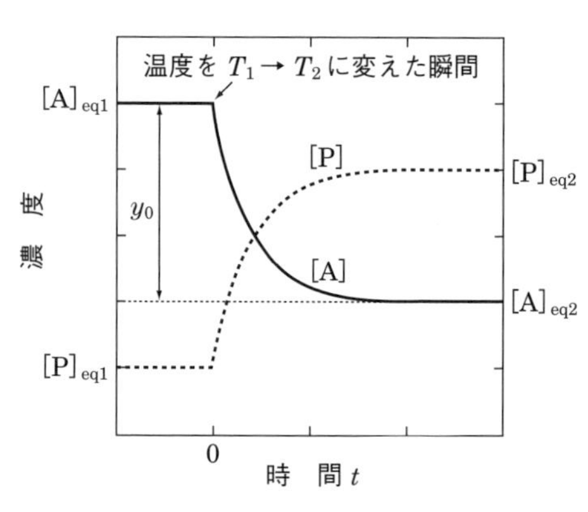

図5.5　緩和法における[A]，[P]の時間変化

式(5.4.3)より，速度定数の和 $k_{\mathrm{I}} + k_{-\mathrm{I}}$ の逆数は，y_0 が e 分の1になるまでに要する時間に相当し，いまの場合，$t = 0$ で与えた変化が緩和されて新しい平衡状態に近づいていく時間の情報を与えるので，**緩和時間**(relaxation time)という．緩和時間を τ_{relax} で表すと，

$$\tau_{\mathrm{relax}} = \frac{1}{k_{\mathrm{I}} + k_{-\mathrm{I}}}$$

であるので，式(5.4.3)は，

$$y = y_0 \exp\left(-\frac{t}{\tau_{\mathrm{relax}}}\right)$$

で表すことができる．

図5.5で示したような[A]あるいは[P]の時間に対する変化を測定すれば，

そこから正反応と逆反応の速度定数の和 $k_{\mathrm{I}}+k_{-\mathrm{I}}$ あるいはその逆数である τ_{relax} の値を求めることができる．さらに，t が充分経過したあとの［A］と［P］が測定できれば，平衡状態 2 における平衡定数 K を求めることができる．K は，

$$K=\frac{[\mathrm{P}]_{\mathrm{eq2}}}{[\mathrm{A}]_{\mathrm{eq2}}}=\frac{k_{\mathrm{I}}}{k_{-\mathrm{I}}}$$

であるので，

$$k_{\mathrm{I}}+k_{-\mathrm{I}}=k_{-\mathrm{I}}\left(\frac{k_{\mathrm{I}}}{k_{-\mathrm{I}}}+1\right)=k_{-\mathrm{I}}(K+1)$$

$$\tau_{\mathrm{relax}}=\frac{1}{k_{-\mathrm{I}}(K+1)}$$

の関係が得られ，これらから k_{I}，$k_{-\mathrm{I}}$ は，

$$k_{\mathrm{I}}=\frac{K}{\tau_{\mathrm{relax}}(K+1)} \tag{5.4.4}$$

$$k_{-\mathrm{I}}=\frac{1}{\tau_{\mathrm{relax}}(K+1)} \tag{5.4.5}$$

で表される．したがって，τ_{relax} と K の値を実験で求めれば，式 (5.4.4)，(5.4.5) を用いて k_{I} と $k_{-\mathrm{I}}$ を決定することができる．

コラム

反応速度の実験方法

反応速度を測定するための最も単純な実験方法は，一定の温度に保たれた密閉容器内に反応物を入れて反応を開始し，反応物あるいは生成物の濃度の時間変化を追跡する方法である．これを静置法という．静置法では，反応物の混合に要する時間などから，秒より短い時間スケールで変化する反応を追跡することは難しいが，大気中の化学反応を模擬した実験研究には今でも用いられている．このような研究では，チャンバーとよばれる巨大な容器に反応物を入れ，光の照射などによって反応を開始して，反応物，生成物の濃度変化を数時間，場合によっては数日にわたって観測する．以前は，炭化水素と窒素酸化物の存在下で，オゾンなどの酸化性大気汚

染物質（オキシダント）が光化学的に生成する反応などが調べられてきたが，近年は，化学反応を通して $PM_{2.5}$ のような微小粒子状物質が生成する反応なども対象となっている．欧米では，200 m^3 を超える大容量のものや，太陽光を直接照射できるように，野外に設置されたものなども使われている．

一方，直径数 cm の管に反応物を含む混合物を流し，流れに沿って変化する反応物，生成物の濃度を追跡する方法を流通法という．流通法では，反応時間を流れに沿った距離に置き換えることができ，流体の速度を適切に設定することで，ミリ秒 (ms) 程度で変化する反応を追跡することもできる．現在では，この他にも様々な実験手法が開発され，より短い時間スケールでの反応の追跡が可能になっている．可逆反応に対しては，5.4 節で述べた緩和法を用いることで，ナノ秒 (ns) 程度までの速い反応に対して，反応速度定数を求めることができる．

近年のレーザー技術の進歩も，反応速度の実験研究に大きく貢献している（レーザーについては第9章のコラムも参照）．非常に短い時間間隔でレーザー光を点灯するパルスレーザーは，反応性の高いラジカル種を瞬間的に生成して反応を開始したり，反応時間とともに変化する反応物を検出するために広く用いられている．また，レーザーは反応速度の測定だけでなく，素反応の遷移状態において分子の構造がどのように変化して反応が進むかを調べる研究においても強力な手段となっている．このような研究分野は，反応動力学 (reaction dynamics) とよばれる．最近は，レーザーパルスの時間幅がフェムト秒 (fs，$1\ \mathrm{fs} = 10^{-15}\ \mathrm{s}$) 程度のレーザーも開発され，遷移状態での原子の運動を直接観測することが可能となっている．

演習問題

5.1　反応 $\mathrm{A} \rightarrow 2\mathrm{B}$ を，A の初濃度 $[\mathrm{A}]_0 = 0.360\ \mathrm{mol\ dm^{-3}}$ で開始し，生成物 B の濃度 [B] を測定したところ，次のような結果を得た．

t/s	[B]/mol $\mathrm{dm^{-3}}$
0	0
400	0.220
800	0.400
1200	0.540

以下の問に答えよ．

(1) 各反応時間 t での A の濃度 [A] を求めよ．

(2) それぞれの反応時間の間では [A] が線形で減少していると仮定して，t_{ave} = 200，600，1000 s での A の濃度 $[A]_{ave}$ および A の減少速度 v_{ave} を計算せよ．

(3) $\log_{10} v_{ave}$ を縦軸，$\log_{10} [A]_{ave}$ を横軸にとって，結果をプロットせよ．得られた直線関係から，A に対する反応次数として最も適した整数または半整数の値を求めよ．また，反応速度定数も求めよ．

(4) 求められた反応次数，反応速度定数を用いて，各反応時間における [A] を積分法により計算し，得られた反応速度式が正しいことを確かめよ．

5.2　A と B の 2 種類の反応物による反応 A + B → P を，$[A]_0 \ll [B]_0$ を満たす諸条件で調べ，A の濃度が初濃度 $[A]_0$ の半分になるまでに要する時間，すなわち半減期 $t_{1/2}$ を測定したところ，以下のような結果を得た．

	$[A]_0$/mol dm^{-3}	$[B]_0$/mol dm^{-3}	$t_{1/2}$/s
条件 1	1.0×10^{-6}	1.0×10^{-4}	6.9×10^{-4}
条件 2	2.0×10^{-6}	1.0×10^{-4}	6.9×10^{-4}
条件 3	4.0×10^{-6}	1.0×10^{-4}	6.9×10^{-4}
条件 4	4.0×10^{-6}	2.5×10^{-4}	4.4×10^{-4}
条件 5	4.0×10^{-6}	4.0×10^{-4}	3.5×10^{-4}
条件 6	4.0×10^{-6}	1.0×10^{-3}	2.2×10^{-4}

反応による [B] の変化は無視できる，すなわち，定数 $k_A = k[B]_0^{n_B}$ を用いて反応速度が $v = k_A[A]^{n_A}$ で表せるとして以下の問に答えよ．ただし，必要ならば $\ln 2 = 0.69$ を用いよ．

(1) 条件 1 から 3 の半減期をもとに，反応速度を $v = k_A[A]^{n_A}$ で表したときの反応次数 n_A がいくつか，推定せよ．また，条件 1 から 6 それぞれでの定数 k_A を求めよ．

(2) 横軸に $\log_{10} [B]_0$，縦軸に $\log_{10} k_A$ をとって条件 3 から 6 の結果をプロットすることにより，B に対する反応次数 n_B および反応速度定数 k の値を求めよ．

5.3　正反応が A，B それぞれに対して 1 次，逆反応が P に対して 1 次である可逆的な反応

$$A + B \longrightarrow P \qquad 2\ 次反応速度定数\ k_{\mathrm{I}}$$

$$P \longrightarrow A + B \qquad 1\ 次反応速度定数\ k_{-\mathrm{I}}$$

により平衡状態にある系の温度を T_1 から T_2 に瞬間的に変え，新しい平衡状態へ向かうときの濃度の時間変化を調べた．新しい平衡状態での A，B，P の濃度をそれぞれ $[A]_{2eq}$，$[B]_{2eq}$，$[P]_{2eq}$，温度 T_2 における正反応の 2 次反応速度定数を k_{I}，逆反応の 1 次反応速度定数を $k_{-\mathrm{I}}$ として，以下の問に答えよ．

(1) 新しい平衡状態に向かうときのAの濃度を[A]として，y を

$$y = [\mathrm{A}] - [\mathrm{A}]_{\mathrm{eq2}}$$

で表したとき，以下の式が成り立つことを示せ.

$$\frac{\mathrm{d}y}{\mathrm{d}t} = -k_{\mathrm{I}}\,y^2 - \{k_{\mathrm{I}}([\mathrm{A}]_{\mathrm{eq2}} + [\mathrm{B}]_{\mathrm{eq2}}) + k_{-\mathrm{I}}\}y$$

(2) 上の式で $k_{\mathrm{I}}\,y^2$ の項を無視したとき，緩和時間 τ_{relax} は,

$$\tau_{\mathrm{relax}} = \frac{1}{k_{\mathrm{I}}([\mathrm{A}]_{\mathrm{eq2}} + [\mathrm{B}]_{\mathrm{eq2}}) + k_{-\mathrm{I}}}$$

で表されることを示せ.

(3) 温度 T_2 における平衡定数を K として，k_{I} を，(2) で表される τ_{relax} と K を用いて表せ.

第6章 衝突と反応

反応速度定数は反応を定量的に特徴づける量であり，その大きさから反応のしやすさがわかる．原子や分子が衝突して実際に反応が進行するまでの過程を調べ，二分子素反応の反応速度定数が何で決まるかを考える．

6.1 粒子の速度分布[†1]

気相中の個々の粒子はいろいろな速度で運動し，互いに衝突してその速度は絶えず変化している．しかし，温度一定の平衡状態では，粒子の速度の分布は時間によらない．粒子は三次元の空間（x 方向，y 方向，z 方向）を動き回る．粒子の速度ベクトルの起点を座標の原点にとって，x 軸，y 軸，z 軸への射影成分を，それぞれ v_x, v_y, v_z とする（**図6.1**）．そのうち，まず v_x にのみ着目する．全粒子数を N, v_x と $v_x + \mathrm{d}v_x$ の間の速度をもつ粒子数を $\mathrm{d}N_x$ とすると，$\mathrm{d}N_x$ は N と速度範囲 $\mathrm{d}v_x$ に比例するはずであるから，$\mathrm{d}N_x = Nf(v_x)\mathrm{d}v_x$ となる．ここで導入した関数 $f(v_x)$ を**分布関数**という．$\mathrm{d}N_x/N = f(v_x)\mathrm{d}v_x$ であるから，$f(v_x)\mathrm{d}v_x$ は v_x と $v_x + \mathrm{d}v_x$ の間の速度をもつ粒子の確率である．温度 T の平衡状態では，$f(v_x)$ は次式で与えられる．

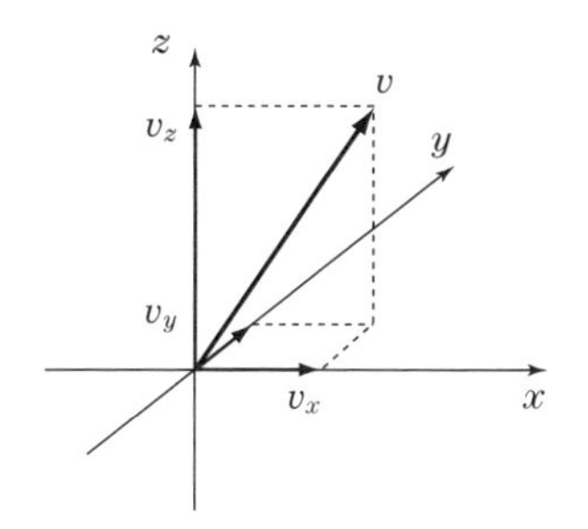

図6.1　粒子の速度と座標

$$f(v_x) = \left(\frac{m}{2\pi k_\mathrm{B}T}\right)^{\frac{1}{2}} \exp\left(-\frac{\frac{1}{2}mv_x^{\,2}}{k_\mathrm{B}T}\right) \tag{6.1.1}$$

[†1] 高等学校の物理では「速度」はベクトル，「速さ」はスカラーとして厳密に区別したが，大学の教科書では，必ずしも厳密に区別しないことに注意する．

ここで，m は粒子の質量，k_B はボルツマン定数である．(6.1.1) を**ボルツマンの分布関数**という．v_x は $-\infty$ から $+\infty$ の範囲の値をとるから，v_x の全確率：$\int_{-\infty}^{\infty} f(v_x)\mathrm{d}v_x = 1$ となる (例題参照)．

［**例題 6.1**］ 式 (6.1.1) について，$\int_{-\infty}^{\infty} f(v_x)\mathrm{d}v_x = 1$ となることを示せ．ただし $\int_0^{\infty} \exp(-ax^2)\mathrm{d}x = \frac{1}{2}\left(\frac{\pi}{a}\right)^{\frac{1}{2}}$ $(a > 0)$ である．

［**解**］ 指数関数の部分を積分すると

$$\int_{-\infty}^{\infty} \exp\left(-\frac{\frac{1}{2}mv_x^2}{k_\mathrm{B}T}\right)\mathrm{d}v_x = \left(\frac{2\pi k_\mathrm{B}T}{m}\right)^{\frac{1}{2}}$$

であるので，$\int_{-\infty}^{\infty} f(v_x)\mathrm{d}v_x = 1$ となる．

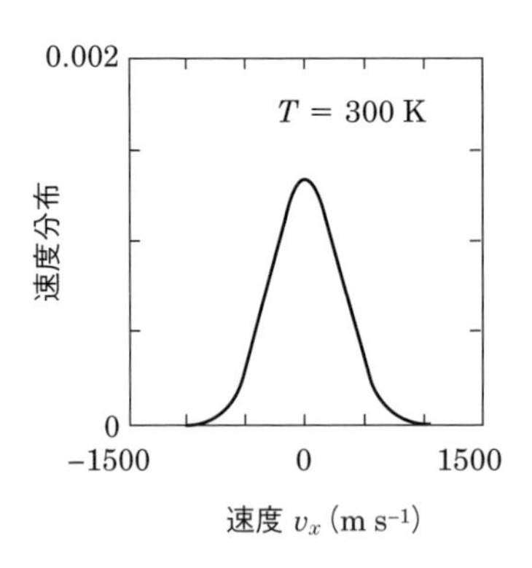

図 6.2　窒素分子の速度分布

なお，(6.1.1) で，実際に分布の形を決めているのは指数関数の部分であり，その前の定数 $\left(\frac{m}{2\pi k_\mathrm{B}T}\right)^{1/2}$ は，$\int_{-\infty}^{\infty} f(v_x)\mathrm{d}v_x = 1$ とする (規格化する) ための定数 (**規格化定数**) である．温度 300 K として，窒素分子の速度分布を**図 6.2** に示す．$v_x = 0\ \mathrm{m\ s^{-1}}$ で最大の値をとり，速度の大きさが大きくなるにしたがって，割合は減少する．

y 方向，z 方向についても同じように考えてよいので，分布関数の形は同じになる (**図 6.3**)．

$$f(v_y) = \left(\frac{m}{2\pi k_\mathrm{B}T}\right)^{\frac{1}{2}} \exp\left(-\frac{\frac{1}{2}mv_y^2}{k_\mathrm{B}T}\right) \qquad (6.1.2)$$

$$f(v_z) = \left(\frac{m}{2\pi k_\mathrm{B}T}\right)^{\frac{1}{2}} \exp\left(-\frac{\frac{1}{2}mv_z^2}{k_\mathrm{B}T}\right) \qquad (6.1.3)$$

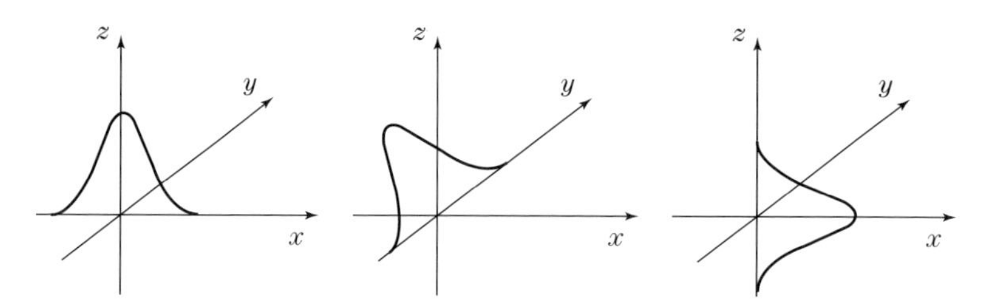

図 6.3　それぞれの速度成分に対するボルツマン分布

これらを組み合わせて，速度が v_x, v_y, v_z から $v_x+\mathrm{d}v_x$, $v_y+\mathrm{d}v_y$, $v_z+\mathrm{d}v_z$ の範囲にある粒子の確率を $F(v_x,\ v_y,\ v_z)\mathrm{d}v_x\mathrm{d}v_y\mathrm{d}v_z$ とすると

$$F(v_x,\ v_y,\ v_z)=f(v_x)f(v_y)f(v_z)$$
$$=\left(\frac{m}{2\pi k_\mathrm{B}T}\right)^{\frac{3}{2}}\exp\left(-\frac{\frac{1}{2}m{v_x}^2+\frac{1}{2}m{v_y}^2+\frac{1}{2}m{v_z}^2}{k_\mathrm{B}T}\right)$$
$$=\left(\frac{m}{2\pi k_\mathrm{B}T}\right)^{\frac{3}{2}}\exp\left(-\frac{\frac{1}{2}mv^2}{k_\mathrm{B}T}\right) \tag{6.1.4}$$

となる．ここでは，粒子の速度に対する関係式

$$\frac{1}{2}mv^2=\frac{1}{2}m{v_x}^2+\frac{1}{2}m{v_y}^2+\frac{1}{2}m{v_z}^2 \tag{6.1.5}$$

を用いた．

［**例題 6.2**］　三次元の空間を動く粒子が，$x=0$ の位置から $x=\delta$ の位置まで到達するのに必要な時間 $\bar{t}$ を，$x\geq 0$ の方向に動く粒子の平均速度 $\bar{v}_x$ から求めよ．

［**解**］　ボルツマン分布より，$x\geq 0$ の方向に動く粒子の v_x の平均は，

$$\bar{v}_x=\int_0^\infty v_xf(v_x)\,\mathrm{d}v_x=\left(\frac{m}{2\pi k_\mathrm{B}T}\right)^{\frac{1}{2}}\int_0^\infty v_x\exp\left(-\frac{\frac{1}{2}m{v_x}^2}{k_\mathrm{B}T}\right)\mathrm{d}v_x$$
$$=\left(\frac{m}{2\pi k_\mathrm{B}T}\right)^{\frac{1}{2}}\left[-\frac{k_\mathrm{B}T}{m}\exp\left(-\frac{\frac{1}{2}m{v_x}^2}{k_\mathrm{B}T}\right)\right]_0^\infty$$

$$= \left(\frac{m}{2\pi k_{\mathrm{B}}T}\right)^{\frac{1}{2}}\left(\frac{k_{\mathrm{B}}T}{m}\right)$$

$$= \sqrt{\frac{k_{\mathrm{B}}T}{2\pi m}}$$

となる．$x = 0$ の位置から $x = \delta$ の位置まで到達するのに必要な時間 $\bar{t}$ は

$$\bar{t} = \frac{\delta}{\bar{v}_x} = \delta\sqrt{\frac{2\pi m}{k_{\mathrm{B}}T}}$$

になる．

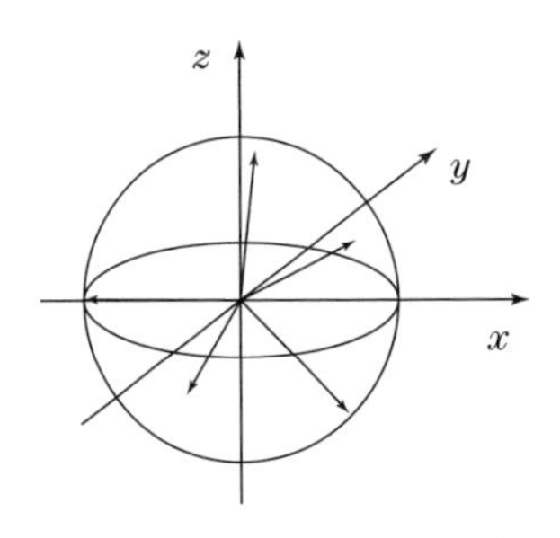

図6.4 同じ速度の大きさ（矢印の大きさ）で様々な方向に動く粒子

次に，粒子の速度の大きさの分布 $F(v)$ に着目する．式(6.1.4)の最後に得られた式の指数関数の中には v しか入っていないので，一見これが速度の大きさの分布関数と誤解しそうだがそうではない．(v_x, v_y, v_z) が違っていても，同じ速さ v で動く粒子の割合は同じであることを意味しているだけである．**図6.4**に，同じ速さで様々な方向へ動く粒子の例を示した．これら一つ一つの粒子が存在する割合が式(6.1.4)で与えられる．いま，粒子の速さのみに着目するならば，これらを全部足し合わせる必要がある．実際は，様々な方向に対して運動するものをすべて積分する．その手順としては，$\mathbf{v} = (v_x, v_y, v_z)$ で表記されている分布を球面座標 $\mathbf{v} = (v, \theta, \phi)$ で考えなおす．ここで，v は速度の大きさ，(θ, ϕ) は方位を表し，$\theta = 0 \sim \pi$, $\phi = 0 \sim 2\pi$ で全角度方向が網羅できる†1（脚注次ページ）．球面座標の積分要素 $v^2 \sin\theta \, \mathrm{d}v\mathrm{d}\theta\mathrm{d}\phi$（直交座標では $\mathrm{d}x\mathrm{d}y\mathrm{d}z$ に相当する）に注意して，角度方向に対して積分し，v と $v + \mathrm{d}v$ 間の速度をもつ粒子の確率 $F(v)\mathrm{d}v$ を求めると，

$$F(v)\,\mathrm{d}v = \int_0^{\pi}\int_0^{2\pi}\left(\frac{m}{2\pi k_{\mathrm{B}}T}\right)^{\frac{3}{2}}\exp\left(-\frac{\frac{1}{2}mv^2}{k_{\mathrm{B}}T}\right)v^2\mathrm{d}v\sin\theta\,\mathrm{d}\theta\,\mathrm{d}\phi$$

$$= \left(\frac{m}{2\pi k_{\mathrm{B}}T}\right)^{\frac{3}{2}}v^2\exp\left(-\frac{\frac{1}{2}mv^2}{k_{\mathrm{B}}T}\right)\mathrm{d}v\int_0^{\pi}\sin\theta\,\mathrm{d}\theta\int_0^{2\pi}\mathrm{d}\phi$$

$$= 4\pi\left(\frac{m}{2\pi k_{\mathrm{B}}T}\right)^{\frac{3}{2}}v^2\exp\left(-\frac{\frac{1}{2}mv^2}{k_{\mathrm{B}}T}\right)\mathrm{d}v \qquad (6.1.6)$$

となる．これを，粒子の速さを表す**マクスウェル-ボルツマン分布**という．窒素分子の速さの分布を**図6.5**に示す．温度によって分布が異なり，高温になるほど速さの分布は右側に移動することがわかる．

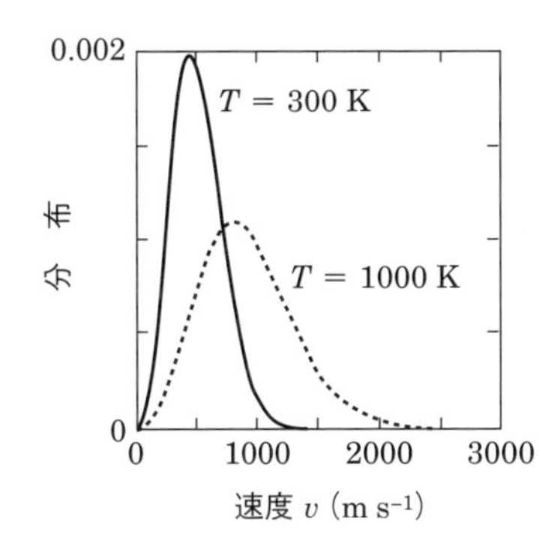

図6.5　窒素分子の速さの分布

[†1]　球対称なものを表す場合には，球面座標を用いた方が簡単である．地球上の場所を，経度，緯度，海抜の3つの座標で表すのに似ている．球面座標では (r, θ, ϕ) を用い，それぞれの範囲は $r = 0 \sim \infty$，$\theta = 0 \sim \pi$，$\phi = 0 \sim 2\pi$ である．直交座標との関係は

$x = r\sin\theta\cos\phi$

$y = r\sin\theta\sin\phi$

$z = r\cos\theta$

で，**図6.6(b)** にあるように，積分要素は

$r\sin\theta\,\mathrm{d}\phi\, r\mathrm{d}\theta\,\mathrm{d}r$

である．

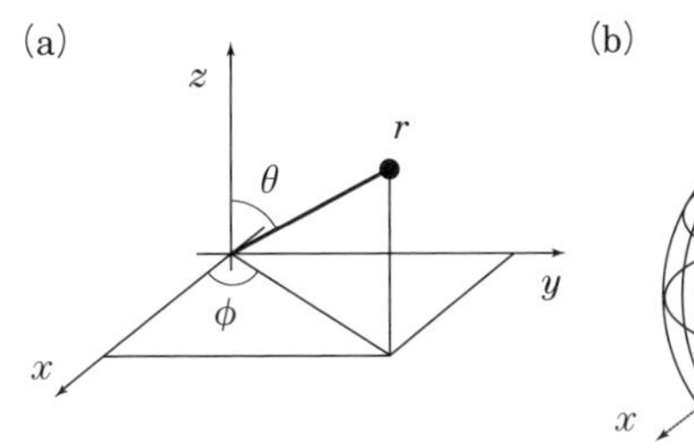

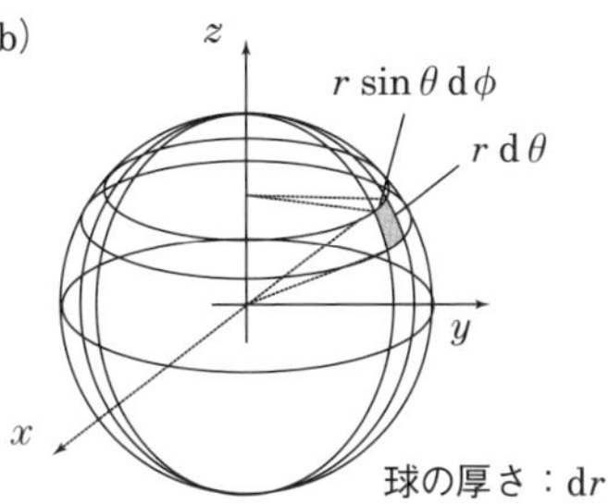

図6.6　球面座標とその積分要素

[**例題 6.3**]　式 (6.1.6) を用いて，速さの平均値を求めよ．ただし，$\int_0^\infty x^3 \exp(-ax^2)\,\mathrm{d}x = \frac{1}{2}a^{-2}$ である．

[**解**]　ある速さ v に対して，その値をとる割合が $F(v)$ で与えられているので，積をとって 0 から ∞ の範囲で積分すればよい．公式を用いて，

$$\bar{v} = \int_0^\infty vF(v)\,\mathrm{d}v = 4\pi\left(\frac{m}{2\pi k_\mathrm{B}T}\right)^{\frac{3}{2}}\int_0^\infty v^3 \exp\left(-\frac{\frac{1}{2}mv^2}{k_\mathrm{B}T}\right)\mathrm{d}v$$
$$= 4\pi\left(\frac{m}{2\pi k_\mathrm{B}T}\right)^{\frac{3}{2}} \times \frac{1}{2}\left(\frac{\frac{1}{2}m}{k_\mathrm{B}T}\right)^{-2} = \sqrt{\frac{8k_\mathrm{B}T}{\pi m}}$$

[例題 6.2] と比べれば，$\bar{v}_x = \frac{1}{4}\bar{v}$ になることがわかる．

式 (6.1.6) を出発点として，粒子の運動エネルギー分布 $F(\varepsilon)$ を求めることができる．粒子の運動エネルギー $\varepsilon = \frac{1}{2}mv^2$ なので，

$$F(v)\,\mathrm{d}v = 4\pi\left(\frac{m}{2\pi k_\mathrm{B}T}\right)^{\frac{3}{2}}\frac{2\varepsilon}{m}\exp\left(-\frac{\varepsilon}{k_\mathrm{B}T}\right)\mathrm{d}v \qquad (6.1.7)$$

また，

$$\mathrm{d}\varepsilon = mv\mathrm{d}v = m\sqrt{\frac{2\varepsilon}{m}}\,\mathrm{d}v = \sqrt{2\varepsilon m}\,\mathrm{d}v \qquad (6.1.8)$$

であるので，これを用いて

$$F(\varepsilon)\,\mathrm{d}\varepsilon = 4\pi\left(\frac{m}{2\pi k_\mathrm{B}T}\right)^{\frac{3}{2}}\frac{2\varepsilon}{m}\exp\left(-\frac{\varepsilon}{k_\mathrm{B}T}\right)\frac{\mathrm{d}\varepsilon}{\sqrt{2\varepsilon m}}$$
$$= 2\pi\left(\frac{1}{\pi k_\mathrm{B}T}\right)^{\frac{3}{2}}\sqrt{\varepsilon}\exp\left(-\frac{\varepsilon}{k_\mathrm{B}T}\right)\mathrm{d}\varepsilon \qquad (6.1.9)$$

である．

式 (6.1.9) より，運動エネルギーの平均値を求めることもできる．つまり

$$\bar{\varepsilon} = \int_0^\infty \varepsilon F(\varepsilon)\,\mathrm{d}\varepsilon = 2\pi\left(\frac{1}{\pi k_\mathrm{B}T}\right)^{\frac{3}{2}}\int_0^\infty \varepsilon^{\frac{3}{2}}\exp\left(-\frac{\varepsilon}{k_\mathrm{B}T}\right)\mathrm{d}\varepsilon \qquad (6.1.10)$$

を計算する．積分の計算では $\varepsilon = x^2$ とおき，$\mathrm{d}\varepsilon = 2x\mathrm{d}x$ を代入すれば，

$$\begin{aligned}\bar{\varepsilon} &= 2\pi\left(\frac{1}{\pi k_{\mathrm{B}}T}\right)^{\frac{3}{2}}\int_0^\infty x^3\exp\left(-\frac{x^2}{k_{\mathrm{B}}T}\right)2x\mathrm{d}x \\ &= 4\pi\left(\frac{1}{\pi k_{\mathrm{B}}T}\right)^{\frac{3}{2}}\int_0^\infty x^4\exp\left(-\frac{x^2}{k_{\mathrm{B}}T}\right)\mathrm{d}x \\ &= 4\pi\left(\frac{1}{\pi k_{\mathrm{B}}T}\right)^{\frac{3}{2}}\frac{3}{8}\sqrt{\pi}\left(\frac{1}{k_{\mathrm{B}}T}\right)^{-\frac{5}{2}} \\ &= \frac{3}{2}k_{\mathrm{B}}T \end{aligned} \tag{6.1.11}$$

となる[†1]．運動エネルギーは，x, y, z 方向に等価であることを考えれば，一方向あたり $\frac{1}{2}k_{\mathrm{B}}T$ の平均エネルギーをもつことがわかる．

6.2 相対速度

これまで学んできたように，原子や分子の結合の組換えやエネルギーの移動など，反応にはいろいろな様態がある．ただ，一部の例外を除いて共通していることとして，反応が進行するためには，まずこれらが「衝突する」ことが必要である．反応に関与する種として，原子や分子，イオン，ラジカルなど多様なものがあるが，ここではすべてをまとめて粒子と呼ぶことにする．

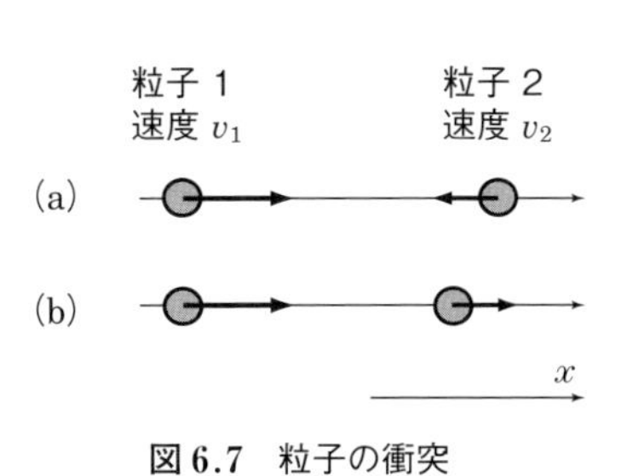

図 6.7　粒子の衝突

同じ線上を動く2つの粒子の衝突を考える．粒子1，粒子2の速度をそれぞれ v_1, v_2 とする．衝突の際に大事なのは2つの粒子の速度の関係である．つまり**図 6.7** の (a) の正面衝突の場合は $|v_1|+|v_2|$，(b) の追突する場合は $|v_1|-|v_2|$

---

†1　積分の公式

$$\int_0^\infty x^4\exp(-ax^2)\mathrm{d}x = \frac{3}{8}\sqrt{\pi}a^{-\frac{5}{2}}$$

を用いた．

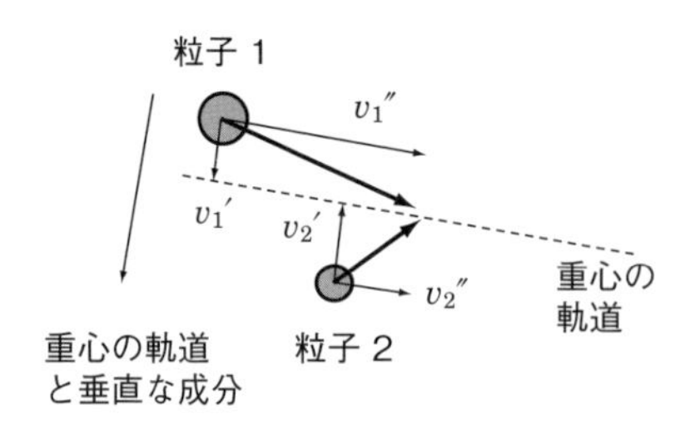

図6.8　速度ベクトルの分解

となる．(a) の場合は v_2 が x 軸と逆向き，(b) の場合は v_2 が x 軸と同じ向きなのでまとめることができて，いずれの場合も $v_1 - v_2$ となる．これを**相対速度**という．さらに，衝突ではその大きさが重要な量となるので，次のように相対速度 v_r を定義する．

$$v_\mathrm{r} = |v_1 - v_2| \tag{6.2.1}$$

実際には，全ての粒子が同じ線上を動いているわけではなくて，斜めから衝突する場合が多い．この場合は，**図6.8**に示すように，粒子の速度ベクトルを分解する．2つの粒子の重心の軌道を考え，それに平行な成分と垂直な成分に分ける．重心の位置に立ってみていれば，粒子1は $|v_1'|$ で，粒子2は $|v_2'|$ で2つの粒子の重心に向かって近づいてきて衝突することになる．ここで，相対速度は $v_1' - v_2'$ になる．また，その大きさは，

$$v_\mathrm{r} = |v_1' - v_2'| \tag{6.2.2}$$

になる．このように，粒子間の衝突を考える際には，相対速度の大きさが重要であることがわかる．相対速度の大きさが決まれば，一方の粒子は止まっていて，他方の粒子が，その速さで近づいて衝突すると考えてもよい．

6.3　衝突断面積

2つの粒子が同時に動く衝突は考えにくい．一方の粒子を標的粒子として止め，他方の粒子のみを，速さ v_r で標的に対して入射してもよい．ここでは，粒子が球状であるとして，その軌跡を考える．本来考えるべき，原子や分子は，必ずしも球状ではないし，境界面がはっきりしているわけではないが，最も単純なモデルとして，ビリヤードの球の衝突のような**剛体球**の衝突を考える．

標的粒子の半径を r_1，入射粒子の半径を r_2 とする．入射粒子の軌跡と平行でかつ標的粒子の中心を通る線を描けば，その間の距離が，**衝突径数** b という，

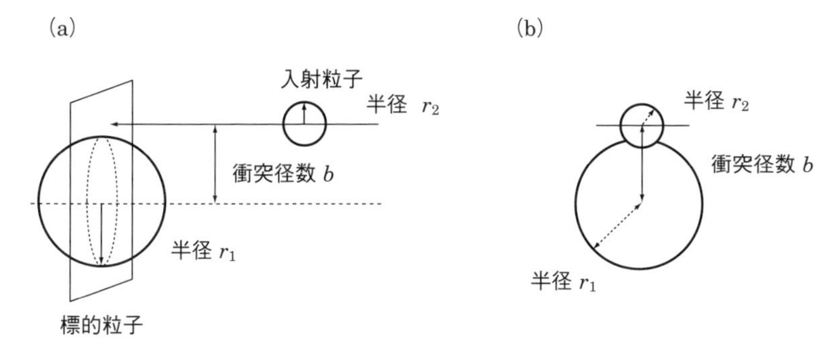

図 6.9 衝突径数 (a) 横方向から，(b) 背後から見た図

衝突の特徴を決める値になる (**図 6.9**)．衝突径数が充分に小さければ衝突し，大きければ衝突せずに通り抜ける．剛体球の衝突では，衝突が起こるぎりぎりの衝突径数 $b_{\max}$ は，2 つの粒子の半径の和

$$b_{\max} = r_1 + r_2 \tag{6.3.1}$$

となる[†1]．

図 6.9 (b) では，球状の標的粒子を背後から眺めていて，標的は円型に見える．標的粒子の円と入射粒子の円が交われば衝突が起こる．交わる条件を求めるために，入射粒子の大きさをゼロとして，そのぶん標的粒子を半径 $b_{\max}$ の円

[†1] 標的粒子と入射粒子の関係は，すべて図 6.9 のような図で表すことができる．例えば，**図 6.10** (a) のように，一見，入射粒子が外れていく場合でも，図を反時計回りに 20 度ほど回せば，入射粒子の軌跡を水平になるように描くことができ (**図 6.10** (b))，衝突径数を求めることができる．

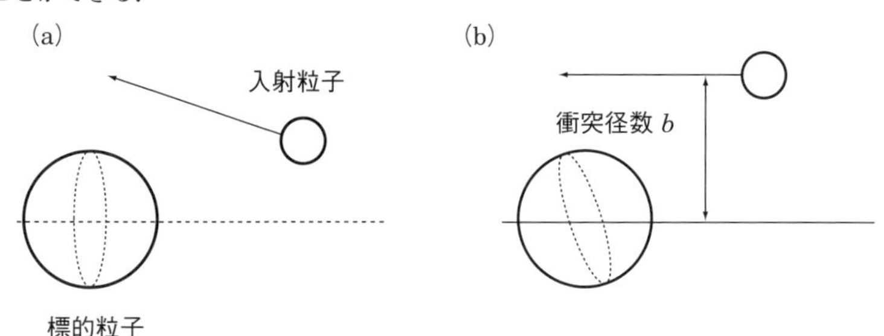

図 6.10 衝突径数の表記の仕方．(a) を反時計回りに約 20 度ほど回転させると (b) になる．

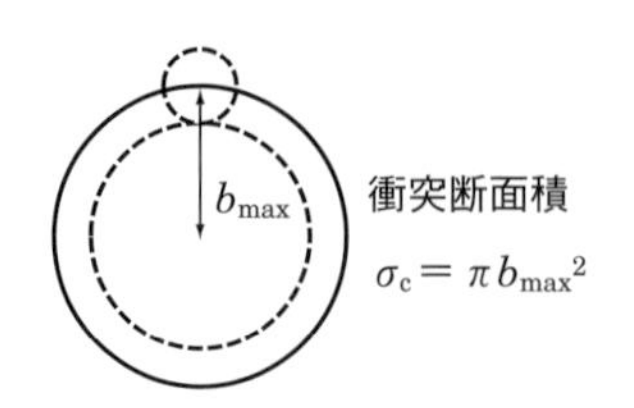

図6.11　衝突断面積

と考えてもよい（**図6.11**）．すると，標的粒子の円の面積は，

$$\sigma_c = \pi b_{max}^2 \tag{6.3.2}$$

となる．入射粒子の中心が，この円の中に入れば衝突が起こる．この面積のことを**衝突断面積**という．衝突断面積が大きいほど，衝突が起こりやすい．この「断面積 σ」という量は，反応の起こりやすさを表す量としても，よく用いられる．

6.4　衝突頻度

これまでに，標的粒子は止まっていて，入射粒子が v_r で標的に対して入射するとしてもよいこと，また標的粒子が衝突断面積 σ_c の大きさをもっていて，そのなかに入射粒子の中心が入れば衝突が起こることを説明した．単位時間あたりに粒子が何回衝突するかを表す量を**衝突頻度**という．これまで得られた値を用いて，粒子1と粒子2の衝突頻度 Z_{12} を求める．1個の標的粒子について，衝突断面積を底面，相対速度の大きさを高さとする円筒を考える（**図6.12**）．この円筒の中に入射粒子がいれば，単位時間の間に標的粒子に衝突するはずである．一方，円筒の外の粒子はそもそも的外れな位置にいるか，単位時間の中で標的に到達できない．円筒の体積は $\sigma_c v_r$ であるので，入射粒子の数密度を N_2 とおけば，単位時間あたり，1個の標的粒子についての衝突頻度は

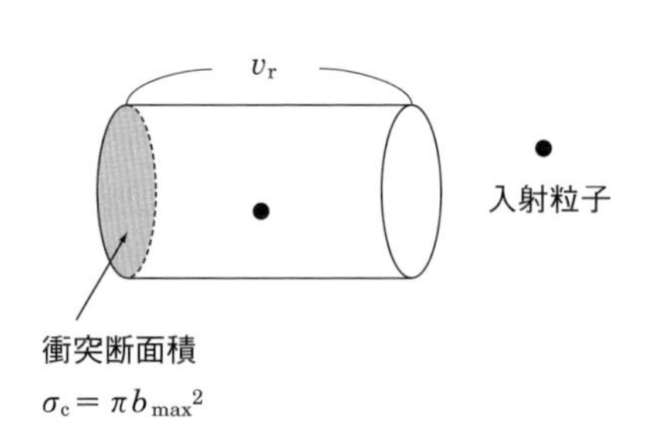

図6.12　衝突頻度の算出

$$Z = \sigma_c v_r N_2 \tag{6.4.1}$$

となる．さらに，標的粒子が数密度 N_1 で存在すれば，単位体積あたり粒子1と粒子2の衝突頻度は

$$Z_{12} = \sigma_c v_r N_1 N_2 = \pi b_{max}{}^2 v_r N_1 N_2 \qquad (6.4.2)$$

で与えられる．

化学反応の反応速度 v は，単位時間あたり，単位体積あたりに反応する分子の数に等しい．衝突すれば必ず反応すると仮定すれば，式 (6.4.2) は二分子素反応の反応速度に等しい．

6.5　反応断面積

現実には，衝突の仕方によって反応する場合としない場合がある．実際に反応に効いてくるのは，（重心の運動ではなく）相対運動の運動エネルギー ε_r である．粒子 1 と粒子 2 の間の相対運動の運動エネルギーは，相対速度の大きさ v_r と**換算質量** $\mu(\equiv m_1 m_2/(m_1+m_2))$（付録 A.1 参照）を用いて，

$$\varepsilon_r = \frac{1}{2}\mu v_r{}^2 \qquad (6.5.1)$$

で与えられる．充分な運動エネルギーをもって衝突すれば反応は進行し，エネルギー不足であれば反応は進行しない．反応のしやすさを断面積で表せば，**反応断面積**は，衝突断面積よりも小さく，運動エネルギーによって変化する．そこで，反応断面積の ε_r 依存性を $\sigma(\varepsilon_r)$ と書くことにする．

反応断面積を求めるための，一番簡単なモデルとして，剛体球を考える．これまで考えてきたように，粒子は相対速度 v_r，衝突径数 b で入射する．標的粒子にぶつかったとき，粒子の中心を結ぶ方向にのみ力が働く．この方向の運動エネルギー ε_c は，**図 6.13 (b)** から，

$$\varepsilon_c = \frac{1}{2}\mu v_c{}^2 = \frac{1}{2}\mu(v_r{}^2\cos^2\theta) \qquad (6.5.2)$$

である．ここで，v_c は，粒子の中心を結ぶ方向の速度成分である．角度 θ については，

$$\sin\theta = \frac{b}{b_{max}} \qquad (6.5.3)$$

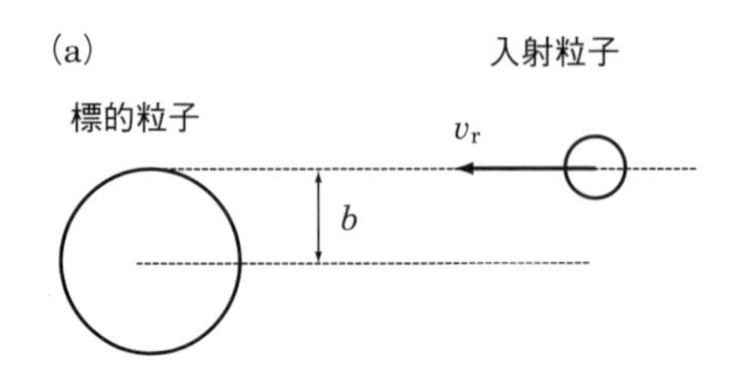

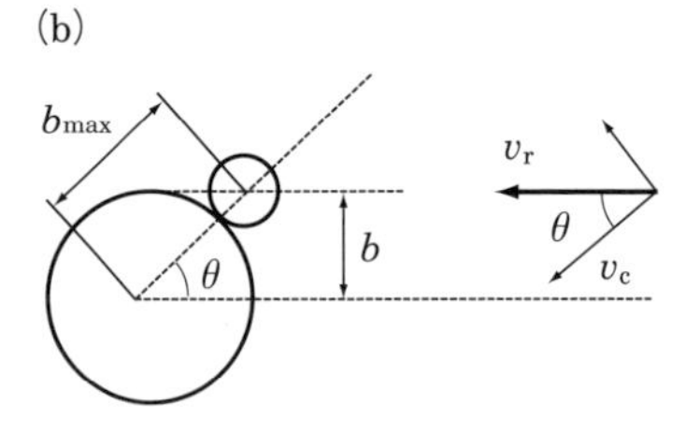

図 6.13　粒子間の衝突の関係

$$\cos^2\theta = 1 - \sin^2\theta = 1 - \left(\frac{b}{b_{max}}\right)^2 \tag{6.5.4}$$

の関係が成り立つので，これを代入すれば，

$$\begin{aligned}\varepsilon_c &= \frac{1}{2}\mu {v_r}^2\left(1 - \frac{b^2}{{b_{max}}^2}\right)\\ &= \varepsilon_r\left(1 - \frac{b^2}{{b_{max}}^2}\right)\end{aligned} \tag{6.5.5}$$

となる．式 (6.5.5) から反応の際に有効な運動エネルギー ε_c は，$b = 0$ であれば ε_r に等しい．b が大きくなるに従って ε_c は小さくなり，$b = b_{max}$ で 0 になる．つまり標的に対して「ど真ん中」に当たれば相対エネルギーに等しいエネルギーが衝突方向に使え，かするように衝突する場合は，反応の際に効いてくる運動エネルギー ε_c は小さくなる．したがって，衝突した場合の反応の確率 P は，ε_r と b によって変化する．そこで，それを $P(\varepsilon_r, b)$ とおく．

最も単純なモデルは，この反応が進行するために，あるしきいエネルギー ε^* があって，ε_c がこれよりも大きければ必ず反応し，小さければ全く反応しないと考える．つまり，

$$\varepsilon_c \geq \varepsilon^* \text{ のとき}\quad P(\varepsilon_r, b) = 1 \tag{6.5.6}$$

$$\varepsilon_c < \varepsilon^* \text{ のとき}\quad P(\varepsilon_r, b) = 0 \tag{6.5.7}$$

である．**図 6.14** を参照すれば，衝突径数 b^* でしきいエネルギー ε^* になるので，

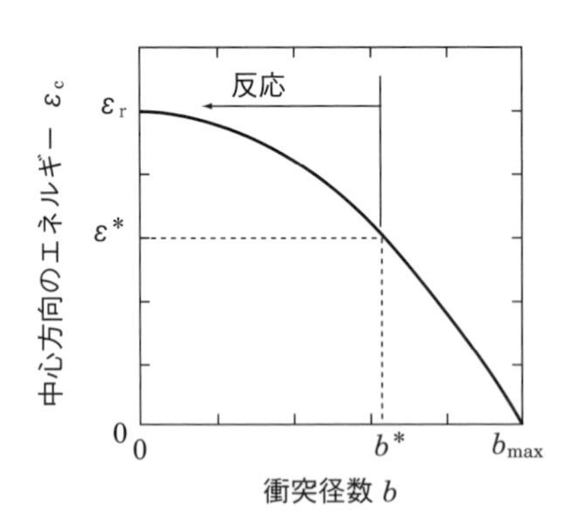

図 6.14　粒子の中心を結ぶ方向のエネルギーと衝突径数の関係

$b \leq b^*$ のとき　$P(\varepsilon_r,\, b) = 1$

(6.5.8)

$b > b^*$ のとき　$P(\varepsilon_r,\, b) = 0$

(6.5.9)

となる（図 6.15 実線）.

反応確率 $P(\varepsilon_r,\, b)$ から，反応断面積は以下の式を用いて計算することができる.

$$\sigma(\varepsilon_r) = \int_0^\infty P(\varepsilon_r,\, b)\, 2\pi b\, \mathrm{d}b \tag{6.5.10}$$

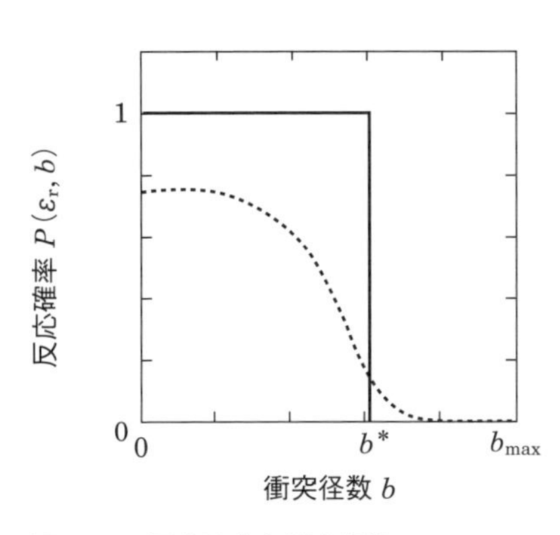

図 6.15　反応確率と衝突径数
式 (6.5.8) と (6.5.9) は実線で表される

この積分は，反応確率を足し合わせることに相当するが，中心からの距離 b に対して積分するので，積分要素が $2\pi b\, \mathrm{d}b$ となることに注意する.

図 6.15 のように，ε_c がしきいエネルギー ε^* より大きい範囲で反応が起こる場合の反応断面積を求めよう．まず ε^* と b^* については以下の関係が成り立つ.

$$\varepsilon^* = \varepsilon_r \left(1 - \frac{b^{*2}}{{b_{max}}^2}\right) \tag{6.5.11}$$

したがって，$\varepsilon^* \leq \varepsilon_r$ の範囲で，式 (6.5.11) を書き換えて

$$b^* = b_{max}\sqrt{1 - \frac{\varepsilon^*}{\varepsilon_r}} \tag{6.5.12}$$

である．式 (6.5.10) より，

$$\sigma(\varepsilon_r) = \int_0^\infty P(\varepsilon_r,\, b)\, 2\pi b\, \mathrm{d}b = \int_0^{b^*} 2\pi b\, \mathrm{d}b = [\pi b^2]_0^{b^*} = \pi {b_{max}}^2 \left(1 - \frac{\varepsilon^*}{\varepsilon_r}\right) \tag{6.5.13}$$

となる．ただし，$\varepsilon^* \geq \varepsilon_r$ では $\sigma(\varepsilon_r) = 0$ である.

このようにして求めた反応断面積とエネルギー ε_r の関係を**図 6.16** に示す.

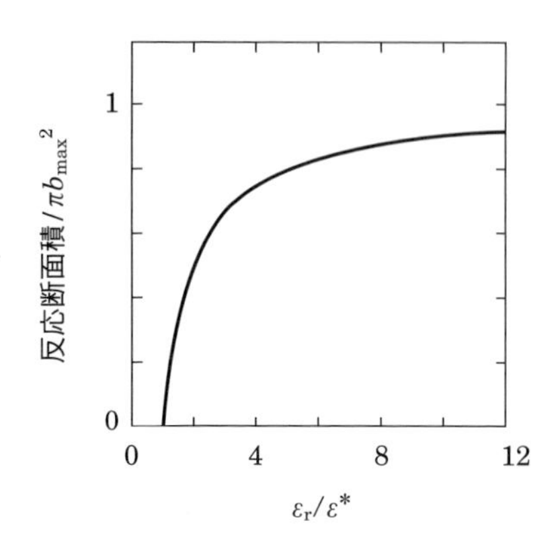

図6.16 反応断面積と衝突エネルギーの関係

$\varepsilon_r = \varepsilon^*$ で反応断面積は0から立ち上がり，ε_r がしきいエネルギーの3倍程度の領域まで反応断面積は急激に増加する．そののち，ゆっくりと増加して，ε_r が充分に大きい領域では，反応断面積は πb_{max}^2 に近づいていく．

しかし，実際には反応確率はもっと複雑である．衝突径数が0であっても反応確率は1にならないし，また衝突径数が大きくなるに従って，なだらかに減少すると考えられる（図6.15の破線）．ただしその場合でも，もし反応確率 $P(\varepsilon_r, b)$ がわかれば，式(6.5.10)を用いて，反応断面積を求めることはできる．

6.6 素反応の反応速度定数

粒子1と粒子2の衝突頻度 Z_{12} は，衝突断面積 σ_c を用いて，式(6.4.2)で与えられる．衝突すれば必ず反応して生成物ができるのであれば，その反応速度はやはり式(6.4.2)で与えられる．しかし実際には，反応断面積は衝突断面積よりも小さくなる．一般的な反応速度は，σ_c の代わりに $\sigma(\varepsilon_r)$ を用いて，

$$v = \sigma(\varepsilon_r)v_r N_1 N_2 \tag{6.6.1}$$

と書き表すことができる．一方，2次の化学反応で，反応速度が粒子1の数密度 N_1 と粒子2の数密度 N_2 に比例するとき，反応速度は

$$v = k(\varepsilon_r)N_1 N_2 \tag{6.6.2}$$

と書く．ここで，$k(\varepsilon_r)$ は速度定数である．これらを比較すると，速度定数は

$$k(\varepsilon_r) = \sigma(\varepsilon_r)v_r \tag{6.6.3}$$

と反応断面積と関連していることがわかる．

速度定数は，粒子1と粒子2の相対的な運動エネルギー ε_r で変化する．ただ実際の反応で，運動エネルギーを正確に決めて反応を調べるのはごくまれで，

一般的には反応温度 T を決めて反応させる．そこで，まず運動エネルギーと温度の関係を考え，そののちに速度定数と温度の関係を求めることにする．

6.1 節で説明した通り，熱平衡状態にある粒子の運動エネルギーは，温度 T を用いてマクスウェル-ボルツマン分布（**図 6.17**）で与えられる．この分布関数から，温度 T のとき，エネルギーが $\varepsilon_{\mathrm{r}} \sim \varepsilon_{\mathrm{r}} + \mathrm{d}\varepsilon_{\mathrm{r}}$ にある粒子の割合を求めることができる．例えば 500 K では，エネルギーが 0.100 eV から 0.101 eV の間にある粒子の割合は 0.392 %，0.200 eV から 0.201 eV の間にある粒子の割合は 0.054 % という具合である．

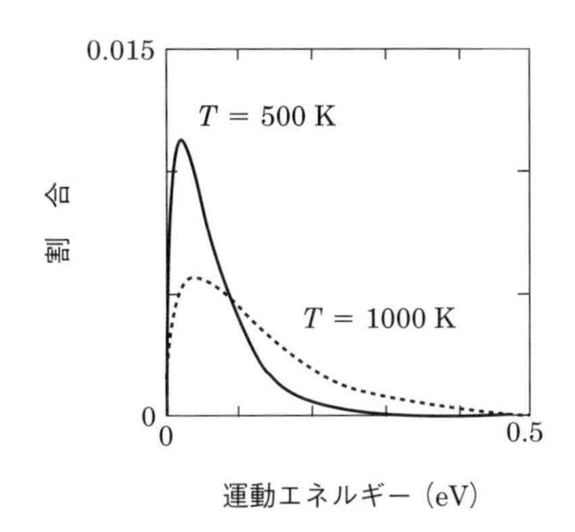

図 6.17　粒子の運動エネルギー分布

相対運動の運動エネルギーと速度の大きさは，式 (6.5.1) で与えられる．したがって，相対速度の大きさは，

$$v_{\mathrm{r}} = \sqrt{\frac{2\varepsilon_{\mathrm{r}}}{\mu}} \tag{6.6.4}$$

である．例えば，水素原子（原子量 1.01）と水素分子（分子量 2.02）の衝突であれば，換算質量は

$$\mu = \frac{m_{\mathrm{H}} \cdot m_{\mathrm{H_2}}}{m_{\mathrm{H}} + m_{\mathrm{H_2}}} = 0.112 \times 10^{-26}\ \mathrm{kg} \tag{6.6.5}$$

である（p.118 の例題 6.4 参照）．したがって，相対運動の運動エネルギーが 0.100 eV (1.60×10^{-20} J) であれば，そのときの速さは

$$v_{\mathrm{r}} = \sqrt{\frac{2\varepsilon_{\mathrm{r}}}{\mu}} = \sqrt{\frac{2 \times 1.60 \times 10^{-20}\ \mathrm{kg\ m^2\ s^{-2}}}{0.112 \times 10^{-26}\ \mathrm{kg}}} = 5.35 \times 10^3\ \mathrm{m\ s^{-1}} \tag{6.6.6}$$

となる．これらより，0.100 eV のときの速度定数は，$k(0.100) = \sigma(0.100) \times 5.35 \times 10^3$ となり，これが粒子全体の 0.392 % 分に相当する．ほかのエネル

ギーの粒子に対しても同様の計算を行い，これらに粒子の割合をかけて足し合わせれば，500 K のときの反応速度定数を求めることができるはずである．ただこの足し合わせは，積分をすることと同じなので，一般的には，以下の積分を行う．

$$k(T) = \int_0^\infty \sigma(\varepsilon_\mathrm{r}) v_\mathrm{r} 2\pi \left(\frac{1}{\pi k_\mathrm{B} T}\right)^{\frac{3}{2}} \sqrt{\varepsilon_\mathrm{r}} \exp\left(-\frac{\varepsilon_\mathrm{r}}{k_\mathrm{B} T}\right) \mathrm{d}\varepsilon_\mathrm{r} \qquad (6.6.7)$$

積分記号の中の $\sigma(\varepsilon_\mathrm{r}) v_\mathrm{r}$ は $k(\varepsilon_\mathrm{r})$ を，その後ろの部分はエネルギー ε_r をもつ粒子の割合を表す．これを図 6.15 にあるようなしきいエネルギーをもって反応するモデルに適用する．式 (6.5.13) および式 (6.6.4) を代入すれば

$$\begin{aligned} k(T) &= 2\pi \left(\frac{1}{\pi k_\mathrm{B} T}\right)^{\frac{3}{2}} \int_{\varepsilon^*}^\infty \pi {b_\mathrm{max}}^2 \left(1 - \frac{\varepsilon^*}{\varepsilon_\mathrm{r}}\right) \sqrt{\frac{2\varepsilon_\mathrm{r}}{\mu}} \sqrt{\varepsilon_\mathrm{r}} \exp\left(-\frac{\varepsilon_\mathrm{r}}{k_\mathrm{B} T}\right) \mathrm{d}\varepsilon_\mathrm{r} \\ &= 2\pi^2 {b_\mathrm{max}}^2 \left(\frac{1}{\pi k_\mathrm{B} T}\right)^{\frac{3}{2}} \sqrt{\frac{2}{\mu}} \int_{\varepsilon^*}^\infty (\varepsilon_\mathrm{r} - \varepsilon^*) \exp\left(-\frac{\varepsilon_\mathrm{r}}{k_\mathrm{B} T}\right) \mathrm{d}\varepsilon_\mathrm{r} \\ &= \pi {b_\mathrm{max}}^2 \sqrt{\frac{8 k_\mathrm{B} T}{\pi \mu}} \int_{\varepsilon^*}^\infty \frac{(\varepsilon_\mathrm{r} - \varepsilon^*)}{k_\mathrm{B} T} \exp\left(-\frac{\varepsilon_\mathrm{r}}{k_\mathrm{B} T}\right) \frac{\mathrm{d}\varepsilon_\mathrm{r}}{k_\mathrm{B} T} \qquad (6.6.8) \end{aligned}$$

となる．積分の部分のみを取り出して，

$$\begin{aligned} &\int_{\varepsilon^*}^\infty \frac{(\varepsilon_\mathrm{r} - \varepsilon^*)}{k_\mathrm{B} T} \exp\left(-\frac{\varepsilon_\mathrm{r}}{k_\mathrm{B} T}\right) \frac{\mathrm{d}\varepsilon_\mathrm{r}}{k_\mathrm{B} T} \\ &\qquad = \exp\left(-\frac{\varepsilon^*}{k_\mathrm{B} T}\right) \int_{\varepsilon^*}^\infty \frac{(\varepsilon_\mathrm{r} - \varepsilon^*)}{k_\mathrm{B} T} \exp\left(-\frac{\varepsilon_\mathrm{r} - \varepsilon^*}{k_\mathrm{B} T}\right) \frac{\mathrm{d}\varepsilon_\mathrm{r}}{k_\mathrm{B} T} \qquad (6.6.9) \end{aligned}$$

と書き換える．さらに，よりわかりやすくするために，$x = \dfrac{(\varepsilon_\mathrm{r} - \varepsilon^*)}{k_\mathrm{B} T}$ とおけば，

$$\text{式 (6.6.9)} = \exp\left(-\frac{\varepsilon^*}{k_\mathrm{B} T}\right) \int_0^\infty x \exp(-x)\, \mathrm{d}x = \exp\left(-\frac{\varepsilon^*}{k_\mathrm{B} T}\right) \qquad (6.6.10)$$

となる．ここで，$\int_0^\infty x \exp(-x)\, \mathrm{d}x = 1$ を用いた．以上をまとめると，

$$k(T) = \pi {b_\mathrm{max}}^2 \sqrt{\frac{8 k_\mathrm{B} T}{\pi \mu}} \exp\left(-\frac{\varepsilon^*}{k_\mathrm{B} T}\right) \qquad (6.6.11)$$

となる．例題6.3の結果から相対速度の平均値は $\bar{v}_{\mathrm{r}} = \sqrt{\dfrac{8k_{\mathrm{B}}T}{\pi\mu}}$ であることを用いれば，

$$k(T) = \pi b_{\max}{}^{2}\,\bar{v}_{\mathrm{r}} \exp\left(-\frac{\varepsilon^*}{k_{\mathrm{B}}T}\right) \tag{6.6.12}$$

が得られる．

反応速度定数の中身を見てみよう．$\pi b_{\max}{}^{2}\,\bar{v}_{\mathrm{r}}$ は，式(6.4.2)の前半部分に相当することがわかる（ただし $\bar{v}_{\mathrm{r}} = v_{\mathrm{r}}$ とする）．つまりこの部分は剛体球モデルで，相対速度 $\bar{v}_{\mathrm{r}}$ をもつ2個の粒子が単位時間あたりに衝突する確率を表す．一方，$\exp\left(-\dfrac{\varepsilon^*}{k_{\mathrm{B}}T}\right)$ の部分は，それらの衝突のうち，しきいエネルギーを超えて衝突するものの割合を表すと解釈することができる．

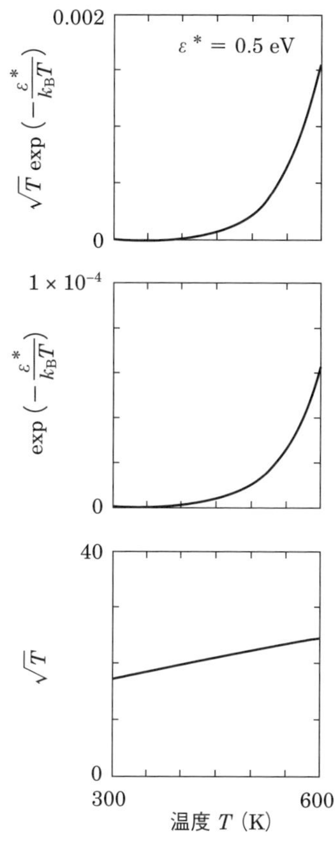

図6.18　反応速度定数の温度依存性

温度に対する変化を調べるために，式(6.6.11)の反応速度定数のうち温度によって変化する $\sqrt{T}\exp\left(-\dfrac{\varepsilon^*}{k_{\mathrm{B}}T}\right)$ の部分を，しきいエネルギーを0.5 eVとして**図6.18**に示した．速度定数は，温度上昇によって急激に変化している．さらに，そのなかで，$\exp\left(-\dfrac{\varepsilon^*}{k_{\mathrm{B}}T}\right)$ と $\sqrt{T}$ の温度に対する変化を分けて考えると，$\sqrt{T}$ は300 Kから600 Kの範囲で極わずか1.4倍程度しか変化していない．つまり速度定数の温度変化のほとんどの部分が $\exp\left(-\dfrac{\varepsilon^*}{k_{\mathrm{B}}T}\right)$ によるものであることがわかる．

[**例題 6.4**]　水素原子（原子量 1.01）と水素分子（分子量 2.02）からなるものの換算質量を求めよ．

[**解**]　水素原子の質量は 1.01 ではなく，それをアボガドロ定数で割ったものであることに注意する．また，質量の単位は kg とする．

$$\mu = \frac{(1.01\times10^{-3}/(6.02\times10^{23}))\ \mathrm{kg}\times(2.02\times10^{-3}/(6.02\times10^{23}))\ \mathrm{kg}}{(1.01\times10^{-3}/(6.02\times10^{23}))\ \mathrm{kg}+(2.02\times10^{-3}/(6.02\times10^{23}))\ \mathrm{kg}}$$
$$= 0.112\times10^{-26}\ \mathrm{kg}$$

コラム

気相クラスターの熱分解反応

原子や分子が数個～数千個集合した物質を**クラスター**という．構成する原子・分子の数（サイズ）によって物性や反応性が異なることから，サイズを分けて，個々のクラスターの性質を調べることが物質を知る上で重要である．

金属酸化物のクラスター M_nO_m（n, m は構成する原子の数を表す）は加熱されると分解して酸素分子 O_2 を放出する（$M_nO_m \rightarrow M_nO_{m-2} + O_2$）．実際の実験では，管の中をヘリウムで満たし，その管自体をヒーターで加熱する．管の中にクラスターを通し，出てきたクラスターの組成ごとの量を調べることで分解反応を明らかにすることができる．この反応は単分子素反応であるので 1 次反応であり，その反応速度定数を k，管に入る前の M_nO_m の量を I_0，管の後の M_nO_m の量を I とすれば，

$$I = I_0 \exp(-kt) \qquad ①$$

で表される．ここで，t は管を通過するのに必要な時間である．反応速度定数は，アレニウスの式を用いて

$$k = A\exp\left(-\frac{E_a}{k_B T}\right) \qquad ②$$

と表すことができる．これらを併せれば，I は，

$$\frac{I}{I_0} = \exp\left(-At\exp\left(-\frac{E_a}{k_B T}\right)\right) \qquad ③$$

と書き表すことができる．**図**は，金酸化物クラスター負イオン $Au_6^-O_2$ の量と，O_2 放出によって生成する金クラスター負イオン Au_6^- の量を温

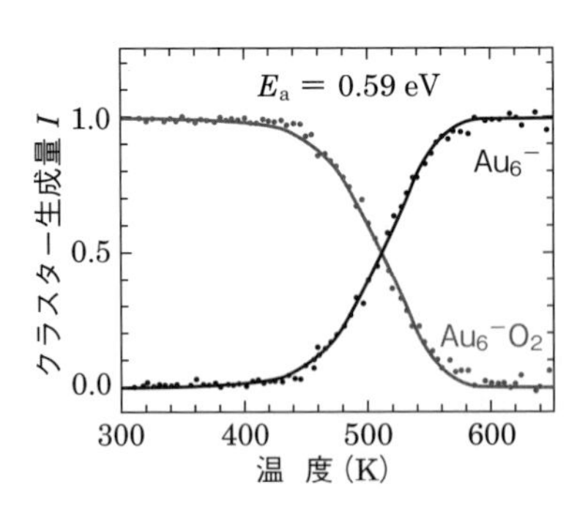

図　$Au_6^-O_2$ と Au_6^- の生成量の温度依存性

度に対してプロットしたものである．量の変化を式③を用いてフィッティングすることで，O_2 放出の活性化エネルギー E_a を求めることができる．

演習問題

6.1 温度 300 K，圧力 1.013×10^5 Pa の条件下で，空気中の1つの窒素分子に別の窒素分子が衝突する頻度を求める．ただし窒素分子は剛体球で近似し，分子の直径を 0.40 nm とする．

(1) 2個の窒素分子の換算質量を求めよ．

(2) 300 K での相対速度の大きさの平均値を求めよ．

(3) 1.013×10^5 Pa での窒素分子の数密度を求めよ．

(4) 衝突断面積を求めよ．

(5) 衝突頻度を計算せよ．

6.2 反応物 A と B から生成物 C ができる反応

$$\mathrm{A} + \mathrm{B} \Longrightarrow \mathrm{C}$$

について，衝突断面積が $\sigma = 1.0 \times 10^{-19}\,\mathrm{m}^2$，A と B の相対速度の大きさの平均が $\bar{v}_\mathrm{r} = 500\,\mathrm{m\,s^{-1}}$，この反応のしきいエネルギーが 1.0 eV とする．1000 K のときの反応速度定数を求めよ．

6.3 式 (6.1.6) のマクスウェル分布より，分布が極大となるときの速さを求めよ．

6.4 マクスウェル分布より気体分子の運動エネルギーの平均値を求めよ．ただし，

$$\int_0^\infty x^4 \exp(-ax^2)\,\mathrm{d}x = \frac{3}{8}\sqrt{\pi}\,a^{-\frac{5}{2}}$$

である．

6.5 式 (6.5.10) を用いて，剛体球モデル

$$b \le b_\mathrm{max} \text{ のとき} \quad P(\varepsilon_\mathrm{r}, b) = 1$$

$$b > b_\mathrm{max} \text{ のとき} \quad P(\varepsilon_\mathrm{r}, b) = 0$$

での衝突断面積を求めよ．

第7章 固体表面での反応

気相の分子が固体の表面に吸着してから反応するケースは極めて多い．とくに，実用でもよく使われる不均一触媒では，固体の表面が反応の場所となる．この章では，気相の分子が固体表面に吸着し，反応したのちに離れていくという一連の過程に注目する．

7.1 固体表面への分子の衝突

固体表面に気体が接しているとき，気相分子は表面にどれくらいの頻度で衝突するかを考えよう．表面に垂直な方向を z 軸とする．気体分子運動論より，粒子の z 軸方向の平均速度は

$$\overline{v}_z = \int_0^\infty v_z f(v_z)\,\mathrm{d}v_x = \sqrt{\frac{k_\mathrm{B}T}{2\pi m}} = \frac{1}{4}\overline{v} \tag{7.1.1}$$

である[†1]．

表面の面積を S とおけば，単位時間あたりに表面 S に衝突する頻度は $\frac{1}{4}\overline{v}S$ の円柱の中にある分子の数に等しい．単位面積あたりで表面に衝突する頻度 Z は，$S=1$ を代入し，気相分子の数密度を N とすれば，

$$Z = \frac{1}{4}\overline{v}N \tag{7.1.2}$$

になる（**図7.1**）．気相分子の数密度 N は，分子数を体積で割ったもので，容器中の気体の圧力を p とすれば，気体の状態方程式から

$$N = \frac{N_\mathrm{A}n}{V} = \frac{p}{k_\mathrm{B}T} \tag{7.1.3}$$

---

†1 例題6.2，6.3を参照．

となる．ここで N_A はアボガドロ定数である．これらをまとめれば

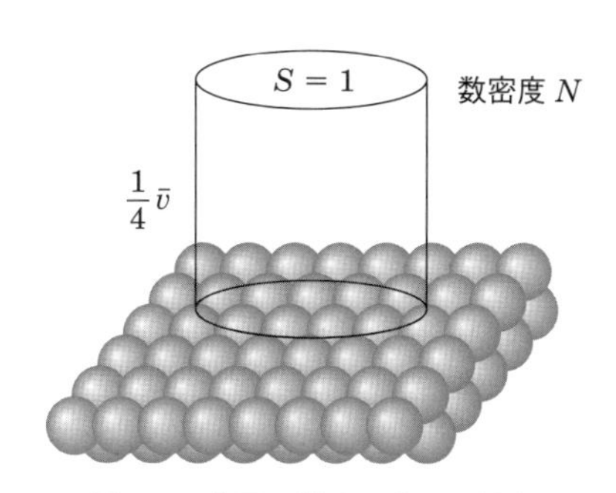

図 7.1　表面に対する分子の衝突

$$Z = \frac{1}{4}\bar{v}N = \sqrt{\frac{k_B T}{2\pi m}}\frac{p}{k_B T}$$

$$= \frac{p}{\sqrt{2\pi m k_B T}} \qquad (7.1.4)$$

となる．例として固体表面が容器中にあって，その容器の中に窒素分子 ($m = 4.65 \times 10^{-26}$ kg) が，圧力 1×10^5 Pa，温度 300 K であるとすれば，

$$Z = \frac{p}{\sqrt{2\pi m k_B T}} = \frac{1 \times 10^5 \text{ Pa}}{\sqrt{2 \times 3.14 \times 4.65 \times 10^{-26} \text{ kg} \times 1.38 \times 10^{-23} \text{ J K}^{-1} \times 300 \text{ K}}}$$

$$= 2.87 \times 10^{27} \text{ m}^{-2} \text{ s}^{-1} \qquad (7.1.5)$$

となる．固体表面の原子を球と見なして，原子半径からその円の面積を計算すると，1つの原子の面積はおよそ 5.0×10^{-20} m^2 になる†1．したがって，1原子あたりの衝突頻度 z は

$$z = 2.87 \times 10^{27} \text{ m}^{-2} \text{ s}^{-1} \times 5.0 \times 10^{-20} \text{ m}^2 = 1.4 \times 10^8 \text{ s}^{-1} \qquad (7.1.6)$$

と，激しい勢いで気相中の分子が固体表面上の原子に衝突していることになる．

7.2　表面吸着

固体表面での反応の最も特徴的な点は，分子が表面に**吸着**，表面から**脱離**することである．ある温度 T で，分子が「自然に」表面に吸着するならば，吸着によるギブズエネルギー変化 ΔG_{ads} は負になるはずである†2．

$$\Delta G_{ads} = \Delta H_{ads} - T\Delta S_{ads} < 0 \qquad (7.2.1)$$

ここで吸着とは表面に分子が付く過程なので，「ばらつき」が減少することになり，吸着にともなうエントロピーの変化 ΔS_{ads} は負である．それでも ΔG_{ads} が

†1　例えば，周期表の第4周期の遷移元素 Sc ～ Cu の原子半径は $1.44 \sim 1.17 \times 10^{-10}$ m で，その面積は $6.51 \sim 4.30 \times 10^{-20}$ m^2 となる．

†2　付録 A.2 参照．

負になるためには，吸着によるエンタルピー変化 ΔH_{ads} が，エントロピーの項を打ち消す程度に負の値をもつ，つまり表面に付着することで充分に安定化することが必要である．

表面への分子の吸着には，**物理吸着**と**化学吸着**がある．物理吸着は，分子と表面の間にはたらく分子間力によるもので，その相互作用は小さく，$-0.2\,\mathrm{eV} < \Delta H_{\mathrm{ads}} < -0\,\mathrm{eV}$ ($-20\,\mathrm{kJ\,mol^{-1}} < \Delta H_{\mathrm{ads}} < -0\,\mathrm{kJ\,mol^{-1}}$) が一般的である．一方，化学吸着は，分子と表面の間に化学結合を形成する場合である．この場合 $-8\,\mathrm{eV} < \Delta H_{\mathrm{ads}} < -0.5\,\mathrm{eV}$ ($-800\,\mathrm{kJ\,mol^{-1}} < \Delta H_{\mathrm{ads}} < -50\,\mathrm{kJ\,mol^{-1}}$) に達する．

表面への分子の物理吸着は，分子と表面の間に弱いながらも引力が働くことによる．分子が極性（双極子）をもつとすれば，固体表面の電荷分布がそれに応じて変化して，互いに引き合う引力となる．一方，分子が無極性であったとしても，分子と表面の電子雲が偏ることによって引力（分散力）が働くことになる．**図 7.2 (a)** は，分子と表面の距離 R に対する相互作用エネルギーを表す．分子が表面に近づくに従って，エネルギーが低下して安定化するが，極小値を超えるとエネルギーは急激に増加する．つまり，物理吸着としてはこれよりは近づけない．この極小値をとる R が，物理吸着時の表面と分子の距離となる．

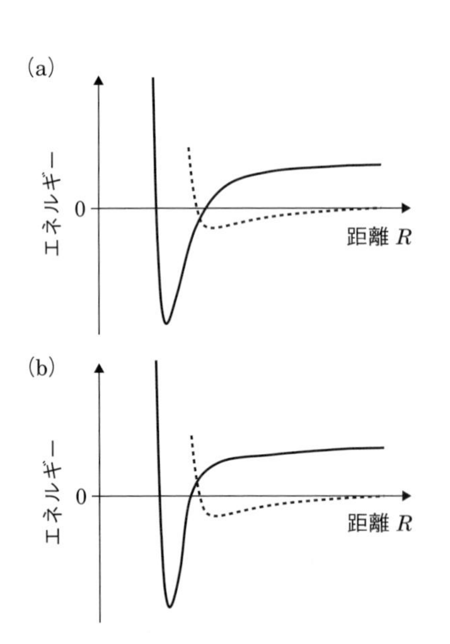

図 7.2 吸着のポテンシャルエネルギー図．実線は化学吸着，破線は物理吸着を示す．

化学吸着は，原子間に結合を形成するため，もっと近い距離でエネルギーが急激に変化する．化学吸着の方が，物理吸着よりも吸着エンタルピーの絶対値が大きい（図 7.2 で曲線のへこみの大きさに相当する）ために，エネルギー曲線は，R の小さなところでより深くなっている．物理吸着と化学吸着の曲線は交差しているが，この交点で，分子は物理吸着から化学吸着へと進行する可能性がある．比較的 R の大きな，分子と表面が離れたところでは，物理吸着につながる分子間相互作用が働く．物理吸着を経て，交点から化学吸着のエネルギー曲線に乗り移れば，化学吸着に移行するが，交点の付近は化学吸着への**活性化障壁**となっている[†1]．

図 7.2 (a) では，この障壁がエネルギーの基準点よりも低い．エネルギーの基準点は，分子が表面から無限に離れたところでのポテンシャルエネルギーとしているので，このケースでは，分子が表面に近づくと障壁を超えてすみやかに化学吸着に移行する．一方，**図 7.2 (b)** では，この障壁がエネルギーの基準点よりも高い．そのため，物理吸着から化学吸着に移行するためには，高い障壁を超える必要があり，分子が大きなエネルギーをもって表面に近づく必要がある．

7.3　吸 着 等 温 式

固体表面が気体にさらされて，気相分子が表面に吸着するときの吸着量を考える．吸着する場所 (**吸着サイト**という) は，表面によっても吸着分子によっても異なるが，代表的には，原子の真上 (on-top site)，2 個の原子を架橋する場所 (bridge site)，3 つ以上の原子で構成される間隙 (hollow site) などがある．ただ，ここでは，これらをすべて吸着サイトとして，吸着量を

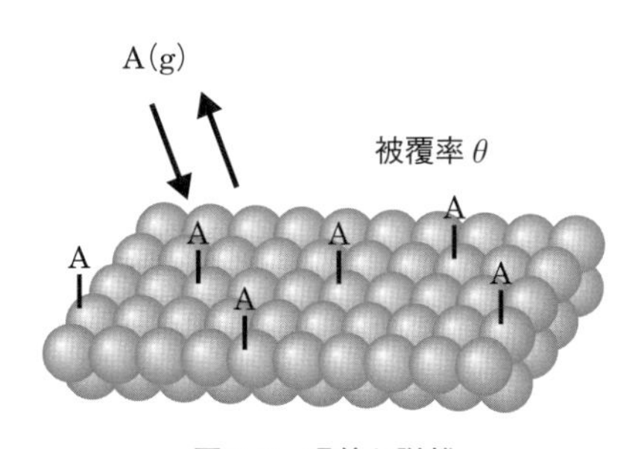

図 7.3　吸着と脱離

[†1]　化学吸着の曲線は，R が大きくなるに従って，エネルギーが基準点を超えて正の値をとっている．分子が表面に化学吸着したときの安定な構造と，表面から無限遠に離れたときの安定な構造は異なる．後者のエネルギーは，無限遠で 0 になるが，前者の構造はそれよりも不安定で，エネルギーが高くなる．図では，分子が化学吸着したときの安定な構造のみ考えているので，エネルギーが正の値となる．

定量的に考えることにする．

温度一定の条件で，表面の吸着量と，それと接触する気相分子の数密度の関係を**吸着等温式**という．ラングミュアの吸着等温式では，以下の仮定をする．

① 分子は表面の吸着サイトにのみ吸着し，吸着した分子どうしは相互作用しない．

② 吸着サイトが分子によって占められれば，他の分子は吸着できない．

気相分子を A(g)，吸着サイトを S(s) と書けば，吸着は以下のようになる．

$$\mathrm{A(g)} + \mathrm{S(s)} \Longrightarrow \mathrm{A\text{-}S(s)} \tag{7.3.1}$$

ここで，A-S(s) は，吸着サイトに吸着した分子 A を示す．同時に逆の反応，つまり脱離も進行する．

$$\mathrm{A\text{-}S(s)} \Longrightarrow \mathrm{A(g)} + \mathrm{S(s)} \tag{7.3.2}$$

上記仮定からわかるように，吸着は表面の吸着サイトの数によって変わる．分子によって占められている吸着サイトの割合を**被覆率** θ といい，

$$\theta = \frac{\text{分子で占められた吸着サイトの数}}{\text{表面の吸着サイトの数}} \tag{7.3.3}$$

で与えられる．

ここで，[A] を気相の分子の数密度[†1]，σ_0 を単位面積あたりの表面の吸着サイトの数，吸着の速度定数を k_a とすれば，吸着速度は，

$$v_\mathrm{a} = k_\mathrm{a}(1-\theta)\sigma_0[\mathrm{A}] \tag{7.3.4}$$

となる．吸着速度は [A] に比例し，また空いている吸着サイトの数 $(1-\theta)\sigma_0$ にも比例するので，これらに対する2次反応といえる．逆に脱離速度は，脱離の反応速度定数を k_d とすれば，

$$v_\mathrm{d} = k_\mathrm{d}\theta\sigma_0 \tag{7.3.5}$$

となる．平衡状態では，吸着と脱離の速度が等しい．

$$k_\mathrm{a}(1-\theta)\sigma_0[\mathrm{A}] = k_\mathrm{d}\theta\sigma_0 \tag{7.3.6}$$

吸着平衡定数を K_ads とおけば，

[†1] [A] を数密度としたが，濃度あるいは圧力としても同じように考えることができる．

$$K_{\mathrm{ads}} = \frac{k_{\mathrm{a}}}{k_{\mathrm{d}}} = \frac{\theta\sigma_0}{(1-\theta)\sigma_0[\mathrm{A}]} = \frac{\theta}{(1-\theta)[\mathrm{A}]} \quad (7.3.7)$$

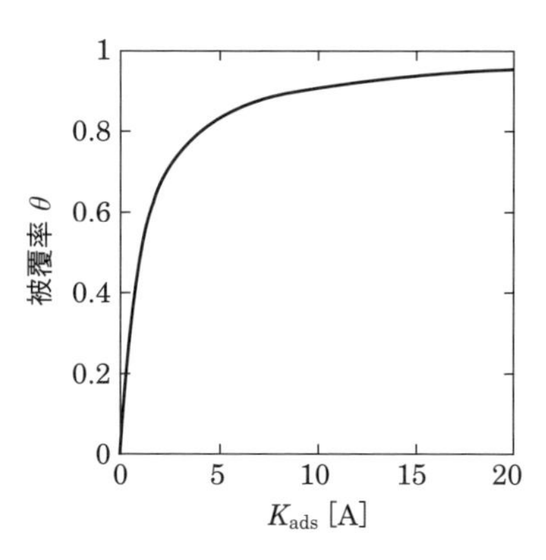

図 7.4　ラングミュアの吸着等温式による表面被覆率の $K_{\mathrm{ads}}[\mathrm{A}]$ に対する変化

となる．これを書き直せば

$$\theta = \frac{K_{\mathrm{ads}}[\mathrm{A}]}{1+K_{\mathrm{ads}}[\mathrm{A}]} \quad (7.3.8)$$

となる．これがラングミュアの吸着等温式である．**図 7.4** に被覆率 θ の $K_{\mathrm{ads}}[\mathrm{A}]$ に対する変化を示した．[A] が充分に小さい ($K_{\mathrm{ads}}[\mathrm{A}] \ll 1$) ときは，被覆率は [A] に比例して増加する．[A] が充分に大きいとき被覆率は 1 に近づく．

［**例題 7.1**］　ラングミュアの吸着式以外にも，実験結果をより良く再現するモデル式がある．ロギンスキー-ゼルドビッチ式では，以下のように表される．

吸着　$v_{\mathrm{a}} = k_{\mathrm{a}}[\mathrm{A}]\exp(-\alpha\theta)$

脱離　$v_{\mathrm{d}} = k_{\mathrm{d}}\exp(\beta\theta)$

吸着平衡時の被覆率を求めよ．

［**解**］　吸着平衡なので，$v_{\mathrm{a}} = v_{\mathrm{d}}$ が成り立つ．上式を代入して計算をすれば

$$\theta = \frac{1}{\alpha+\beta}\ln\frac{k_{\mathrm{a}}}{k_{\mathrm{d}}}[\mathrm{A}]$$

となる．

表面に 2 種類の分子 A と B が吸着する過程を考えよう．どちらも同じように吸着サイトに吸着するとし，A による被覆率を θ_{A}，B による被覆率を θ_{B} とおく．また，吸着の速度定数をそれぞれ $k_{\mathrm{a}}^{\mathrm{A}}$，$k_{\mathrm{a}}^{\mathrm{B}}$，脱離の速度定数を $k_{\mathrm{d}}^{\mathrm{A}}$，$k_{\mathrm{d}}^{\mathrm{B}}$ とおけば，分子 A の吸着速度は

$$v_{\mathrm{a}}{}^{\mathrm{A}} = k_{\mathrm{a}}^{\mathrm{A}}(1-\theta_{\mathrm{A}}-\theta_{\mathrm{B}})\sigma_0[\mathrm{A}] \quad (7.3.9)$$

になる．ここで，[A] は，気相にいる分子 A の数密度である．また，脱離速度は

$$v_d{}^A = k_d^A \theta_A \sigma_0 \tag{7.3.10}$$

である．吸着平衡が成り立つとき，吸着と脱離の速度は等しい．

$$k_a^A (1-\theta_A-\theta_B)\sigma_0[A] = k_d^A \theta_A \sigma_0 \tag{7.3.11}$$

吸着平衡定数 $K^A = \dfrac{k_a^A}{k_d^A}$ を用いれば

$$K^A[A] = \frac{\theta_A}{(1-\theta_A-\theta_B)} \tag{7.3.12}$$

である．B については A と全く同じで，吸着平衡定数 K^B を用いて

$$K^B[B] = \frac{\theta_B}{(1-\theta_A-\theta_B)} \tag{7.3.13}$$

となる．式 (7.3.12) と式 (7.3.13) の連立方程式を解けば

$$\theta_A = \frac{K^A[A]}{1+K^A[A]+K^B[B]} \tag{7.3.14}$$

$$\theta_B = \frac{K^B[B]}{1+K^A[A]+K^B[B]} \tag{7.3.15}$$

となる．

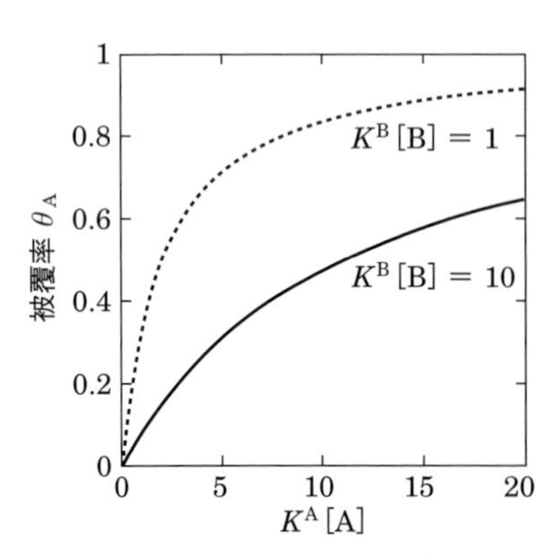

図 7.5　2 つの分子 A と B が競争的に吸着する場合の表面被覆率

図 7.5 に分子数密度に対する被覆率の変化を示した．B の数密度が充分に低ければ (K^B[B] = 1)，A の数密度の上昇に従って表面は A によってほぼ吸着されるが，B の数密度がある程度高い (K^B[B] = 10) と，表面は A と B によって同程度に吸着される．このように，2 種類の分子が吸着する場合は，限られた吸着サイトを奪い合う形になる．

[例題 7.2]　酸素のような二原子分子 M_2 が固体表面に吸着する際に，2 個の原子 M となって，2 個の吸着サイトを占めることがある．このような吸着を，解離吸着という．

$$M_2(g) + 2S(s) \Longleftrightarrow 2M\text{-}S(s)$$

表面被覆率の分子数密度 $[M_2]$ 依存性を求めよ．

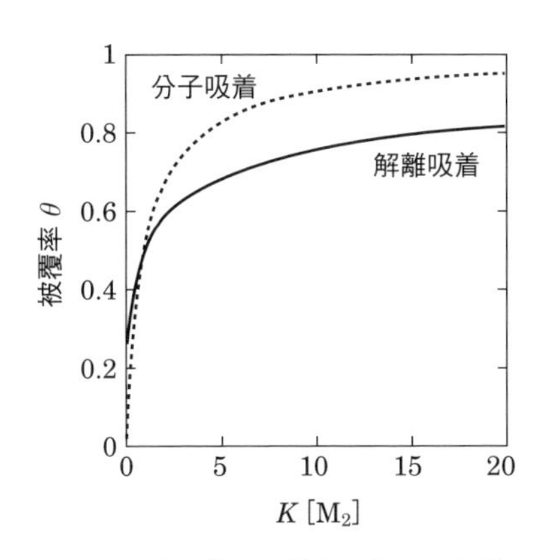

図 7.6　分子状で吸着する場合と解離吸着する場合の比較

[解]　本文にある記号を用いて，吸着速度 v_a と脱離速度 v_d は，それぞれ

$$v_a = k_a[M_2](1-\theta)^2{\sigma_0}^2$$
$$v_d = k_d\theta^2{\sigma_0}^2$$

と書くことができる．平衡状態では，これらの速度が等しいので

$$k_a[M_2](1-\theta)^2{\sigma_0}^2 = k_d\theta^2{\sigma_0}^2$$

より，

$$K = \frac{k_a}{k_d} = \frac{\theta^2}{[M_2](1-\theta)^2}$$

である．これより

$$\theta = \frac{\sqrt{K[M_2]}}{1+\sqrt{K[M_2]}}$$

となる．**図 7.6** に解離吸着して 2 個の吸着サイトを占める場合と，分子状で吸着して 1 個の吸着サイトを占める場合の被覆率を示した．解離吸着は，吸着サイトに空きがある場合に速く進むが，ある程度吸着サイトが埋まると進行が遅くなることがわかる．

コラム

表面の吸着サイトの数

表面の吸着サイトの数は，実験で求めることができる．解析の都合上，表面に吸着した分子の量は，一度それらをすべて脱離させて気体とし，0℃ 1 気圧のときの気体の体積に換算して示す．表面の全ての吸着サイト分子が分子で占められているときの分子の量を体積換算して V_0，表面が圧力 p の気体にさらされて，ある割合の

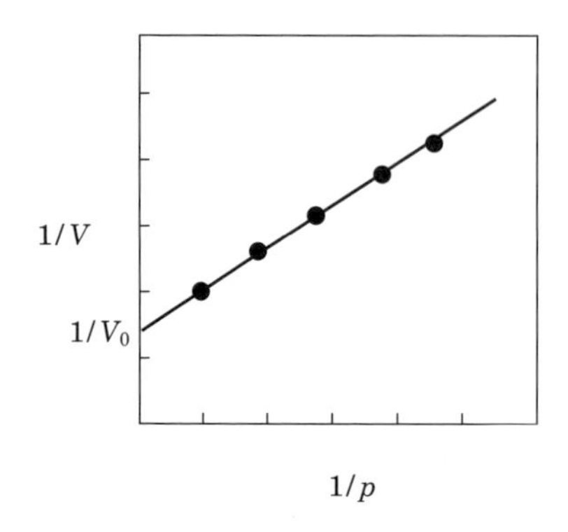

図7.7　吸着サイトの数を求める方法

吸着サイトが分子で占められているときの分子の量を体積換算して V とすれば，被覆率 θ は

$$\theta = \frac{V}{V_0}$$

である．ラングミュアの吸着等温式に代入すれば

$$\frac{V}{V_0} = \frac{K_{ads}p}{1 + K_{ads}p}$$

である．これを整理すれば

$$\frac{1}{V} = \frac{1}{V_0 K_{ads}} \frac{1}{p} + \frac{1}{V_0}$$

が得られる．気体の圧力 p を少しずつ変化させながら，そのときの吸着分子の量 V を測定する．$\frac{1}{p}$ に対して $\frac{1}{V}$ をプロットすれば，その y 切片の逆数から V_0 を求めることができる．この値から，さらに吸着サイトの数を求めることができる（**図7.7**）．

7.4　吸着エンタルピー

7.2節でも説明したように，固体表面への分子吸着では，**吸着エンタルピー** ΔH_{ads} は負である．ΔH_{ads} の大きさ（絶対値）は元素によって大きく異なり，大きければ大きいほど吸着して安定になる．逆に言えば，一度分子が吸着すれば，なかなか離れないことを意味する．遷移金属の表面に対する酸素分子の吸着では，d軌道に空軌道があればあるほど，つまり周期表の左側に位置する元素ほど ΔH_{ads} は大きくなる．

固体表面に対する吸着を理解するうえでは，ΔH_{ads} を知ることがとても重要である．ΔH_{ads} は，吸着平衡定数の温度変化から求めることができる．ラングミュアの吸着等温式(7.3.7)は，脚注(p.124)にも記した通り，気相の分子Aの数密度を圧力 p_A で書いてもよい．両辺の対数をとると

$$\ln K_{ads} + \ln p_A = \ln \frac{\theta}{1-\theta} \tag{7.4.1}$$

である．表面の被覆率 θ を一定に保つ条件で，両辺を温度で微分する．右辺は 0 になるので

$$\left(\frac{\partial \ln K_{\mathrm{ads}}}{\partial T}\right)_{\theta} + \left(\frac{\partial \ln p_{\mathrm{A}}}{\partial T}\right)_{\theta} = 0 \tag{7.4.2}$$

となる．平衡定数とエンタルピーの関係[†1]から

$$\left(\frac{\partial \ln K_{\mathrm{ads}}}{\partial T}\right)_{\theta} = \frac{\Delta H_{\mathrm{ads}}}{RT^2} \tag{7.4.3}$$

よって

$$\left(\frac{\partial \ln p_{\mathrm{A}}}{\partial T}\right)_{\theta} = -\frac{\Delta H_{\mathrm{ads}}}{RT^2} \tag{7.4.4}$$

を得る．さらに書き換え，

$$\left(\frac{\partial \ln p_{\mathrm{A}}}{\partial (1/T)}\right)_{\theta} = \frac{\Delta H_{\mathrm{ads}}}{R} \tag{7.4.5}$$

となる[†2]．

つまり，表面の温度を変えながら，常に被覆率 θ が一定となるような圧力 p_{A}

---

†1 定温，定圧における反応の平衡定数 K と反応に伴うギブズエネルギー変化 ΔG の間に成立する熱力学の一般式 $K = \exp\left(-\dfrac{\Delta G}{RT}\right)$ を吸着反応の場合に当てはめると

$$K_{\mathrm{ads}} = \exp\left(-\frac{\Delta G_{\mathrm{ads}}}{RT}\right)$$

であり，さらに式 (7.2.1) より，

$$\exp\left(-\frac{\Delta G_{\mathrm{ads}}}{RT}\right) = \exp\left(-\frac{\Delta H_{\mathrm{ads}}}{RT}\right)\exp\left(\frac{\Delta S_{\mathrm{ads}}}{R}\right)$$

なので

$$\ln K_{\mathrm{ads}} = -\frac{\Delta H_{\mathrm{ads}}}{RT} + \frac{\Delta S_{\mathrm{ads}}}{R}$$

より

$$\left(\frac{\partial \ln K_{\mathrm{ads}}}{\partial T}\right)_{\theta} = \frac{\Delta H_{\mathrm{ads}}}{RT^2}$$

†2 $\mathrm{d}\left(\dfrac{1}{T}\right) = -\dfrac{\mathrm{d}T}{T^2}$ を用いた．

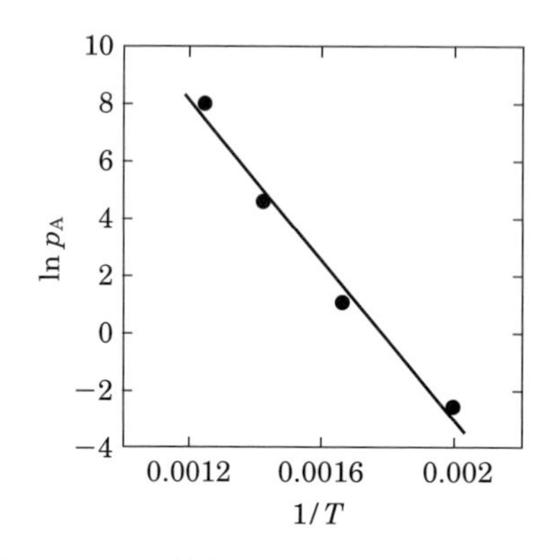

図7.8　圧力の対数と，温度の逆数の関係．傾き（−13900 K）から $\Delta H_{ads} = 8.314\ \mathrm{J\ K^{-1}\ mol^{-1}} \times (-13900\ \mathrm{K}) = -116\ \mathrm{kJ\ mol^{-1}}$ が得られる．

を測定すればよい．得られた結果の $\ln p_A$ を $1/T$ に対してプロットすれば，その傾きは $\dfrac{\Delta H_{ads}}{R}$ に等しい（**図7.8**）．

7.5　表面上の単分子反応

これまで，気体分子が固体表面に吸着・脱離する過程を定量的に考えてきた．次に固体表面上で進行する反応に注目する．吸着し反応してから脱離するまでの一連の過程は

$$\mathrm{A(g) + S(s) \rightleftarrows A\text{–}S(s) \Longrightarrow P\text{–}S(s) \Longrightarrow P(g) + S(s)} \tag{7.5.1}$$

と書くことができる．気相分子 A(g) は吸着種 A–S(s) と常に平衡にあって，反応により生成した P–S(s) が脱離して P(g) となる過程は充分に速いと仮定する（**図7.9**）．

脱離過程は充分に速いので，P(g) を生成する反応速度 v は，A–S(s) ⇒ P–S(s) の反応速度で決まるとしてよい．

$$v = k_1[\mathrm{A\text{–}S(s)}] \tag{7.5.2}$$

ここでは A–S(s) ⇒ P–S(s) の単分子素反応の速度定数を k_1 とした．表面に吸着している分子 A の濃度 [A–S(s)] は，被覆率 θ と単位面積あたりの表面の吸着サイトの数 σ_0 を用いて，$\theta\sigma_0$ であるので，

$$v = k_1\theta\sigma_0 \tag{7.5.3}$$

となる．さらにラングミュアの吸着等温式を代入すれば

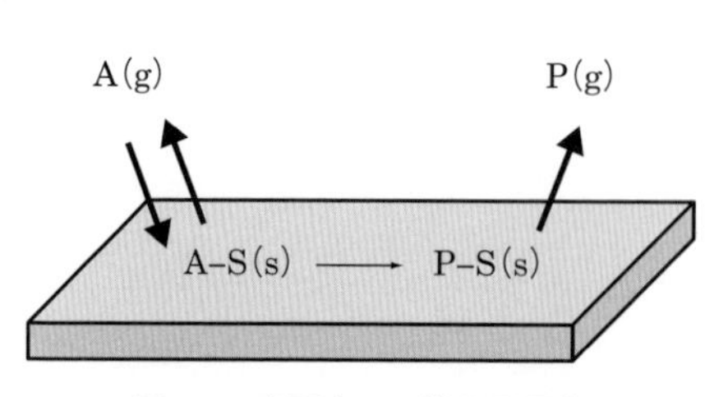

図7.9　表面上での単分子反応

$$v = k_1 \frac{\sigma_0 K_{\mathrm{ads}}[\mathrm{A}]}{1 + K_{\mathrm{ads}}[\mathrm{A}]} \tag{7.5.4}$$

が得られる．

式 (7.5.4) から，反応速度と気相中の分子 A の数密度 [A] の関係を考える．$K_{\mathrm{ads}}[\mathrm{A}] \ll 1$ であれば，近似を用いて簡略化できる．

$$v \cong k_1 \sigma_0 K_{\mathrm{ads}}[\mathrm{A}] \tag{7.5.5}$$

つまり，気相中の分子 A の数密度 [A] が充分に低いときは，P の生成速度は [A] に比例する ([A] に対して 1 次反応とみなせる)．[A] が充分に低ければ，吸着種 A-S(s) の数が [A] に比例し，吸着種のうち一定の割合が反応するためである．一方，$K_{\mathrm{ads}}[\mathrm{A}] \gg 1$ であれば，

$$v \cong k_1 \sigma_0 \tag{7.5.6}$$

となり，[A] に無関係となる (0 次反応)．表面がほとんど吸着種 A で覆われ，A-S(s) ⇒ P-S(s) の反応が律速となるためである．

7.6　表面上の二分子反応

排ガスの浄化触媒のように，気体分子を固体の触媒上で反応させる際には，表面上の二分子反応が重要な役割を果たしている．反応物の分子 A と分子 B から生成物分子 P が生成する反応を考える．表面に吸着した分子 A (A-S(s)) と分子 B (B-S(s)) が反応して，最終的に分子 P(g) が生成する場合，反応式では

$$\mathrm{A{-}S(s)} + \mathrm{B{-}S(s)} \Longrightarrow \mathrm{P{-}S(s)} \Longrightarrow \mathrm{P(g)} + \mathrm{S(s)} \tag{7.6.1}$$

と書ける．このような反応を**ラングミュア-ヒンシェルウッド型**という．一方，A-S(s) に対して，気相中の分子 B が飛び込むように表面上で反応して，P(g) が生成する場合もある．反応式では

$$\mathrm{A{-}S(s)} + \mathrm{B(g)} \Longrightarrow \mathrm{P{-}S(s)} \Longrightarrow \mathrm{P(g)} + \mathrm{S(s)} \tag{7.6.2}$$

と書ける．このような反応を**イーレー-リディール型**という．

気相分子は吸着種と常に平衡にあって，反応により生成した P-S(s) が脱離して P(g) となる過程は充分に速いと仮定する．ラングミュア-ヒンシェル

ウッド型では，表面に吸着した分子どうしの2次反応となる．A–S(s) の数は，A による被覆率 θ_{A} と単位面積あたりの表面の吸着サイトの数 σ_0 を用いて，$\theta_{\mathrm{A}}\sigma_0$ と書ける．B–S(s) の数も $\theta_{\mathrm{B}}\sigma_0$ であるので，反応速度定数を k とおけば，P(g) を生成する反応速度は

$$v = k\theta_{\mathrm{A}}\theta_{\mathrm{B}}\sigma_0^2 \tag{7.6.3}$$

となる．これに式 (7.3.14) と式 (7.3.15) を代入すれば

$$v = k\sigma_0^2 \frac{K^{\mathrm{A}}K^{\mathrm{B}}[\mathrm{A}][\mathrm{B}]}{(1+K^{\mathrm{A}}[\mathrm{A}]+K^{\mathrm{B}}[\mathrm{B}])^2} \tag{7.6.4}$$

が得られる．

図7.10 に $K^{\mathrm{A}}[\mathrm{A}]$，$K^{\mathrm{B}}[\mathrm{B}]$ に対する反応速度の変化を示す．反応速度は，$K^{\mathrm{A}}[\mathrm{A}] = K^{\mathrm{B}}[\mathrm{B}]$ のときに大きくなり，$K^{\mathrm{A}}[\mathrm{A}]$，$K^{\mathrm{B}}[\mathrm{B}]$ のどちらかのみが大きいときは小さくなる．これは，表面に分子 A と B が両方とも均等に吸着している方が，反応が速やかに進行することを示している．$K^{\mathrm{B}}[\mathrm{B}] = 1$ で $K^{\mathrm{A}}[\mathrm{A}]$ が大きくなると，反応速度はかえって小さくなる．これは，表面に A が吸着することで，B の吸着が抑えられるためである (式 (7.3.15) 参照)．

一方，イーレー–リディール型では，表面に吸着した分子と気相分子の2次反応となる．A–S(s) の数は $\theta_{\mathrm{A}}\sigma_0$ であり，気相分子 B の数密度は [B] と書ける．反応速度定数を k とおけば，P(g) を生成する反応速度は

$$v = k\theta_{\mathrm{A}}\sigma_0[\mathrm{B}] \tag{7.6.5}$$

となる．これに式 (7.3.14) を代入すれば

$$v = k\sigma_0 \frac{K^{\mathrm{A}}[\mathrm{A}][\mathrm{B}]}{1+K^{\mathrm{A}}[\mathrm{A}]+K^{\mathrm{B}}[\mathrm{B}]} \tag{7.6.6}$$

が得られる．この型では，分子 B も吸着はするが，吸着した分子は反応しないと仮定している．

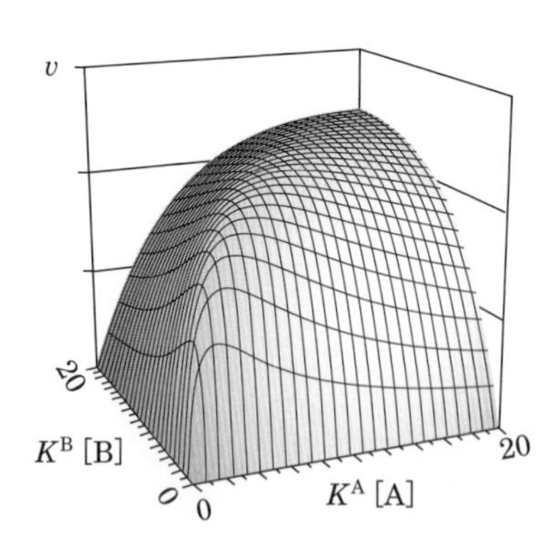

図7.10　ラングミュア–ヒンシェルウッド型の反応速度

図 7.11 に $K^A[A]$, $K^B[B]$ に対する反応速度の変化を示す．イーレー–リディール型では，反応速度は $K^A[A]$, $K^B[B]$ が増加するに従って大きくなるが，$K^A[A] = K^B[B]$ を超えてどちらかのみが大きくなっても，それ以上反応速度は大きくならない．例えば，B が多くなると，B が表面に多く吸着し，A の吸着を抑えるため，吸着分子 A と気相分子 B の反応が遅くなる．式 (7.6.6) は，

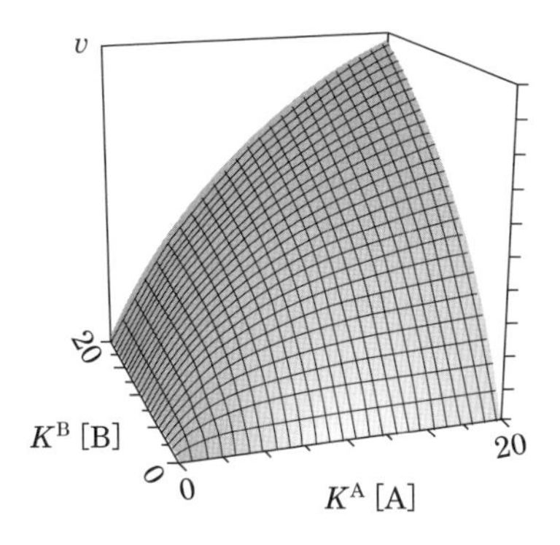

図 7.11　イーレー–リディール型の反応速度

[A] が [B] に比べて充分に多いという $K^A[A] \gg 1 + K^B[B]$ の条件では

$$v \cong k\sigma_0[B] \qquad (7.6.7)$$

と近似でき，[A] によって反応速度は変化しない．固体表面上の反応がラングミュア–ヒンシェルウッド型であるかイーレー–リディール型であるかは，K^A [A], $K^B[B]$ に対する反応速度の変化を調べることによってわかる．

7.7　昇温脱離法と脱離エネルギー

本章では，これまで表面に吸着した分子が，「反応後すぐに脱離する」と仮定して表面反応の反応速度を考えてきた．しかし実際には脱離にはエネルギーが必要で，外から熱を加えないと進行しない場合が多い．表面を加熱し続けて，温度を一定の速度で上昇させる．低い温度で吸着した分子は，加熱し続ければ次第に少なくなっていき，最終的にはなくなる．脱離する分子の種類と時間あたりの脱離量を温度に対して測定する (**図 7.12** 参照) ことで，脱離の機構を明らかにするのが**昇温脱離法** (temperature programmed desorption なので略して **TPD 法**という) である．

吸着した分子が脱離する過程 A–S(s) ⇒ A(g) + S(s) について，脱離のために必要な活性化エネルギー E_a を求める方法を考える．脱離の速度定数 k_d は，アレニウスの式にならって書くことができる．

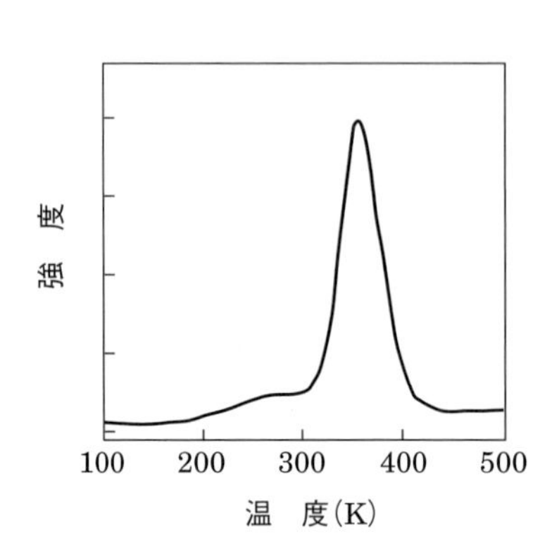

図 7.12　白金 (111) に吸着した水素の昇温脱離スペクトル

$$k_\mathrm{d} = A \exp\left(-\frac{E_\mathrm{a}}{RT}\right) \qquad (7.7.1)$$

温度 T における吸着分子の数を $\Gamma(T)$ とおけば，脱離速度は $\Gamma(T)$ に比例するので

$$-\frac{\mathrm{d}\Gamma(T)}{\mathrm{d}t} = k_\mathrm{d}\Gamma(T) \qquad (7.7.2)$$

となる．TPD 法では，温度を一定の速度で上昇させながら観測するので，温度変化と時間が対応している．具体的には，温度が時間 t あたり β 度上昇するならば

$$\frac{\mathrm{d}T}{\mathrm{d}t} = \beta \qquad (7.7.3)$$

である．したがって，式 (7.7.2) は，

$$-\frac{\mathrm{d}\Gamma(T)}{\mathrm{d}t} = -\frac{\mathrm{d}T}{\mathrm{d}t}\frac{\mathrm{d}\Gamma(T)}{\mathrm{d}T} = -\beta\frac{\mathrm{d}\Gamma(T)}{\mathrm{d}T} \qquad (7.7.4)$$

である．よって，式 (7.7.1)，(7.7.2) より

$$-\frac{\mathrm{d}\Gamma(T)}{\mathrm{d}T} = \frac{\Gamma(T)A}{\beta}\exp\left(-\frac{E_\mathrm{a}}{RT}\right) \qquad (7.7.5)$$

となる．TPD 法で観測しているのは，時間によって温度が一定温度上昇する間の吸着量の減少分であり，まさにこの $-\dfrac{\mathrm{d}\Gamma(T)}{\mathrm{d}T}$ である．つまり，式 (7.7.5) が TPD 曲線の理論式になる．

図 7.12 にあるように TPD 曲線上にはピークが現れる．そのピーク (極大値) の温度を T_d とおけば，理論式を微分すれば $T = T_\mathrm{d}$ で 0 になるはずである．これを計算して

$$\frac{\mathrm{d}\Gamma(T_\mathrm{d})}{\mathrm{d}T}\frac{A}{\beta}\exp\left(-\frac{E_\mathrm{a}}{RT_\mathrm{d}}\right)+\Gamma(T_\mathrm{d})\frac{A}{\beta}\frac{E_\mathrm{a}}{RT_\mathrm{d}^{\,2}}\exp\left(-\frac{E_\mathrm{a}}{RT_\mathrm{d}}\right)$$

$$=\left(\frac{\mathrm{d}\Gamma(T_\mathrm{d})}{\mathrm{d}T}+\Gamma(T_\mathrm{d})\frac{E_\mathrm{a}}{RT_\mathrm{d}^{\,2}}\right)\frac{A}{\beta}\exp\left(-\frac{E_\mathrm{a}}{RT_\mathrm{d}}\right)=0 \qquad (7.7.6)$$

となる．指数部分は0にはならないので，括弧（　）の中が0になる．

$$\frac{\mathrm{d}\Gamma(T_\mathrm{d})}{\mathrm{d}T}+\Gamma(T_\mathrm{d})\frac{E_\mathrm{a}}{RT_\mathrm{d}^{\,2}}=0 \qquad (7.7.7)$$

これに式(7.7.5)を代入して

$$\Gamma(T_\mathrm{d})\frac{E_\mathrm{a}}{RT_\mathrm{d}^{\,2}}=\frac{\mathrm{d}\Gamma(T_\mathrm{d})}{\mathrm{d}T}=\frac{\Gamma(T_\mathrm{d})A}{\beta}\exp\left(-\frac{E_\mathrm{a}}{RT_\mathrm{d}}\right) \qquad (7.7.8)$$

$\Gamma(T_\mathrm{d})$ を消去して，両辺の対数をとれば，以下の関係が得られる[†1]．

$$2\ln T_\mathrm{d}-\ln\beta=\frac{E_\mathrm{a}}{RT_\mathrm{d}}+\ln\frac{E_\mathrm{a}}{RA} \qquad (7.7.9)$$

このうち，もともとわかっているのが気体定数 R と昇温速度 β，実験によりわかるのがTPD曲線のピーク温度 T_d，知りたいのが活性化エネルギー E_a である．いくつかの昇温速度 β で実験を行い，$2\ln T_\mathrm{d}-\ln\beta$ を $\dfrac{1}{T_\mathrm{d}}$ に対してプロットすれば，その傾きから $\dfrac{E_\mathrm{a}}{R}$ を求めることができる．

演 習 問 題

7.1 固体表面があり，単位面積あたり吸着サイトが $\sigma_0=1.0\times10^{19}\,\mathrm{m^{-2}}$ ある．この表面に対する一酸化窒素分子の吸着および脱離の速度定数は，それぞれ $k_\mathrm{a}=1.0\times10^{-20}\,\mathrm{m^3\,s^{-1}}$，$k_\mathrm{d}=0.01\,\mathrm{s^{-1}}$ で与えられるとする．また，気体および固体表面とも温度は300 Kで，気相のNOの圧力は $p=1.0\times10^{-3}\,\mathrm{Pa}$ とする．

(1) 気相のNOの数密度を求めよ．

(2) 式(7.1.4)から，単位面積あたり単位時間あたりの衝突頻度を求めよ．

(3) 清浄な表面に対する分子の吸着速度を求めよ．

---

†1 式(7.7.8)から $\Gamma(T_\mathrm{d})$ を消去して $\dfrac{E_\mathrm{a}}{RT_\mathrm{d}^{\,2}}=\dfrac{A}{\beta}\exp\left(-\dfrac{E_\mathrm{a}}{RT_\mathrm{d}}\right)$ であり，$\dfrac{T_\mathrm{d}^{\,2}}{\beta}=\exp\left(\dfrac{E_\mathrm{a}}{RT_\mathrm{d}}\right)\times\dfrac{E_\mathrm{a}}{RA}$ であるので，この両辺の対数をとる．

(4) 吸着平衡が成り立つとき，ラングミュアの吸着等温式より，被覆率 θ を求めよ．

(5) NO の圧力が $p = 1.0 \times 10^{-2}$ Pa のときの被覆率 θ を求めよ．

7.2 イーレー-リディール型の反応の反応速度（式(7.6.6)）

$$v = k\sigma_0 \frac{K^{\mathrm{A}}[\mathrm{A}][\mathrm{B}]}{1 + K^{\mathrm{A}}[\mathrm{A}] + K^{\mathrm{B}}[\mathrm{B}]}$$

は，$K^{\mathrm{A}}[\mathrm{A}] \ll K^{\mathrm{B}}[\mathrm{B}]$ であればどう近似されるか？

第8章
溶液中の反応

溶液中には溶質と溶媒が存在し，溶媒が溶質の反応に様々な影響を与える．本章では，まず溶質分子の運動に溶媒がどう影響を及ぼし，そのために反応がどう変わるのかを学ぶ．次に，溶液中の粒子の拡散運動を，中性分子とイオンに分けて考える．

8.1 溶液反応の特徴

気体とは異なり，溶液中には溶媒が存在する．溶質分子は周りの溶媒分子とぶつかりながら，その隙間をくぐり抜けるように移動する．分子がある初速度をもって移動し始めたとしても，溶媒との頻繁な衝突によって，その速度は平均化されてしまう．結果として，周囲の溶媒は分子の動きを鈍らせるようにはたらく[†1]．

気相反応と比較すると，溶液中の溶媒は，反応に関してマイナスの効果とプラスの効果をもつと考えられる．マイナスの効果は，溶媒によって反応を引き起こす錯合体の形成[†2]が妨げられることである．反応物がそれぞれ正と負の電荷をもっていて，お互いに引きあったとしても，溶媒の効果（電荷を遮蔽する効果や空間的な障壁など）によって錯合体の形成が抑制される．一方，プラスの効果としては，一度錯合体が形成されれば，これらは溶媒に閉じ込められた状態になり，その中で錯合体（A-B）の成分どうし（A と B）が何度も衝突を繰り返すと考えられる．これを溶媒の**かご効果**という．

液相の粒子 A と B に着目して反応を考える．反応が進行するためには，ま

[†1] 溶液中の分子の運動では，溶媒の粘度が高いほど，分子に対してより高い摩擦がかかり，その結果として分子の拡散が抑えられる．

[†2] 1.6 節および付録 A.6 参照.

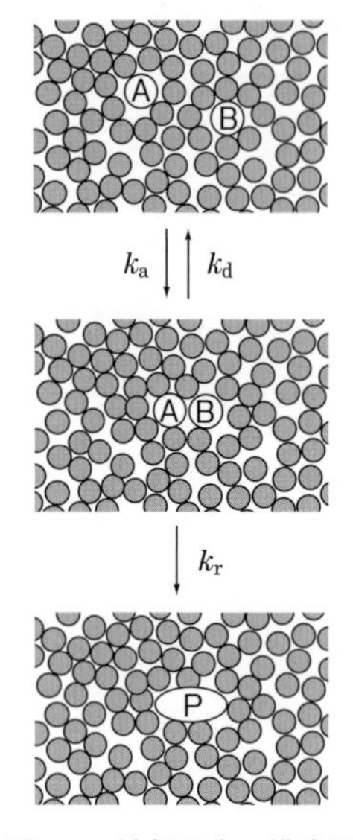

図 8.1　液相反応の模式図

ず溶媒の中で，A と B が出会って錯合体 AB を生成することが必要である．もちろん，AB はある確率で解離するので，錯合体の生成と解離で平衡が成り立っていることになる．

$$\mathrm{A} + \mathrm{B} \underset{k_\mathrm{d}}{\overset{k_\mathrm{a}}{\rightleftarrows}} \mathrm{AB} \qquad (8.1.1)$$

さらに，錯合体 AB は反応して P を生成する．

$$\mathrm{AB} \overset{k_\mathrm{r}}{\Longrightarrow} \mathrm{P} \qquad (8.1.2)$$

一連の反応の中で錯合体 AB の濃度は時間とともに変化しないとみなしてよいので，定常状態近似を用いて，

$$\frac{\mathrm{d}[\mathrm{AB}]}{\mathrm{d}t} = k_\mathrm{a}[\mathrm{A}][\mathrm{B}] - k_\mathrm{d}[\mathrm{AB}] - k_\mathrm{r}[\mathrm{AB}] = 0 \qquad (8.1.3)$$

である．したがって，錯合体の濃度は，

$$[\mathrm{AB}] = \frac{k_\mathrm{a}[\mathrm{A}][\mathrm{B}]}{k_\mathrm{d} + k_\mathrm{r}} \qquad (8.1.4)$$

と書くことができる．これらをまとめて，粒子 A と B から生成物 P ができる反応速度は

$$\frac{\mathrm{d}[\mathrm{P}]}{\mathrm{d}t} = k_\mathrm{r}[\mathrm{AB}] = \frac{k_\mathrm{r}k_\mathrm{a}}{k_\mathrm{d} + k_\mathrm{r}}[\mathrm{A}][\mathrm{B}] \qquad (8.1.5)$$

になる．

錯合体が 2 つの粒子に解離する速度定数 k_d と，錯合体から生成物ができる速度定数 k_r を比較して，液相反応の特徴を考えよう．k_d が k_r よりも充分に大きい ($k_\mathrm{d} \gg k_\mathrm{r}$) とする．式 (8.1.5) は以下のように近似できる．

$$\frac{\mathrm{d}[\mathrm{P}]}{\mathrm{d}t} \cong \frac{k_\mathrm{r} k_\mathrm{a}}{k_\mathrm{d}}[\mathrm{A}][\mathrm{B}] \tag{8.1.6}$$

錯合体の生成と解離の間で平衡が成り立つと仮定すれば，平衡定数は $K = \frac{k_\mathrm{a}}{k_\mathrm{d}} = \frac{[\mathrm{AB}]}{[\mathrm{A}][\mathrm{B}]}$ となるので，

$$\frac{\mathrm{d}[\mathrm{P}]}{\mathrm{d}t} = k_\mathrm{r} K[\mathrm{A}][\mathrm{B}] = k_\mathrm{r}[\mathrm{AB}] \tag{8.1.7}$$

となる．つまり錯合体の生成と解離が平衡に達していて，錯合体 AB から時々 P が生成するのがこのケースである．

一方，k_r が k_d よりも充分大きい（$k_\mathrm{r} \gg k_\mathrm{d}$）とする．錯合体ができれば，ほぼ必ず反応して P を生成することを意味する．式(8.1.5)は以下のように近似できる．

$$\frac{\mathrm{d}[\mathrm{P}]}{\mathrm{d}t} \cong k_\mathrm{a}[\mathrm{A}][\mathrm{B}] \tag{8.1.8}$$

つまり，全体の反応速度は，粒子 A と B が出会って，錯合体を形成する反応速度とほぼ一致する．拡散運動が全体の反応速度を決めるので，このような反応過程を**拡散律速**という．液相では，溶媒のかご効果によって k_r が k_d よりも大きくなることはしばしば起こる．

8.2　分子の拡散律速反応の速度定数

拡散律速反応の速度定数を簡単なモデルを用いて求めてみる．中性の分子 A と B が反応して生成物 P を生成する中で，錯合体 AB から P への反応は充分に速いと仮定する．そうであれば，A と B が近づく過程を**拡散**に基づいて考え，A と B の衝突頻度を求めればよい．実際には，まず，このうち分子 A に着目し，「B がどのように A に近づくか」から考える．反応が進行しているときの A の周りの B の分布は，**図 8.2** にあるように，A に近い方が疎で A から

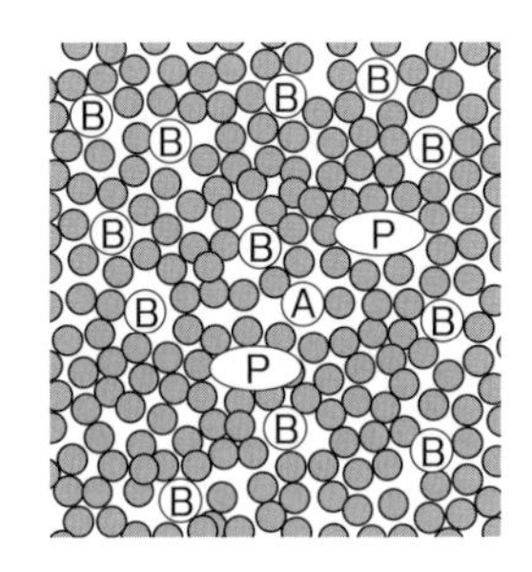

図 8.2　分子 A の周囲に存在する分子 B の様子

離れるほど密になっているはずである．これはAとBが反応してPを生成することで，AのそばのBが減少するためである．つまり分子Bの濃度分布には「勾配」がある．これが分子Bの拡散の原因になる．

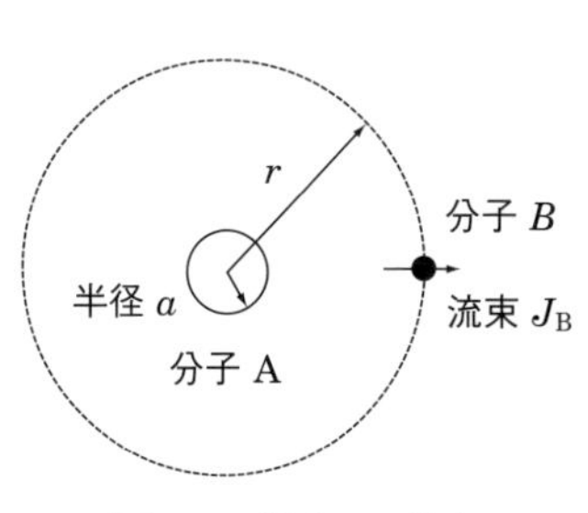

図8.3　分子Bの流束

溶液中の濃度を c_0^A，c_0^B，分子A，Bを球状と仮定して，それらの半径の和を a とする[†1]．簡単にするために，Aが半径 a の球型をしているとし，Bは点であると考えてもよい（**図8.3**）．

ある1つの分子Aに着目して距離 r 離れたところの分子Bの濃度を $c^B(r)$ とおけば，流束 J_B（単位面積あたり単位時間あたりのBの移動量を表したもの）は

$$J_B = -D_B \frac{\mathrm{d}c^B(r)}{\mathrm{d}r} \tag{8.2.1}$$

で与えられる．ここで，D_B をBの拡散係数といい，$\mathrm{d}c^B(r)/\mathrm{d}r = 1$ のときの，単位面積・単位時間あたりの移動量の大きさを表す量になる．半径 r の球面を通過する全拡散流 I_B は，

$$I_B = -4\pi r^2 D_B \frac{\mathrm{d}c^B(r)}{\mathrm{d}r} \tag{8.2.2}$$

になる．$r = \infty$ では $c^B(r)$ 溶液中の濃度と等しいので $c^B(\infty) = c_0^B$ である．また，$r = a$ ではAとBが衝突した状態で，速やかに反応すると仮定している（拡散律速過程）ので $c^B(a) = 0$ としてよい．これら2つの条件を用いて，$c^B(r)$ がどのような分布かを求める．まず式(8.2.2)を書き直して，

$$-\frac{I_B}{4\pi r^2 D_B}\mathrm{d}r = \mathrm{d}c^B(r) \tag{8.2.3}$$

となる．前者の条件を用いて積分する．

[†1]　AやBのすぐそばでは，濃度の勾配があるが，少し離れると濃度は一定になる．その濃度は，溶液中の濃度に等しい．

$$-\int_r^{\infty} \frac{I_B}{4\pi r^2 D_B} dr = \int_{c^B(r)}^{c_0^B} dc^B(r) \qquad (8.2.4)$$

であり，これを解けば

$$-\frac{I_B}{4\pi r D_B} = c_0^B - c^B(r) \qquad (8.2.5)$$

となる．また，後者の条件を用いるために，$r = a$ を代入すれば

$$I_B = -4\pi a D_B c_0^B \qquad (8.2.6)$$

が得られる．式 (8.2.5) と (8.2.6) から，

$$c^B(r) = c_0^B + \frac{I_B}{4\pi r D_B} = c_0^B - \frac{4\pi a D_B c_0^B}{4\pi r D_B} = c_0^B - \frac{a}{r} c_0^B = c_0^B \left(1 - \frac{a}{r}\right) \qquad (8.2.7)$$

となる．

ここまでをまとめる．分子 A に対して分子 B が拡散運動によって近づいてくる．溶液全体の濃度が c_0^B，分子 A に衝突するところでは濃度が 0 になるという条件で方程式を解いた結果が式 (8.2.7) である．**図 8.4** に濃度の分布を示す．距離が a では濃度は 0 であるが，距離が大きくなるに従って濃度は上昇する．$r = 10a$ 付近でほぼ溶液の濃度と等しくなる．

溶液中の A の濃度は c_0^A なので，単位体積あたりの分子 A と B の衝突頻度 Z_{AB} は，

$$Z_{AB} = 4\pi a (D_A + D_B) c_0^A c_0^B \qquad (8.2.8)$$

で与えられる．これまでは，分子 A が固定されていて分子 B のみが拡散運動によって近づいてくると考えていたが，実際には分子 A も分子 B も拡散運動によって動くので，拡散係数は $D_A + D_B$ となる．

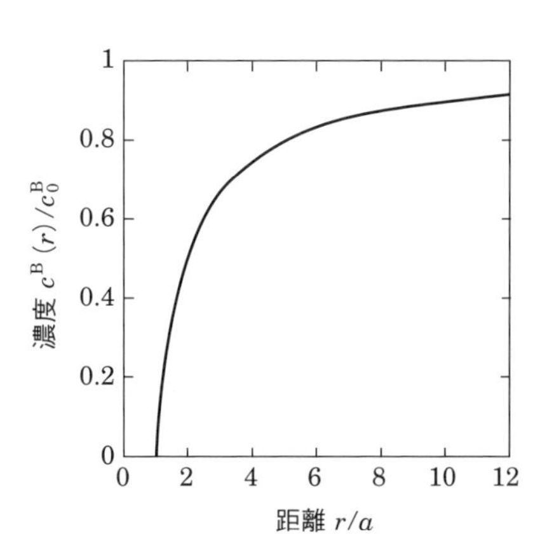

図 8.4　分子 B の濃度分布

ここでは拡散律速過程を考えているので，衝突すれば反応する．した

がって，式(8.2.8)はAとBからPが生成する反応速度に他ならない．反応速度は

$$\frac{\mathrm{d}[\mathrm{P}]}{\mathrm{d}t} = kc_0^{\mathrm{A}}c_0^{\mathrm{B}} \tag{8.2.9}$$

という表式になることを考え合わせれば，速度定数 k は，

$$k = 4\pi a(D_{\mathrm{A}} + D_{\mathrm{B}}) \tag{8.2.10}$$

になる．

水溶液中の分子A，Bの拡散係数が $1.3\times10^{-9}\ \mathrm{m^2\,s^{-1}}$，$2.0\times10^{-9}\ \mathrm{m^2\,s^{-1}}$ であり，それぞれの半径が $0.10\times10^{-9}\ \mathrm{m}$，$0.180\times10^{-9}\ \mathrm{m}$ とすれば，

$$\begin{aligned} k &= 4\times3.14\times0.28\times10^{-9}\ \mathrm{m}\times(1.3+2.0)\times10^{-9}\ \mathrm{m^2\,s^{-1}} \\ &= 1.2\times10^{-17}\ \mathrm{m^3\,s^{-1}} \end{aligned} \tag{8.2.11}$$

となる．速度定数を $\mathrm{dm^3\,mol^{-1}\,s^{-1}}$ で表せば（例題8.1参照），

$$\begin{aligned} k &= 1.2\times10^{-17}\ \mathrm{m^3\,s^{-1}}\times1000\ \mathrm{dm^3\,m^{-3}}\times6.02\times10^{23}\ \mathrm{mol^{-1}} \\ &= 7.2\times10^{9}\ \mathrm{dm^3\,mol^{-1}\,s^{-1}} \end{aligned} \tag{8.2.12}$$

である．これらは拡散律速の反応の速度定数としては，典型的な数値である．

［**例題8.1**］　分子AとBの拡散係数の和が $4.0\times10^{-9}\ \mathrm{m^2\,s^{-1}}$，半径の和が $0.50\times10^{-9}\ \mathrm{m}$ であるとき速度定数を単位 $\mathrm{dm^3\,mol^{-1}\,s^{-1}}$ で表せ．

［**解**］　式(8.2.10)より

$$k = 4\times3.14\times0.50\times10^{-9}\ \mathrm{m}\times4.0\times10^{-9}\ \mathrm{m^2\,s^{-1}} = 2.5\times10^{-17}\ \mathrm{m^3\,s^{-1}}$$

単位を変換して

$$\begin{aligned} k &= 2.5\times10^{-17}\ \mathrm{m^3\,s^{-1}}\times1000\ \mathrm{dm^3\,m^{-3}}\times6.02\times10^{23}\ \mathrm{mol^{-1}} \\ &= 1.5\times10^{10}\ \mathrm{dm^3\,mol^{-1}\,s^{-1}} \end{aligned}$$

である．

8.3　イオンの拡散律速反応の速度定数

イオンであれば，電荷の正負によって引力あるいは斥力も働くようになるので，この効果も考慮する．8.2節と同じように，イオンAとイオンBが反応する場合を考え，1個の固定されたイオンAに対してBが近づくとする．イオン

の拡散運動の移動度は

$$J_{\mathrm{B}} = -D_{\mathrm{B}}\left(\frac{\mathrm{d}c^{\mathrm{B}}(r)}{\mathrm{d}r} + \frac{c^{\mathrm{B}}(r)}{k_{\mathrm{B}}T}\frac{\mathrm{d}U(r)}{\mathrm{d}r}\right) \tag{8.3.1}$$

で与えられる．第二項が新たに加わった項で，$U(r)$ は相互作用ポテンシャルエネルギーである．熱エネルギーによる撹乱の効果があるために，$\dfrac{1}{k_{\mathrm{B}}T}$ で割ったものになる．したがって，高温では電荷による寄与は小さくなる．半径 r の球面を通過する全拡散流 I_{B} は

$$I_{\mathrm{B}} = -4\pi r^2 D_{\mathrm{B}}\left(\frac{\mathrm{d}c^{\mathrm{B}}(r)}{\mathrm{d}r} + \frac{c^{\mathrm{B}}(r)}{k_{\mathrm{B}}T}\frac{\mathrm{d}U(r)}{\mathrm{d}r}\right) \tag{8.3.2}$$

である．式 (8.3.2) を解くため，両辺を r^2 で割って，$\exp\left(\dfrac{U(r)}{k_{\mathrm{B}}T}\right)$ をかける．

$$\frac{I_{\mathrm{B}}}{r^2}\exp\left(\frac{U(r)}{k_{\mathrm{B}}T}\right) = -4\pi D_{\mathrm{B}}\left(\exp\left(\frac{U(r)}{k_{\mathrm{B}}T}\right)\frac{\mathrm{d}c^{\mathrm{B}}(r)}{\mathrm{d}r} + \exp\left(\frac{U(r)}{k_{\mathrm{B}}T}\right)\frac{c^{\mathrm{B}}(r)}{k_{\mathrm{B}}T}\frac{\mathrm{d}U(r)}{\mathrm{d}r}\right) \tag{8.3.3}$$

となるので，右辺をうまくまとめることができて

$$\frac{I_{\mathrm{B}}}{r^2}\exp\left(\frac{U(r)}{k_{\mathrm{B}}T}\right) = -4\pi D_{\mathrm{B}}\frac{\mathrm{d}\left(c^{\mathrm{B}}(r)\exp\left(\frac{U(r)}{k_{\mathrm{B}}T}\right)\right)}{\mathrm{d}r} \tag{8.3.4}$$

となる．両辺を $r = a \sim \infty$ の範囲で積分すれば

$$I_{\mathrm{B}}\int_a^{\infty}\frac{\exp\left(\frac{U(r)}{k_{\mathrm{B}}T}\right)}{r^2}\mathrm{d}r = -4\pi D_{\mathrm{B}}\int_0^{c_0^{\mathrm{B}}}\mathrm{d}\left(c^{\mathrm{B}}(r)\exp\left(\frac{U(r)}{k_{\mathrm{B}}T}\right)\right) = -4\pi D_{\mathrm{B}}c_0{}^{\mathrm{B}} \tag{8.3.5}$$

となる．ここで，$c^{\mathrm{B}}(\infty) = c_0^{\mathrm{B}}$，$c^{\mathrm{B}}(a) = 0$，$\exp\left(\dfrac{U(\infty)}{k_{\mathrm{B}}T}\right) = 1$ を用いた．つまり，全拡散流 I_{B} は

$$I_{\mathrm{B}} = \frac{-4\pi D_{\mathrm{B}}c_0{}^{\mathrm{B}}}{\displaystyle\int_a^{\infty}\frac{\exp\left(\frac{U(r)}{k_{\mathrm{B}}T}\right)}{r^2}\mathrm{d}r} \tag{8.3.6}$$

となる．簡略にするために，

$$\beta = \frac{1}{\displaystyle\int_a^{\infty} \frac{\exp\left(\dfrac{U(r)}{k_B T}\right)}{r^2} dr} \tag{8.3.7}$$

とおけば

$$I_B = -4\pi D_B c_0{}^B \beta \tag{8.3.8}$$

となる．溶液中の A の濃度は c_0^A なので，単位体積あたりの分子 A と B の衝突頻度 Z_{AB} は，

$$Z_{AB} = 4\pi(D_A + D_B) c_0{}^A c_0{}^B \beta \tag{8.3.9}$$

となる．分子 A も分子 B も拡散運動によって動くので，拡散係数を $D_A + D_B$ に置き換えた．

次に，$U(r)$ の中身を考えて，β を求める．電磁気学によれば，比誘電率 ε_r の媒質中で，距離 r 離れた2粒子間のポテンシャルエネルギーは

$$U(r) = \frac{z_A z_B e^2}{4\pi\varepsilon_r\varepsilon_0 r} \tag{8.3.10}$$

で与えられる（**図 8.5**）[†1]．ここで，イオン A の電荷が $z_A e$，イオン B の電荷が $z_B e$ で，ε_0 は真空の誘電率である．これを式 (8.3.7) に代入して計算する．簡略化するために，とりあえず

イオンA イオンB

$z_A e$ r $z_B e$

$U(r) = \dfrac{z_A z_B e^2}{4\pi\varepsilon_r\varepsilon_0 r}$

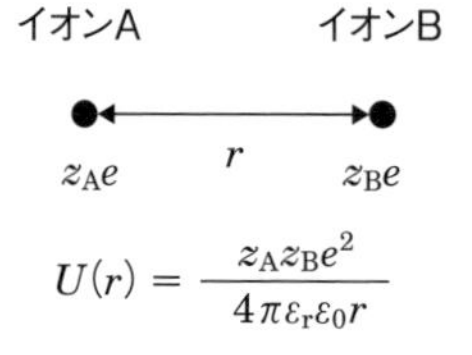

図 8.5 イオン間の相互作用

$$r_0 = \frac{z_A z_B e^2}{4\pi\varepsilon_r\varepsilon_0 k_B T} \tag{8.3.11}$$

とおけば，

[†1] 正イオンと負イオンの間に働くポテンシャルエネルギーは $z_A z_B < 0$ なので，全体としても $U(r) < 0$ になる．

$$\beta = \frac{1}{\displaystyle\int_a^\infty \frac{\exp\left(\dfrac{U(r)}{k_B T}\right)}{r^2}\mathrm{d}r} = \frac{1}{\displaystyle\int_a^\infty \frac{\exp\left(\dfrac{z_A z_B e^2}{4\pi\varepsilon_r\varepsilon_0 r k_B T}\right)}{r^2}\mathrm{d}r}$$

$$= \frac{1}{\displaystyle\int_a^\infty \frac{\exp\left(\dfrac{r_0}{r}\right)}{r^2}\mathrm{d}r} \tag{8.3.12}$$

である．積分をするために，$x = 1/r$ とおくと，さらに見通しが良くなって

$$\frac{1}{\beta} = \int_a^\infty \frac{\exp\left(\dfrac{r_0}{r}\right)}{r^2}\mathrm{d}r = \int_{\frac{1}{a}}^0 - \exp(r_0 x)\mathrm{d}x = \left[-\frac{\exp(r_0 x)}{r_0}\right]_{\frac{1}{a}}^0 = \frac{-1+\exp\left(\dfrac{r_0}{a}\right)}{r_0} \tag{8.3.13}$$

なので，

$$\beta = \frac{r_0}{\exp\left(\dfrac{r_0}{a}\right) - 1} \tag{8.3.14}$$

となる．これらをまとめると，

$$Z_{AB} = 4\pi(D_A + D_B)\frac{r_0}{\exp\left(\dfrac{r_0}{a}\right) - 1} c_0{}^A c_0{}^B \tag{8.3.15}$$

となる．したがって，速度定数 k は

$$k = 4\pi(D_A + D_B)\frac{r_0}{\exp\left(\dfrac{r_0}{a}\right) - 1} \tag{8.3.16}$$

になる．

$r_0 = \dfrac{z_A z_B e^2}{4\pi\varepsilon_r\varepsilon_0 k_B T}$ を**オンサーガーの逃散距離**という．クーロンポテンシャルと，熱エネルギー $k_B T$ がちょうど等しくなる距離に相当する（**図 8.6**）．

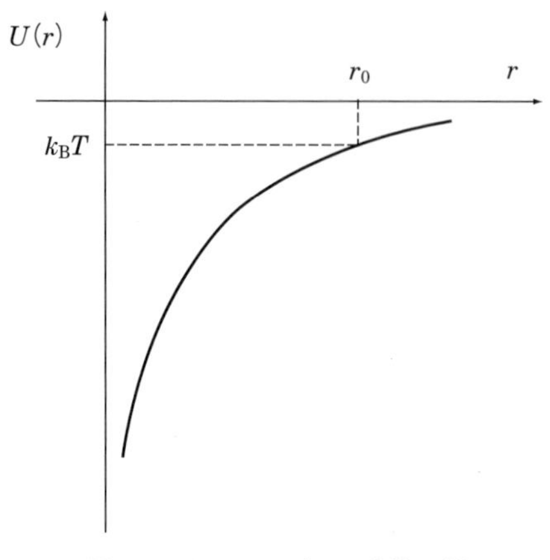

図 8.6 オンサーガーの逃散距離

25℃の水溶液で，$z_A = 1$，$z_B = -1$ とすれば，

電気素量

$e = 1.60 \times 10^{-19}$ C

真空の誘電率

$\varepsilon_0 = 8.85 \times 10^{-12}$ C^2 N^{-1} m^{-2}

水の比誘電率

$\varepsilon_r = 78.5$

ボルツマン定数

$k_B = 1.38 \times 10^{-23}$ J K^{-1}

より

$$r_0 = \frac{(1.60 \times 10^{-19})^2 \text{ C}^2}{4 \times 3.14 \times 78.5 \times 8.85 \times 10^{-12} \text{ C}^2 \text{ N}^{-1} \text{ m}^{-2} \times 1.38 \times 10^{-23} \text{ J K}^{-1} \times 298 \text{ K}}$$
$$= 7.1 \times 10^{-10} \text{ m} \qquad (8.3.17)$$

となる．

さらに，水中の H^+ と OH^- について，反応速度定数を求めよう．水中のイオン移動度から求めた拡散係数と距離 a

H^+ の拡散係数　$D_{H^+} = 9.2 \times 10^{-9}$ m^2 s^{-1}

OH^- の拡散係数　$D_{OH^-} = 5.1 \times 10^{-9}$ m^2 s^{-1}

H^+ と OH^- が反応するときの距離　$a = 7.5 \times 10^{-10}$ m

を用いて，

$$k = 4\pi(D_A + D_B)\frac{r_0}{\exp\left(\dfrac{r_0}{a}\right) - 1}$$
$$= 4 \times 3.14 \times 14.3 \times 10^{-9} \text{ m}^2 \text{ s}^{-1} \times \frac{7.1 \times 10^{-10} \text{ m}}{1.577}$$
$$\times 1000 \text{ dm}^3 \text{ m}^{-3} \times 6.02 \times 10^{23} \text{ mol}^{-1}$$
$$= 4.9 \times 10^{10} \text{ dm}^3 \text{ mol}^{-1} \text{ s}^{-1} \qquad (8.3.18)$$

が得られる.

8.4　水 和 構 造

溶液中の分子は，多くの溶媒分子によって囲まれている．これを**溶媒和**という．分子が移動する際も，分子が単独で移動するのではなく，溶媒和分子を引き連れて動くと考えた方がよい．もちろん，ずっと同じ分子ではなく，溶媒和構造は集合と解離を繰り返しながらも，ある定常的な構造をとると考えられている．

溶媒和に関連して，水溶液中で分子・イオンが水によって溶媒和されることを**水和**という．水和されたイオンの特徴を表す量として，**部分モル容量**がある．これは，充分大きな体積の水の中に1 molのイオンを加え，その水溶液体積から，加える前の水の体積を差し引いたものである．もし，水とイオンの間に相互作用がなく，それぞれの体積が変化しないなら，部分モル容量はイオンの1 molあたりの体積（モル容量）になるはずである．**表 8.1** に 25℃での部分モル容量を示す．H^+ や Li^+，Na^+ や多価イオンでは，部分モル容量が負になっている．また，K^+ や Rb^+ などでは値は正であるが，これらはイオンのモル容量に比べれば値は小さい．これは，イオンが周りの水分子をぎゅっと引き寄せた結果，溶媒の体積が減少するためと考えられる．

表 8.1　イオンの部分モル容量

イオン	部分モル容量 ($cm^3\,mol^{-1}$)
H^+	−5.4
Li^+	−6.3
Na^+	−6.6
K^+	3.6
Rb^+	8.7

イオン	部分モル容量 ($cm^3\,mol^{-1}$)
Cs^+	−22.8
Be^{2+}	−32.0
Mg^{2+}	−32.4
Al^{3+}	−58.4

水和イオンの構造としては，Frank-Wen モデルが有名である．イオンに隣接する水は，イオンに対して双極子モーメントを揃えた規則正しい構造をとる

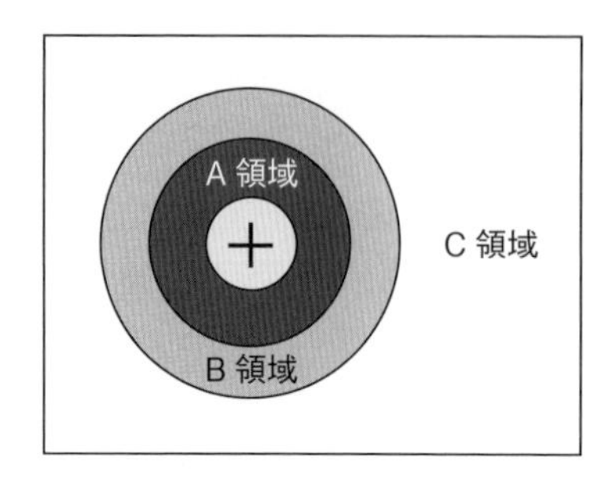

図8.7　水和イオンのモデル

（A 領域）．その周りには，イオンと水分子の相互作用はそれほど強くはなく，どちらかというと無秩序な配向をした領域がある（B 領域）．さらにその周りには，イオンがないときと同じ構造をとる水が存在する（C 領域）．Frank-Wen モデルによれば，B 領域および C 領域はすべてのイオンに共通して存在するが，A 領域が現れるかどうかは，イオンの価数と大きさによる．K^+ 以上の大きさの 1 価の正イオンでは A 領域は存在しない．一方，多価イオンでは，A 領域が存在すると考えられている．

コラム

イオン強度

溶液中のイオンの反応では，溶媒和による安定化の効果が大きい．これは，イオンと溶媒の間に働くクーロン相互作用のためである．さらに直接反応には関与しない，他のイオンの影響も考える必要がある．そこで**イオン強度**という量を考えることにする．イオン強度は溶液中の i 番目のイオンの濃度を c_i，電荷を z_i とし，これらの総和をとって以下のように定義する．

$$I = \frac{1}{2}\sum_i c_i z_i^2$$

いわば，電荷の重みをかけて溶液中のイオン濃度を表したものと考えてよい．

例えば，0.1 mol dm^{-3} の $MgCl_2$ 水溶液のイオン強度は，

$$Mg^{2+} : c_{Mg^{2+}} = 0.1\ \mathrm{mol\ dm^{-3}}\ ;\ z_{Mg^{2+}} = +2$$

$$Cl^- : c_{Cl^-} = 0.2\ \mathrm{mol\ dm^{-3}}\ ;\ z_{Cl^-} = -1$$

なので，

$$I = \frac{1}{2}\sum_i (0.1\ \mathrm{mol\ dm^{-3}} \times (+2)^2 + 0.2\ \mathrm{mol\ dm^{-3}} \times (-1)^2) = 0.3\ \mathrm{mol\ dm^{-3}}$$

になる．

演 習 問 題

8.1 オンサーガーの逃散距離は，クーロンエネルギー $E = \dfrac{z_{\mathrm{A}}z_{\mathrm{B}}e^2}{4\pi\varepsilon_{\mathrm{r}}\varepsilon_0 r}$ と，熱エネルギー $E = k_{\mathrm{B}}T$ がちょうど等しくなる距離に相当する．

(1) オンサーガーの逃散距離を求めよ．

(2) $z_{\mathrm{A}} = 2$，$z_{\mathrm{B}} = -2$ の場合の，25 ℃における水中のオンサーガーの逃散距離を求めよ．ただし，

電気素量　$e = 1.60 \times 10^{-19}\ \mathrm{C}$

真空の誘電率　$\varepsilon_0 = 8.85 \times 10^{-12}\ \mathrm{C^2\,N^{-1}\,m^{-2}}$

水の比誘電率　$\varepsilon_{\mathrm{r}} = 78.5$

ボルツマン定数　$k_{\mathrm{B}} = 1.38 \times 10^{-23}\ \mathrm{J\,K^{-1}}$

を用いよ．

8.2 式 (8.3.6) は，電荷をもつイオンについての全拡散流 I_{B} である．中性分子どうしでは，分子の間のポテンシャルエネルギーは $U(r) = 0$ である．式 (8.3.6) に代入して，式 (8.2.6) と一致することを確認せよ．

第9章 光化学反応

これまでは，熱によって引き起こされる化学反応を中心に学んできた．本章では，光によって引き起こされる分子の変化が熱の場合とどう違うのかについて説明したあと，光吸収のしやすさを定量的に考える．また，光吸収に引き続いて起こる反応について学ぶ．

9.1 分子の状態

分子がどういう状態にあるかを指定するには，分子の中の電子の状態と，分子の骨格の運動（振動と回転）の状態を考える．分子は常に決まった状態をとるわけではなく，いろいろな状態をとりうる．さらにその中にはエネルギーの高い状態と低い状態がある．もちろんエネルギーの低い状態が安定ではあるが，分子はつねにエネルギーの最も低い基底状態にあるわけではなく，分子がとることのできる状態の数は温度 T によって変化する（付録 A.3 参照）．例えば塩化水素 HCl 分子の場合，回転状態は 300 K で最もエネルギーの低い基底状態から 20 番目くらいの励起状態までを占め，500 K では 30 番目くらいの励起状態まで占めるようになる．ただこれは回転状態に特徴的であり，振動状態については，300 K でも 500 K でもほぼ振動基底状態にあることがわかっている．

この違いは，ある状態から別の状態に移るのに必要なエネルギーと**熱エネルギー** k_BT の大きさを比べることで説明できる．300 K の熱エネルギーは 0.026 eV である[†1]．一方，$H^{35}Cl$ で，回転の基底状態からすぐ上の励起状態へ移るのに必要なエネルギーは $\Delta E = 0.0026\,eV$ 程度である．また，振動の基底状態からすぐ上の励起状態への遷移に必要なエネルギーは $\Delta E = 0.36\,eV$ であ

[†1] 例題 9.1 参照．$1\,eV \times (300\,K/11600\,K) \approx 0.026\,eV$

る．さらにHClの電子励起状態のエネルギーは，基底状態に対して3.5 eV程度高いことがわかっている．これらの比較から，回転状態は熱エネルギーで励起することができるが，振動状態や電子状態は励起するのが難しいのがわかる．

［**例題 9.1**］ $k_{\mathrm{B}}T = 1\,\mathrm{eV}$ となる温度 T を求めよ．ただし，ボルツマン定数 $k_{\mathrm{B}} = 1.38 \times 10^{-23}\,\mathrm{J\,K^{-1}}$ である．

［**解**］ $1\,\mathrm{eV} = 1.602 \times 10^{-19}\,\mathrm{J}$ であるので

$$T = \frac{1.602 \times 10^{-19}\,\mathrm{J}}{1.38 \times 10^{-23}\,\mathrm{J\,K^{-1}}} \cong 11600\,\mathrm{K}$$

となる．この数字を覚えておくと，熱エネルギーの大きさを求めるのに便利である．

一方，光を用いれば，振動状態，電子状態も励起することができる．光は波であると同時に粒子の性質ももっていて，身の回りの光も光子が集まったものと考えられる．1個の光子のエネルギーは

$$\varepsilon = h\nu = h\frac{c}{\lambda} = hc\tilde{\nu} \tag{9.1.1}$$

と書ける．ここでプランク定数 h，振動数 $\nu(\mathrm{s^{-1}},\ \mathrm{Hz})$，光速 $c = 3.00 \times 10^{8}\,\mathrm{m\,s^{-1}}$，波長 $\lambda(\mathrm{m})$，波数 $\tilde{\nu}(\mathrm{m^{-1}})$ である．**図 9.1** に光の波長，波数，光子のエネルギーと分子の状態間の遷移に必要なエネルギーをまとめた[†1]．分子の電子状態を励起するためには，熱では数万度に温度を高める必要があるが，光では紫外線〜可視光線を用いればよい．また波長の決まったレーザー光を用いることで，分子を狙った状態に遷移させることもできる．

光化学反応は，分子の電子状態が励起されることが引き金になるといってよい．電子励起状態にある分子は，エネルギーから見ても不安定であり，反応性が高い．後に述べるように，本章では，光によって電子状態が励起されて進行する反応を考える．

[†1] 波数の単位としては，$\mathrm{cm^{-1}}$ が用いられる．波数はエネルギーと比例関係にあって，$1000\,\mathrm{cm^{-1}} = 0.124\,\mathrm{eV}$ である．波長と波数は反比例の関係にあって，$1000\,\mathrm{cm^{-1}}$ の光の波長は $10\,\mu\mathrm{m}$ である．

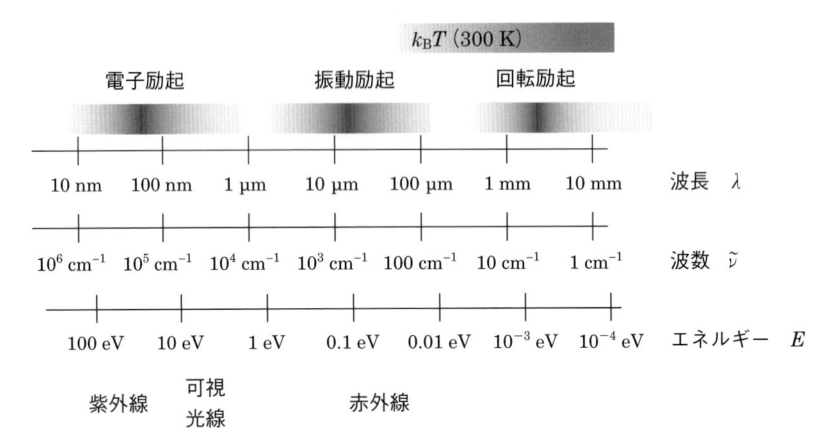

図 9.1 光の波長，波数，光子のエネルギーの関係と分子の状態を励起するのに必要なエネルギー

［**例題 9.2**］ 光子のエネルギー $h\dfrac{c}{\lambda} = 1\ \mathrm{eV}$ となる波長 λ を求めよ．

［**解**］ $1\ \mathrm{eV} = 1.602 \times 10^{-19}\ \mathrm{J}$ であるので

$$\lambda = \frac{3.00 \times 10^8\ \mathrm{m\ s^{-1}} \times 6.63 \times 10^{-34}\ \mathrm{J\ s}}{1.602 \times 10^{-19}\ \mathrm{J}} = 1240 \times 10^{-9}\ \mathrm{m} = 1240\ \mathrm{nm}$$

となる．この数字を覚えておくと，光子の波長とエネルギーの換算が便利である．たとえば，3.5 eV のエネルギーの光子は，1240/3.5 nm = 354 nm である．

9.2 光の吸収と放出

光化学反応は，分子が光を吸収し，エネルギーの高い活性（不安定）な状態になることによって進行する．したがって，「分子が光を吸収する」ことが，反応の第一条件になる．光の吸収は光子を単位とし，1 個の分子は 1 個の光子を吸収するのが基本である．ただ分子はありとあらゆる光子を吸収するわけではなく，光子のエネルギーが分子の状態間のエネルギー差に等しい（**共鳴**という）必要がある（**図 9.2**）．さらに，光を吸収した全ての分子が

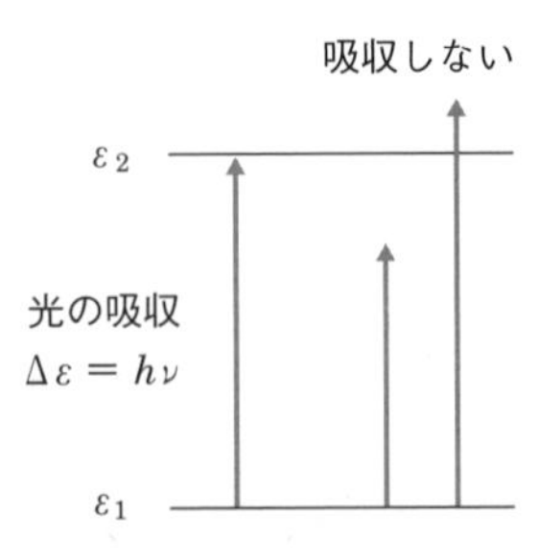

図 9.2 状態間のエネルギーと光の吸収

反応するわけではない．これらは，ある確率で進行する．

分子の光の吸収と放出過程について，反応速度論から考える．**図 9.3** のように，エネルギーの異なる 2 つの状態があるとする．エネルギーの低い状態 1 にある分子の数を N_1, エネルギーの高い状態 2 にある分子の数を N_2 とおく．光が照射されると分子は光を吸収して励起されるが，その割合は光の強度（エネルギー密度 $\rho(\nu)$）に比例する．ここでエネルギー密度とは，単位体積あたり，単位振動数あたりのエネルギーの値である．分子との関係を考えれば，分子があるところに光があたること，また光のエネルギーが状態間のエネルギー差にちょうど合うことが必要である．この速度定数を B_{12} とおく．

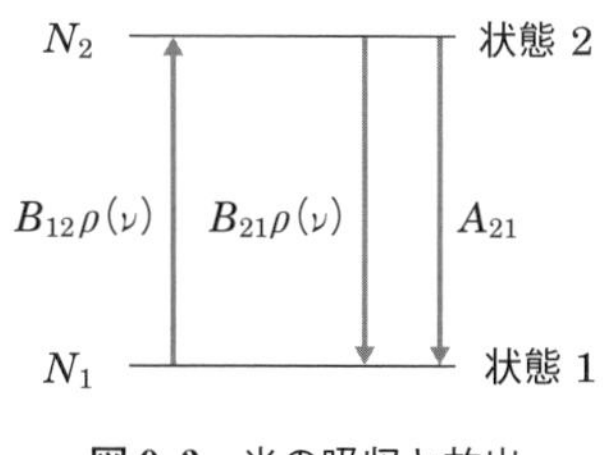

図 9.3　光の吸収と放出

一方，状態 2 にある分子は，2 つの過程で状態 1 に戻る．1 つ目は**誘導放出**といわれる過程で，光が分子に照射されているとき，同じ波長（振動数）の光を放出して状態 1 に戻る．その割合は照射光のエネルギー密度に比例する．この速度定数を B_{21} とおく．2 つ目は**自然放出**で，照射光とは無関係に，励起分子がある寿命で元の状態（状態 1）に戻る過程である．その速度定数を A_{21} とおく．これら A_{21}, B_{12}, B_{21} は**アインシュタインの係数**と呼ばれている．

光が照射されているとき，状態 1 にある分子の数は，反応速度論から，

$$\frac{\mathrm{d}N_1}{\mathrm{d}t} = -B_{12}\rho(\nu)N_1 + B_{21}\rho(\nu)N_2 + A_{21}N_2 \tag{9.2.1}$$

に従って時間変化する．光の吸収と放出で平衡が成り立つとすれば $\dfrac{\mathrm{d}N_1}{\mathrm{d}t} = 0$ より

$$B_{12}\rho(\nu)N_1 = (B_{21}\rho(\nu) + A_{21})N_2 \tag{9.2.2}$$

$$\frac{N_2}{N_1} = \frac{B_{12}\rho(\nu)}{B_{21}\rho(\nu) + A_{21}} \tag{9.2.3}$$

が成り立つ．この式と，すでに知られている関係式（ボルツマン分布（6.1 節参照）と黒体輻射の式）とを関連付けることで，速度定数を求めてみよう．状態 2

にある分子の数と，状態1にある分子の数の比がボルツマン分布に従うとすれば，$\frac{N_2}{N_1}$ は，

$$\frac{N_2}{N_1} = \exp\left(-\frac{\Delta\varepsilon}{k_B T}\right) = X(T) \tag{9.2.4}$$

と書ける．ここで $\Delta\varepsilon$ は1と2の状態のエネルギー差を表す．式(9.2.3)と式(9.2.4)をあわせれば

$$\frac{B_{12}\rho(\nu)}{B_{21}\rho(\nu) + A_{21}} = X(T) \tag{9.2.5}$$

となるので，光のエネルギー密度は

$$\rho(\nu) = \frac{A_{21}X(T)}{B_{12} - B_{21}X(T)} \tag{9.2.6}$$

と書き表すことができる．プランクの黒体輻射の式[†1]に表式を合わせるために，この逆数をとれば，

$$\frac{1}{\rho(\nu)} = \frac{B_{12} - B_{21}X(T)}{A_{21}X(T)} = \frac{B_{12}}{A_{21}X(T)} - \frac{B_{21}}{A_{21}} \tag{9.2.7}$$

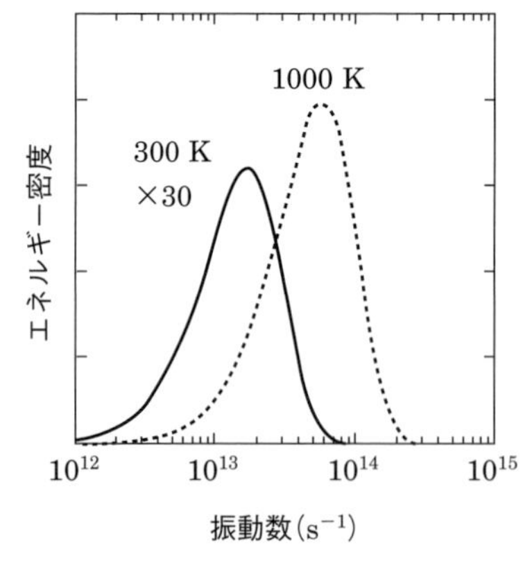

図9.4 黒体輻射のスペクトル

である．一方，プランクの黒体輻射の式は

$$\frac{1}{\rho(\nu)} = \frac{c^3}{8\pi h\nu^3}\left[\exp\left(\frac{\Delta\varepsilon}{k_B T}\right) - 1\right] \tag{9.2.8}$$

---

†1 温度 T と熱平衡にある物質から光が放出される．その光のエネルギー密度はプランクの黒体輻射の式

$$\rho(\nu) = \frac{8\pi h\nu^3}{c^3}\frac{1}{\exp\left(\frac{h\nu}{k_B T}\right) - 1}$$

で与えられる．ここで，c は光速，ν は光の振動数である．温度が上昇すると，黒体輻射は高振動数側に移動する．

で，式 (9.2.7) と式 (9.2.8) は完全に一致するはずである．温度に依存する部分と，温度に依存しない部分があるので，それぞれが等しいとおける．

$$\frac{B_{12}}{A_{21}X(T)}=\frac{c^3}{8\pi h\nu^3}\exp\left(\frac{\Delta\varepsilon}{k_{\mathrm{B}}T}\right) \tag{9.2.9}$$

$$\frac{B_{21}}{A_{21}}=\frac{c^3}{8\pi h\nu^3} \tag{9.2.10}$$

式 (9.2.4) を用いて，式 (9.2.9) を書き直せば

$$\begin{aligned}B_{12}&=A_{21}X(T)\frac{c^3}{8\pi h\nu^3}\exp\left(\frac{\Delta\varepsilon}{k_{\mathrm{B}}T}\right)\\&=A_{21}\exp\left(-\frac{\Delta\varepsilon}{k_{\mathrm{B}}T}\right)\frac{c^3}{8\pi h\nu^3}\exp\left(\frac{\Delta\varepsilon}{k_{\mathrm{B}}T}\right)\\&=A_{21}\frac{c^3}{8\pi h\nu^3}\end{aligned} \tag{9.2.11}$$

である．一方，式 (9.2.10) は，式 (9.2.11) を用いて

$$B_{21}=A_{21}\frac{c^3}{8\pi h\nu^3}=B_{12} \tag{9.2.12}$$

である．これらより，吸収・放出に関係する速度定数の関係が求まった．

$$B_{12}=B_{21} \tag{9.2.13}$$

$$A_{21}=\frac{8\pi h\nu^3}{c^3}B_{12} \tag{9.2.14}$$

である．光による励起と誘導放出の速度定数は等しい．

これまでは，光がずっとあたり続けるという状況を考えたが，瞬間的に光るパルス状の光を励起のために用いて，分子を瞬間的に励起したとする．励起によって，状態 2 の分子の数が N_2^0 になる．その後，光は照射されないならば，状態 2 の分子数は

$$-\frac{\mathrm{d}N_2}{\mathrm{d}t}=A_{21}N_2 \tag{9.2.15}$$

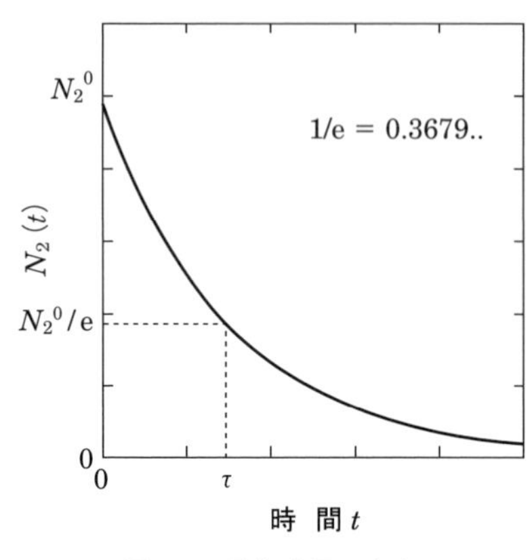

図 9.5　励起分子の寿命

で減少する．ここで t はパルス光が消えてからの時間である．微分方程式を積分すれば，状態2の分子数は

$$N_2(t) = N_2{}^0 \exp(-A_{21}t) \tag{9.2.16}$$

と指数関数で減少する．状態2にある分子の数が，$N_2{}^0$ の 1/e (e = 2.7182..) にまで減少するのにかかる時間を寿命 τ という．指数関数の表式からわかるように，

$$\tau = \frac{1}{A_{21}} \tag{9.2.17}$$

である[†1]．分子の励起状態の寿命は実験で観測することができる．励起状態の寿命を用いれば，

$$A_{21} = \frac{1}{\tau} \tag{9.2.18}$$

$$B_{12} = B_{21} = \frac{c^3}{8\pi h\nu^3}\frac{1}{\tau} \tag{9.2.19}$$

となる．つまり，励起状態の寿命が短い分子ほど，光を吸収しやすいということになる．

9.3　吸収断面積

衝突や反応のしやすさを表す量として，衝突断面積や反応断面積について第6章で説明した．同様に，分子の光吸収のしやすさを表す量として光の**吸収断面積** σ がある．**図 9.6** に示すように，光子が降り注いでいるとする．面積 σ の

[†1]　式 (1.3.8) 参照．

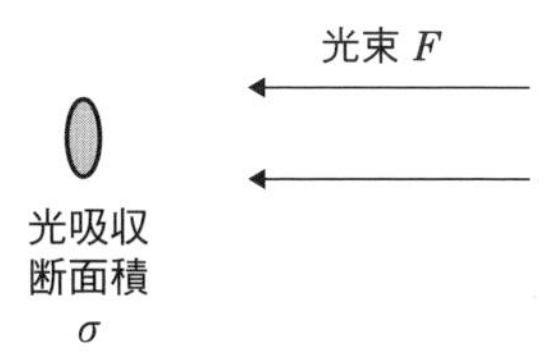

図 9.6　光吸収断面積

断面の内側に光子が入れば，分子は光吸収すると考える．光を吸収しやすい分子の光吸収断面積は大きくなる．光吸収断面積は，光の波長あるいは振動数によって変化する．

光束 F は，単位時間あたりに単位面積を通り抜ける光子の数と定義される．光吸収断面積をかけた σF は，面積 σ を単位時間あたりに通り抜ける光子の数になる．つまり，1つの分子について単位時間あたりに起こる光吸収の回数になる．状態 1 の分子が光吸収によって励起されれば，状態 1 にある分子の数が減少する．光吸収のみに着目すれば

$$\frac{\mathrm{d}N_1}{\mathrm{d}t} = -B_{12}\rho(\nu)N_1 = -\sigma F N_1 \tag{9.3.1}$$

である (式 (9.2.1) 参照)．書き換えれば，

$$\sigma = \frac{B_{12}\rho(\nu)}{F} \tag{9.3.2}$$

となって，光吸収断面積と光吸収の速度定数が結びつく．

ただ，このままではこの関係は使いにくい．本来，光吸収断面積は分子固有の値であるはずだが，F や $\rho(\nu)$ は実験の条件できまる値である．そこで，光の性質から F と $\rho(\nu)$ の関係を求めて，書き換えることにする．そもそも光の強度 I とは，光束に光子 1 個のエネルギー $h\nu$ をかけた，単位時間，単位面積あたりのエネルギーで与えられる．

$$I = Fh\nu \tag{9.3.3}$$

一方，エネルギー密度 $\rho(\nu)$ は，単位体積あたり，単位振動数あたりの光の強度と定義されている．光が振動数 ν を中心として $\Delta\nu$ の幅をもっているとすれば，光の強度 I は，光速 c を用いて，

$$I = c\rho(\nu)\Delta\nu \tag{9.3.4}$$

と書ける．これらは等しいので ($Fh\nu = c\rho(\nu)\Delta\nu$)，書き換えて

$$\frac{\rho(\nu)}{F} = \frac{h\nu}{c\Delta\nu} \tag{9.3.5}$$

である．この関係を用いると，

$$\sigma = \frac{h\nu}{c\Delta\nu} B_{12} \tag{9.3.6}$$

となる．また，式(9.2.14)を用いると，

$$\sigma = \frac{h\nu}{c\Delta\nu} \frac{c^3}{8\pi h\nu^3} A_{21} = \frac{c^2}{8\pi\nu^2\Delta\nu} A_{21} \tag{9.3.7}$$

となる．これで，吸収断面積と速度定数が結びついた．

9.4　蛍光とりん光

本節以降では，分子が光を吸収して励起状態に遷移したあとの振る舞いを考える．安定な分子の電子基底状態は閉殻で電子スピンが全て対をなしている一重項(singlet)であることが多いので，ここではその基底状態を S_0 と書く．S_0 の振動基底状態 $\nu'' = 0$ にある分子は，光吸収によって電子励起状態(第一励起一重項状態 S_1)の，どれかの振動状態 ν' に遷移する．高い振動状態であれば，**振動緩和**という過程によって速やかに振動基底状態 $\nu' = 0$ に落ちていく．この振動緩和は，光を放出しない無輻射の過程であり，そのエネルギーは最終的に熱として放出される．励起一重項状態 S_1 にある分子は，まだ充分なエネルギーを有しており不安定であるので，**蛍光**を発して S_0 状態に戻るのが一つの経路である．あるいは，蛍光を発することなく，S_0 状態の高い振動状態に移り(**内部転換**)，振動緩和によって $\nu'' = 0$ まで落ちていく．

さらにもう一つの経路は，励起一重項状態 S_1 から**項間交差**によって，第一励起三重項状態 T_1 に移るものである．三重項状態は2個の電子スピンが対をなさずに同じ向きになったもので，一重項状態から三重項状態へは基本的に遷移しない(**スピン禁制**という)が，重原子を含む分子などでは，スピン軌道相互作用によってしばしば起こる．このようにして生成する励起三重項状態 T_1 から，より安定な S_0 状態に遷移しようとしても，やはりスピン禁制であり容易に

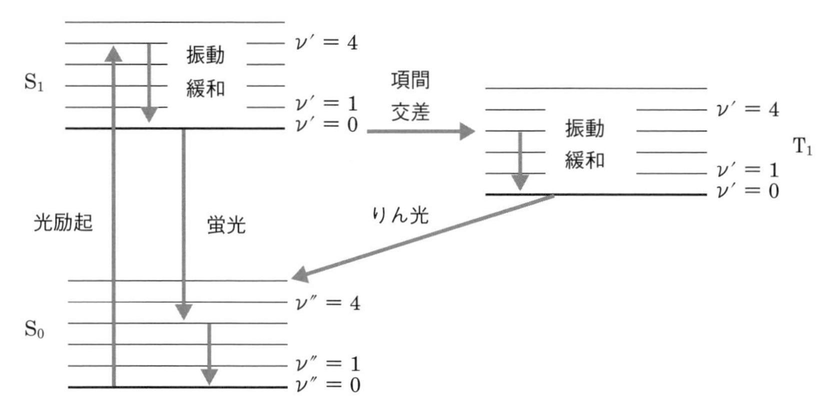

図 9.7　光励起後の緩和過程

は進まない．T_1 状態から S_0 状態に遷移する際には**りん光**を放出するが，T_1 状態寿命は比較的長く，全ての分子がりん光を出して S_0 状態に戻るには，比較的長い時間がかかる．

エネルギーの高い状態から低い状態に移ることを**緩和**という．光励起された分子は，様々な緩和過程を経て元の状態に戻る．もちろん蛍光を出して S_0 状態に戻るのも，主な経路である．1 光子吸収したのち，ある現象が起こる割合を**量子収率**という．蛍光の量子収率を速度論から求めてみる．それぞれの過程と，その速度は

$$\text{光吸収} \qquad S_0 + h\nu \Longrightarrow S_1 \qquad k_a I[S_0] \tag{9.4.1}$$

$$\text{蛍光} \qquad S_1 \Longrightarrow S_0 + h\nu \qquad k_f[S_1] \tag{9.4.2}$$

$$\text{内部転換} \qquad S_1 \Longrightarrow S_0 \qquad k_{IC}[S_1] \tag{9.4.3}$$

$$\text{項間交差} \qquad S_1 \Longrightarrow T_1 \qquad k_{ISC}[S_1] \tag{9.4.4}$$

で与えられる．ここで，I は光励起のための光の強度である．S_1 状態の分子の濃度の変化に着目すれば

$$\frac{d[S_1]}{dt} = k_a I[S_0] - k_f[S_1] - k_{IC}[S_1] - k_{ISC}[S_1] \tag{9.4.5}$$

となる．光が常に照射されている条件下では，S_1 状態の分子の濃度は変わらな

いので，定常状態近似を用いて

$$k_a I[S_0] - k_f[S_1] - k_{IC}[S_1] - k_{ISC}[S_1] = 0 \tag{9.4.6}$$

より，

$$[S_1] = \frac{k_a I[S_0]}{k_f + k_{IC} + k_{ISC}} \tag{9.4.7}$$

となる．これより，蛍光の量子収率 Φ は，速度定数を用いて

$$\Phi = \frac{k_f[S_1]}{k_a I[S_0]} = \frac{k_f \dfrac{k_a I[S_0]}{k_f + k_{IC} + k_{ISC}}}{k_a I[S_0]} = \frac{k_f}{k_f + k_{IC} + k_{ISC}} \tag{9.4.8}$$

と表される．

9.5 励起状態の失活

励起分子は，高いエネルギーをもつために不安定で活性である．活性を利用して，熱エネルギー領域では進行しないような反応を起こすことができる．このような光化学反応の反応メカニズムを調べるために，あえて反応の活性を抑える物質（**失活剤**）を加えて，その応答を調べることがある．次のような反応を考える．

光吸収	$A + h\nu \Longrightarrow A^*$	$k_a I[A]$	(9.5.1)
緩和	$A^* \Longrightarrow A$	$k_d[A^*]$	(9.5.2)
反応	$A^* \Longrightarrow P$	$k_r[A^*]$	(9.5.3)
失活	$A^* + Q \Longrightarrow A + Q^*$	$k_q[A^*][Q]$	(9.5.4)

失活剤が存在しない場合，次の例題が示すように，この反応の生成物Pの量子収率 Φ_0 は

$$\Phi_0 = \frac{k_r}{k_d + k_r} \tag{9.5.5}$$

である．

［**例題 9.3**］ 失活剤が存在しない場合の，この反応の生成物 P の量子収率 Φ_0 を求めよ．

［**解**］ 失活剤がない場合の A^* の濃度の変化は

$$\frac{d[A^*]}{dt} = k_a I[A] - k_d[A^*] - k_r[A^*]$$

である．定常状態近似が成り立つと仮定して，

$$k_a I[A] - k_d[A^*] - k_r[A^*] = 0$$

であるので，A^* の濃度は

$$[A^*] = \frac{k_a I[A]}{k_d + k_r}$$

である．これより，生成物 P の量子収率は

$$\Phi_0 = \frac{k_r[A^*]}{k_a I[A]} = \frac{k_r \dfrac{k_a I[A]}{k_d + k_r}}{k_a I[A]} = \frac{k_r}{k_d + k_r}$$

である．

失活剤がある場合，P の量子収率 Φ は

$$\Phi = \frac{k_r}{k_d + k_r + k_q[Q]} \tag{9.5.6}$$

になる．よって，失活剤がある場合とない場合の量子収率の比 Φ_0/Φ は，

$$\frac{\Phi_0}{\Phi} = 1 + \frac{k_q}{k_d + k_r}[Q] \tag{9.5.7}$$

となる．この関係式を**シュテルン-ボルマーの式**という．量子収率の比 Φ_0/Φ を失活剤の濃度［Q］に対してプロットすると，シュテルン-ボルマープロットが得られる（**図 9.8**）．これらが直線関係にあることから，上記の失活モデルが正しいことが検証される．

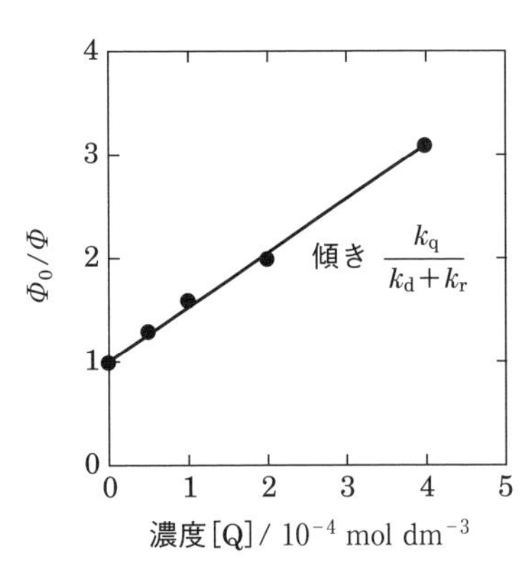

図 9.8 シュテルン-ボルマープロット

9.6 吸収スペクトル

光を吸収するのは分子であるが，実験によって光吸収を測定する場合は，分子を含む溶液を試料とすることが多い．一般に，試料の濃度 c が濃ければ濃いほど，また液体の中を光が通過する距離 l が長ければ長いほど，光はより多く吸収される．

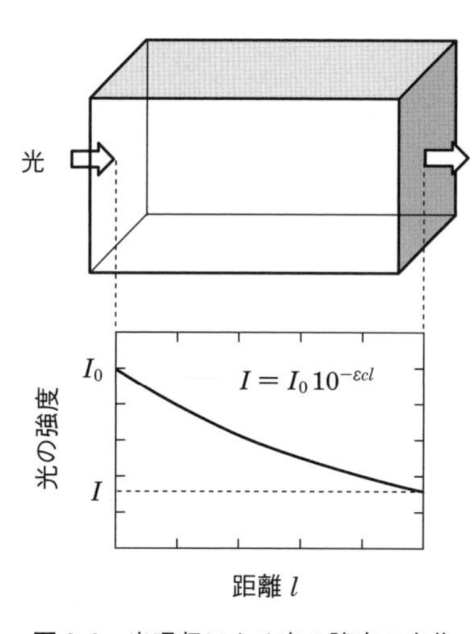

図 9.9　光吸収による光の強度の変化

距離 l が $l + \mathrm{d}l$ と長くなって，試料を透過して抜けてくる出射光の強度が I から $I - \mathrm{d}I$ に減衰したとする．光の減衰の割合 $-\dfrac{\mathrm{d}I}{I}$ は，試料の濃度 c と距離の増加分 $\mathrm{d}l$ に比例するので，

$$-\frac{\mathrm{d}I}{I} = ac\mathrm{d}l \quad (9.6.1)$$

となる．ここで，a は，光吸収のしやすさを表す定数である．光が通過する距離が 0 から l になれば，透過する（吸収されない）光の強度は I_0 から I になることを考えて，この積分をとると，

$$\int_{I_0}^{I} \frac{\mathrm{d}I}{I} = -\int_0^l ac\mathrm{d}l \quad (9.6.2)$$

となる．ここで，入射光の強度を I_0 とした．式 (9.6.2) から，

$$\ln \frac{I}{I_0} = -acl \quad (9.6.3)$$

が得られる．これを書き直せば，

$$I = I_0 \mathrm{e}^{-acl} \quad (9.6.4)$$

となる．慣例的に，式 (9.6.3) の対数の底を e でなくて 10 とすることが多い．その影響で，a が書き換わって

$$I = I_0 10^{-\varepsilon cl} \tag{9.6.5}$$

という関係が成り立つ（演習問題 9.1 参照）．このようにして定義される ε を**吸光係数**という．波長 λ の光を，試料がどれくらい吸収するかを示す分子固有の量である．

吸光係数に着目して書き換えれば，

$$\varepsilon = -\frac{1}{cl}\log_{10}\left(\frac{I}{I_0}\right) = \frac{1}{cl}\log_{10}\left(\frac{I_0}{I}\right) \tag{9.6.6}$$

となる．ここで，$-\log_{10}\left(\frac{I}{I_0}\right)$ あるいは $\log_{10}\left(\frac{I_0}{I}\right)$ を**吸光度**という．光の吸収が大きければ，I が小さくなるので，吸光度は大きくなる．入射光と出射光の強度から吸光度を求め，濃度 c と距離 l がわかれば吸光係数 ε を求めることができる．この関係を**ランバート-ベールの法則**という．一般に，濃度 c は mol dm^{-3} で，光が通過する距離 l は cm で表示する．このときの ε を**モル吸光係数**といい，単位は $\text{dm}^3\ \text{mol}^{-1}\ \text{cm}^{-1}$ ($\text{L mol}^{-1}\ \text{cm}^{-1}$) になる．

吸光度を波長に対してプロットしたものを**吸収スペクトル**という．吸収スペクトルを測定する場合，試料溶液の濃度は充分低くして，吸収される光を充分少なくするのが一般的である．吸収される光が充分少ないとき，試料によって吸収される光の強度を $\Delta I = I_0 - I$ とすれば

$$-\log_{10}\left(\frac{I}{I_0}\right) = -\log_{10}\left(\frac{I_0 - \Delta I}{I_0}\right) = -\log_{10}\left(1 - \frac{\Delta I}{I_0}\right) \cong 0.434\frac{\Delta I}{I_0} \tag{9.6.7}$$

と近似できる[†1]．つまり，吸光度は $\frac{\Delta I}{I_0}$ に比例する．

---

†1 x が 1 よりも充分小さければ，自然対数は，

$$\ln(1 + x) \approx x$$

と近似できる．常用対数では

$$\log_{10}(1 + x) = \frac{\ln(1 + x)}{\ln 10} = \frac{\ln(1 + x)}{2.303} = 0.434 \times \ln(1 + x) \approx 0.434x$$

である．

[**例題 9.4**] 濃度 $1.0\times10^{-4}\,\mathrm{mol\,L^{-1}}$ の水溶液を $1.0\,\mathrm{cm}$ の光学セルに入れて測定したところ，波長 500 nm で透過光強度 I は入射光強度 I_0 の 99.7 % であった．この水溶液のモル吸光係数を求めよ．

[**解**] 式 (9.6.6) より

$$\begin{aligned}\varepsilon &= -\frac{1}{1.0\times10^{-4}\,\mathrm{mol\,L^{-1}}\times1.0\,\mathrm{cm}}\log_{10}\left(\frac{0.997I_0}{I_0}\right)\\ &= 1.3\times10^{1}\,\mathrm{L\,cm^{-1}\,mol^{-1}}\end{aligned}$$

となる．

試料が溶液でなく，気体の場合でも同様の関係が成り立つ．式 (9.6.4) をもとに，

$$I = I_0\mathrm{e}^{-\sigma nl} \tag{9.6.8}$$

と書く．気体の場合は，底を e とすることが多い．このとき，σ は光吸収断面積 ($\mathrm{cm^2}$)，n は気体分子の数密度 ($\mathrm{cm^{-3}}$) である[†1]．式 (9.6.8) を書き換えれば，光吸収断面積は

$$\sigma = -\frac{1}{nl}\ln\left(\frac{I}{I_0}\right) \tag{9.6.9}$$

になる．σ を波長に対してプロットすれば，吸収スペクトルが得られる．

9.7 光解離

分子の光励起によって，分子に充分なエネルギーが与えられ，そのエネルギーが分子の結合エネルギーよりも大きいときには，分子の結合が解離することがある．原子 A と B からなる二原子分子の場合は，

$$\mathrm{AB} + h\nu \Longrightarrow \mathrm{A} + \mathrm{B} \tag{9.7.1}$$

[†1] 気相の反応で分子の数に着目する場合，数密度の単位を molecules $\mathrm{cm^{-3}}$ と書くことがある (1.1 節参照)．この molecules は分子の数を意味し，日本語では「個」に対応する．同様にして，光の強度の単位を photons $\mathrm{cm^{-2}}$ と書く場合，photons は光子の数を意味する．この表記法にあわせれば，光吸収断面積の単位は $\mathrm{cm^2}$ $\mathrm{molecule^{-1}}$ となる．

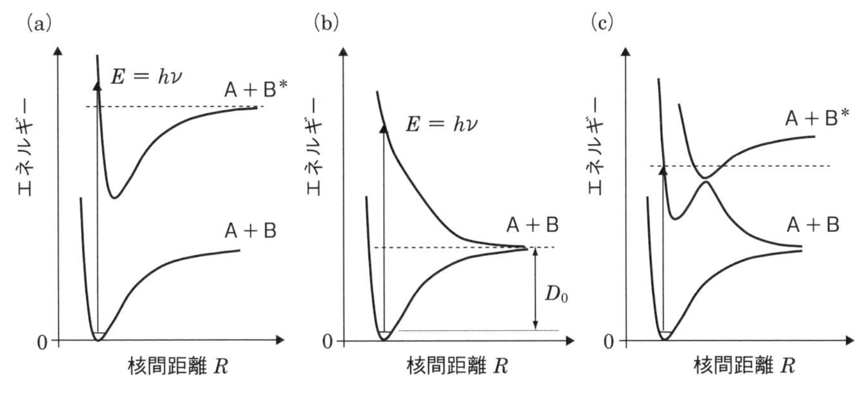

図 9.10　二原子分子の光解離過程

と書ける．このような反応を**光解離**という．

図 9.10 に，光解離のいくつかのケースをポテンシャルエネルギー曲線で示した．図の中の * は，その原子が励起状態にあることを示す．(a) は基底状態の原子 A と B からできる二原子分子 AB の光励起である．励起された先は，電子基底状態の原子 A と電子励起状態の原子 B* からできる励起状態である．励起によって得るエネルギー (矢印の先端に相当) は，原子 A と B* に解離するエネルギー (点線) よりも充分に大きいため光解離が起こる．もし，解離に必要なエネルギーよりも小さければ解離しない．(b) は，基底状態の原子 A と B からなる反結合性の状態への励起に相当する．反結合性軌道のポテンシャルエネルギー曲線は，核間距離が大きくなる方がエネルギーが低くなり安定なので，核間距離が伸びて最終的には解離する．このような右下がりのエネルギー曲線を解離性のポテンシャルエネルギー曲線という．解離によって生成した 2 つの原子 A と B は，励起エネルギー $h\nu$ から解離エネルギー D_0 を差し引いたエネルギー分の並進エネルギー E_T をもって離れていくことになる．

$$E_T = h\nu - D_0 \tag{9.7.2}$$

これはエネルギーが保存されるためである．

(c) は，基底状態の原子 A と励起状態の原子 B* からできる結合性の励起状態への遷移に相当する．ただし，そこに，原子 A と B へとつながる解離性のポテンシャル曲線が横切るように存在すると，「擬交差」という現象によってポテンシャル曲線が組み換わる．その交差点のエネルギーが励起エネルギーよりも低ければ，解離性のポテンシャルに沿って解離していく．このような解離のかたちを**前期解離**という．

9.8 オゾンの光解離

オゾンO_3は，大気化学，特に対流圏で進行する化学反応で重要な役割を果たす物質である(3.4節)．オゾンは紫外線領域の光を吸収する．このおかげで，地表まで降り注ぐ紫外線の量が少なくなっている．一方，光を吸収したオゾンは，光解離によって，酸素分子O_2と酸素原子Oを生成する．

$$O_3 + h\nu \Longrightarrow O_2 + O \tag{9.8.1}$$

このとき，O_2とOのどちらか，あるいは両方が電子励起状態になる可能性がある．310 nmよりも短い波長の光を吸収した場合，酸素原子はほぼ励起状態O^*となって，さらにこれらは空気中の水分子と反応して，OHラジカルを生成する．

$$O^* + H_2O \Longrightarrow 2OH \tag{9.8.2}$$

OHラジカルは反応活性な分子であり，空気中の様々な分子と反応することがわかっている．

式(9.8.2)の反応の速度定数は$k = 2.2 \times 10^{-10}\ \mathrm{cm^3\ molecule^{-1}\ s^{-1}}$程度とかなり大きい．この反応の他に，水分子と衝突して酸素原子が基底状態に脱励起したり，水素分子や酸素分子を生成する反応も同時に進行するが，これらは合わせても5%程度に過ぎない．これに比べて，空気中の窒素分子や酸素分子と衝突して脱励起する反応の方がより顕著であるが，速度定数は，それぞれ$k = 2.6 \times 10^{-11}\ \mathrm{cm^3\ molecule^{-1}\ s^{-1}}$，$k = 4.0 \times 10^{-11}\ \mathrm{cm^3\ molecule^{-1}\ s^{-1}}$程度である．これらをまとめて考えれば，一般的な反応条件，1.013×10^5 Pa，298 Kで湿度が50%の空気中では，光解離によって生成するO^*の約10%がOHとなる．

オゾンの吸収スペクトルを**図9.11**に示す．200 nmから300 nmにかけての

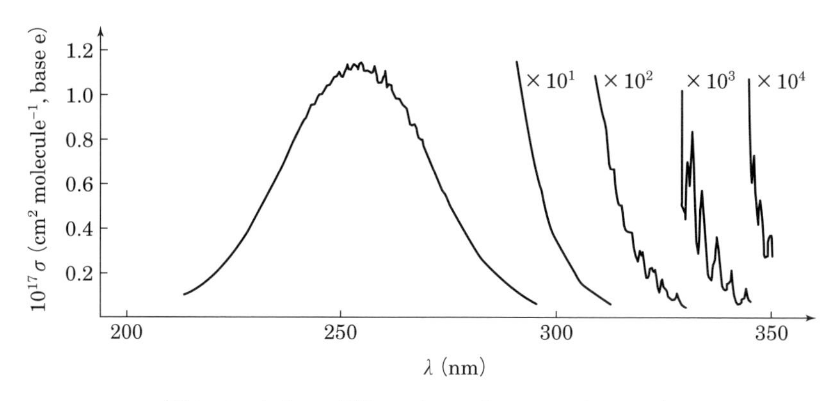

図 9.11　オゾンの吸収スペクトル（Daumont ら，1989）

光吸収が最も強く，**ハートレーバンド**といわれている．縦軸の吸収強度は，9.3 節で説明した光吸収断面積で表されている．このスペクトルは長波長側にも広がっていて，300 nm から 350 nm にかけて現れる光吸収帯はハギンズバンドといわれるが，その強度はハートレーバンドに比べて数桁弱い．オゾン層によって，地表にとどく紫外線がカットされるしきい値が 280 ～ 290 nm 付近にあるのは，ハートレーバンドの光吸収断面積が長波長側で低下するためである．

9.9　光解離の速度定数

分子に対して一定量の光があたり続けるとき，分子の光解離の速度は 1 次反応の式で与えられる．オゾンの場合，光解離によって消滅するオゾンの濃度は，もともと存在したオゾンの濃度に比例するので，

$$-\frac{\mathrm{d}[\mathrm{O_3}]}{\mathrm{d}t} = k_{\mathrm{p}}[\mathrm{O_3}] \tag{9.9.1}$$

である．速度定数は，光の波長によって変化するので $k_{\mathrm{p}}(\lambda)$ とおけば，

$$k_{\mathrm{p}}(\lambda) = \sigma(\lambda)\Phi(\lambda)F(\lambda) \tag{9.9.2}$$

で与えられる．速度定数の単位は $\mathrm{s^{-1}}$ である．ここで $\sigma(\lambda)$ は光吸収断面積 ($\mathrm{cm^2\ molecule^{-1}}$)，$\Phi(\lambda)$ は光吸収したもののうち解離するものの割合（光解離の量子収率で無単位），光束 $F(\lambda)$ は単位時間・単位面積あたりの光子の数

(photons cm^{-2} s^{-1}) を表す.

図9.11で示した通り，オゾンの光吸収断面積 $\sigma(\lambda)$ は255 nmで最も大きく，それよりも長波長側および短波長側で低くなる．また，光を吸収しても，充分なエネルギ―が与えられなければ分子は解離しないことからもわかるように，光解離の量子収率 $\Phi(\lambda)$ も波長によって変化する[†1]．さらに，照射光も，波長によって光束 $F(\lambda)$ が変わる可能性がある．そこで，実際に使われる速度定数は，波長による違いを全て考慮するために積分する．

$$k_{\mathrm{p}} = \int k_{\mathrm{p}}(\lambda)\,\mathrm{d}\lambda = \int \sigma(\lambda)\,\Phi(\lambda)\,F(\lambda)\,\mathrm{d}\lambda \tag{9.9.3}$$

大気中の化学反応を考える場合，この中で $F(\lambda)$ を正確に見積もるのが最も難しい．これは太陽から降りそそぐ光の強度であるが，実際には，大気中に存在する雲やエアロゾルなどの粒子による光の反射・散乱も考える必要がある．また，反応が進行する場所によっては，それよりも上層部での分子による太陽光の吸収の影響も考えなければならない．そこで光の強度として，これらの過程を考慮した光化学作用フラックス $F_{\mathrm{p}}(\lambda)$ を用いる．また，光解離の速度定数を一般の速度定数と区別して，j_{p} という記号で書き表すことが多い．

$$j_{\mathrm{p}} = \int \sigma(\lambda)\,\Phi(\lambda)\,F_{\mathrm{p}}(\lambda)\,\mathrm{d}\lambda \tag{9.9.4}$$

コラム

誘導放出とレーザー

生活のなかのさまざまな場面でよく使われるようになったレーザーであるが，レーザー (laser) は light amplification by stimulated emission of radiation の略である．つまり，「放射の誘導放出による光増幅」を意味する．式 (9.2.1) から誘導放出が際立って起こる条件を考えてみよう．照射されている光の強度 $\rho(\nu)$ が強く，$B_{21}\rho(\nu)N_2 \gg A_{21}N_2$ であるならば，式 (9.2.1) は

$$\frac{\mathrm{d}N_1}{\mathrm{d}t} \approx -B_{12}\rho(\nu)N_1 + B_{21}\rho(\nu)N_2$$

[†1] オゾンの場合は，1180 nm よりも長波長では光解離が起こらない．

と書き換えることができる．誘導放出が際立って起こるということは，状態 2 にある分子が状態 1 に移ることなので，状態 1 の分子が増加する，つまり $\dfrac{\mathrm{d}N_1}{\mathrm{d}t} > 0$ である．これは，上式と式 (9.2.13) を用いて

$$\frac{N_2}{N_1} > \frac{B_{12}}{B_{21}} = 1$$

と書き換えられる．このように，エネルギーの高い不安定な状態 2 の分子数 N_2 が N_1 を超えた状態 ($N_2 > N_1$) を**反転分布**という．反転分布は状態 1 と状態 2 の間だけの熱平衡では実現できないが，レーザー光を出す物質がもつその他の状態を，うまく使うことで実現している．

演 習 問 題

9.1　試料溶液の中を光が透過する場合，試料の濃度 c が濃ければ濃いほど，また液体の中を光が通過する距離 l が長ければ長いほど，光はより多く吸収される．入射光の強度 I_0 と試料を透過して抜けてくる出射光の強度 I の間に

$$I = I_0 10^{-\varepsilon cl}$$

が成り立つことを示せ．

A. 付　　録

A.1　重心の運動と相対運動

2つの粒子の衝突では，個々の粒子の運動よりも相対運動が重要である．ここでは，相対運動の速さと運動エネルギーについて説明する．質量 m_1 の粒子1の座標が $\mathbf{r}_1$ で，質量 m_2 の粒子2の座標が $\mathbf{r}_2$ とする（**図 A.1**）．このとき，重心の座標 $\mathbf{R}$ と2個の粒子の相対座標 $\mathbf{r}$ は

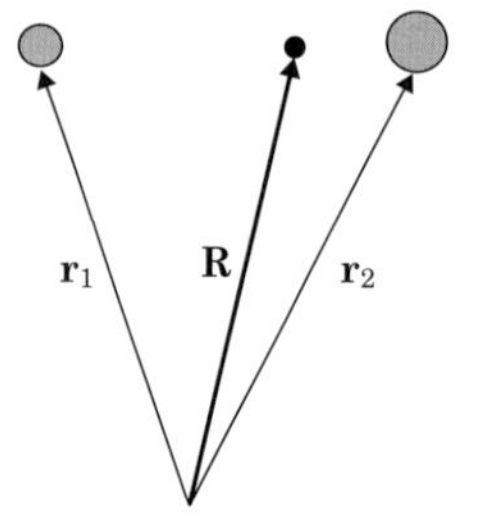

図 A.1　粒子の座標と重心，相対運動の関係

$$\mathbf{R} = \frac{m_1\mathbf{r}_1 + m_2\mathbf{r}_2}{m_1 + m_2} \tag{A.1.1}$$

$$\mathbf{r} = \mathbf{r}_2 - \mathbf{r}_1 \tag{A.1.2}$$

となる．逆に，個々の粒子の座標は

$$\mathbf{r}_1 = \mathbf{R} - \frac{m_2\mathbf{r}}{m_1 + m_2} \tag{A.1.3}$$

$$\mathbf{r}_2 = \mathbf{R} + \frac{m_1\mathbf{r}}{m_1 + m_2} \tag{A.1.4}$$

で表される．このとき，2個の粒子の運動エネルギーは

$$\begin{aligned} K &= \frac{1}{2}m_1\dot{\mathbf{r}}_1^{\,2} + \frac{1}{2}m_2\dot{\mathbf{r}}_2^{\,2} \\ &= \frac{1}{2}\left[m_1\left(\dot{\mathbf{R}} - \frac{m_2\dot{\mathbf{r}}}{m_1 + m_2}\right)^2 + m_2\left(\dot{\mathbf{R}} + \frac{m_1\dot{\mathbf{r}}}{m_1 + m_2}\right)^2\right] \\ &= \frac{1}{2}(m_1 + m_2)\dot{\mathbf{R}}^2 + \frac{1}{2}\frac{m_1m_2}{m_1 + m_2}\dot{\mathbf{r}}^2 \end{aligned} \tag{A.1.5}$$

となる．さらに，換算質量

$$\mu = \frac{m_1m_2}{m_1 + m_2} \tag{A.1.6}$$

を用いれば，

$$K = \frac{1}{2}(m_1 + m_2)\dot{\mathbf{R}}^2 + \frac{1}{2}\mu\dot{\mathbf{r}}^2 \tag{A.1.7}$$

となる．

このように，2個の粒子の運動エネルギーの合計は，重心の運動の運動エネルギー（第1項）と相対運動の運動エネルギー（第2項）に分離することができる．重心の項の質量は，2個の粒子の質量の合計になる．一方，相対運動の項の質量に相当する部

分は，換算質量μになる．一般に，2個の粒子の相対運動を考える場合は，1個の粒子の運動を参考に，質量を$m \to \mu$と代えればよい．例えば，マクスウェル分布の速さの平均は第6章にあるように$\sqrt{\dfrac{8k_{\mathrm{B}}T}{\pi m}}$であるので，2個の粒子の相対運動の速さの平均は $\bar{v}_{\mathrm{r}} = \sqrt{\dfrac{8k_{\mathrm{B}}T}{\pi\mu}}$ になる．

A.2　ギブズエネルギー

鉄の塊を雨ざらしにしておくと，しばらくして赤さびが生じることがある．逆に，赤さびが生じた塊をそのまま放置しても，さびが消失して元のようになることはない．また水素と酸素を混合して着火すると，燃焼の末に水が生成するが，水に火を近づけても水素と酸素が生成することはない．このように，化学反応では変化の方向が決まっている．

本書での応用を考慮して，熱力学をまとめると次のようになる．

① 熱力学では，第一法則と第二法則に関連して，それぞれ，**内部エネルギー**U，および**エントロピー**Sという状態関数が登場する．Uは系の内部に含まれるエネルギーである．また，Sは系の乱雑さ（ばらつき）の尺度を表す量であり，系の乱雑さが減少して，系が秩序だった状態になるとSは減少する．

② UとSから，次の3つの状態関数が定義される．

$$
\begin{aligned}
H &\equiv U + PV && \textbf{エンタルピー} \\
A &\equiv U - TS && \textbf{ヘルムホルツ（の自由）エネルギー} \\
G &\equiv U - TS + PV \\
&= A + PV = H - TS && \textbf{ギブズ（の自由）エネルギー}
\end{aligned}
\tag{A.2.1}
$$

③ Hは，系が定圧で反応した際に，外から系に流入する熱量に等しい．発熱反応では，系から外に熱が放出されるので系のHは減少する（$\Delta H < 0$）．逆に吸熱反応では$\Delta H > 0$である．

④ 定温定積の条件下では，自発変化はAの減少する方向（$\Delta A < 0$）に起こる．また，定温定圧の条件下では，自発変化はGの減少する方向（$\Delta G < 0$）に起こる．

式(A.2.1)より，定温では$\Delta G = \Delta H - T\Delta S$であるから，定温定圧で自発反応は

$$\Delta G = \Delta H - T\Delta S < 0 \tag{A.2.2}$$

の方向に進むことがわかる．

式(A.2.2)を見ればわかるように，ΔGの符号はエンタルピーに関する項とエントロピーに関する項の兼ね合いで決まる．温度は常に正（$T > 0$）である．

① $\Delta H < 0$ かつ $\Delta S > 0$ の場合

この場合は，常に $\Delta G < 0$ であるので，反応は自然に進行する．

② $\Delta H < 0$ かつ $\Delta S < 0$ の場合

例えば，

$$H_2(g) + (1/2)\,O_2(g) \longrightarrow H_2O(l) \qquad \Delta_r H^\ominus = -286\ \mathrm{kJ\ mol^{-1}} \tag{A.2.3}$$

は，発熱反応である．もともと2種類の気体から液体状態の水分子が生成するので，乱雑さが減少し，実際にエントロピーは減少する（$\Delta_r S^\ominus = -163\ \mathrm{J\ K^{-1}\ mol^{-1}}$）．ただし，この反応は，充分にエンタルピー変化が大きいので $\Delta_r G^\ominus = -237\ \mathrm{kJ\ mol^{-1}} < 0$ となって反応は進行する[†1]．

③ $\Delta H > 0$ かつ $\Delta S > 0$ の場合

例えば，

$$NH_4NO_3(s) \longrightarrow NH_4^+(aq) + NO_3^-(aq) \qquad \Delta_r H^\ominus = +25.7\ \mathrm{kJ\ mol^{-1}} \tag{A.2.4}$$

は，吸熱反応である．一方，もともとイオン結晶として規則構造をとっていたイオンが，溶解によって水の中に解き放たれ，結果として乱雑さを増す．したがって，ΔH がそれほど大きくなく，エントロピーの項がこれを上回れば，$\Delta G < 0$ となって反応は進行する．ギブズエネルギーの変化量は温度によって変化する．温度が高くなると $-T\Delta S$ の項が相対的に大きくなるので，温度が高くなると反応が進みやすくなる．

④ $\Delta H > 0$ かつ $\Delta S < 0$ の場合

反応によって H が増加し，S は減少する場合は，$\Delta G > 0$ であるので，反応は進行しない．

A.3 分配関数

温度 T の熱浴と接している系が，ある状態 i をとる確率 p_i は，その状態のエネルギーを ε_i，縮重度を g_i とすれば，

$$p_i \approx g_i \exp\left(-\frac{\varepsilon_i}{k_B T}\right) = g_i \exp(-\beta\varepsilon_i) \tag{A.3.1}$$

に比例する．ここで，k_B はボルツマン定数，$\beta = 1/k_B T$ である．とりうる状態に対してこれらを足し合わせたものを**分配関数**という．

$$q = \sum_i g_i \exp\left(-\frac{\varepsilon_i}{k_B T}\right) \tag{A.3.2}$$

状態 i をとる確率 p_i は

[†1] $\Delta_r H^\ominus$，$\Delta_r S^\ominus$ はそれぞれ圧力 $1\ \mathrm{bar} = 10^5\ \mathrm{Pa}$，温度 25 ℃における反応の ΔH，ΔS を表す．

$$p_i = \frac{g_i \exp\left(-\dfrac{\varepsilon_i}{k_\mathrm{B}T}\right)}{q} \qquad \text{(A.3.3)}$$

となる.

例として，ある原子が，エネルギー ε_1 の状態と，二重に縮重したエネルギー ε_2 の状態をとることができるとして(**図 A.2**)，ε_2 の状態をとる確率を求めよう．分配関数は，

$$q = \exp\left(-\frac{\varepsilon_1}{k_\mathrm{B}T}\right) + 2\exp\left(-\frac{\varepsilon_2}{k_\mathrm{B}T}\right) \qquad \text{(A.3.4)}$$

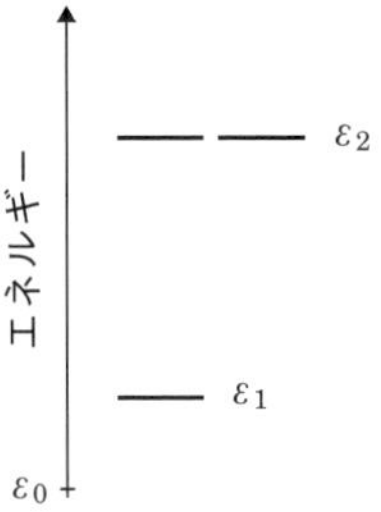

である．エネルギー ε_2 の状態をとる確率は

図 A.2　エネルギー準位

$$p_2 = \frac{2\exp\left(-\dfrac{\varepsilon_2}{k_\mathrm{B}T}\right)}{q} \qquad \text{(A.3.5)}$$

となる．分配関数を書く場合，最も低いエネルギーを基準 (0) とすることが多い．$\Delta\varepsilon = \varepsilon_2 - \varepsilon_1$ として，

$$q = \exp\left(-\frac{0}{k_\mathrm{B}T}\right) + 2\exp\left(-\frac{\Delta\varepsilon}{k_\mathrm{B}T}\right) = 1 + 2\exp\left(-\frac{\Delta\varepsilon}{k_\mathrm{B}T}\right) \qquad \text{(A.3.6)}$$

と書いてもよい.

分配関数の物理的な意味を上記の結果に沿って考えてみる．$T \to \infty$ になれば $q \to 3$ になる．これは分子がとりうる状態の数に相当する．一方，$T \to 0$ になれば $q \to 1$ になる．これは最低エネルギー状態の縮重度に相当する．温度が有限であれば，分配関数の値は，分子がその温度で平均的に占めている状態の数 (**状態和**) を表す.

A.4　分子分配関数

分子は，ある電子状態にあって，さらに振動運動，回転運動，三次元空間の並進運動をしている (**図 A.3**)[†1]．つまり分子のエネルギーの合計は

$$E = E_\mathrm{v} + E_\mathrm{r} + E_\mathrm{t} + E_\mathrm{e} \qquad \text{(A.4.1)}$$

となる．ここで，E_v は振動運動，E_r は

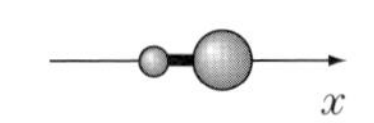
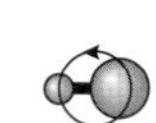
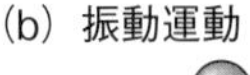
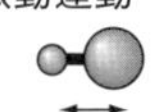

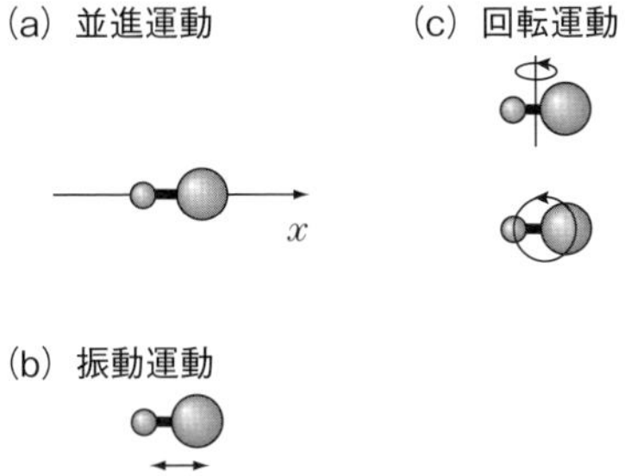

図 A.3　二原子分子の運動

[†1] 1つの原子は x, y, z 方向に3つの自由度をもって運動するので，二原子分子であれば合わせて6個の自由度がある．これらを，運動状態で整理すれば，自由度は重心の並進運動 (x, y, z 方向) 3，回転運動 2，振動 (伸縮) 1 で，合計6個となる.

回転運動，E_{t} は並進運動，E_{e} は電子状態のエネルギーに関する項である．したがって，分子の状態とそのエネルギーで決まる分子分配関数 Q は

$$
\begin{aligned}
Q &= \sum \exp\left(-\frac{E_{\mathrm{v}}+E_{\mathrm{r}}+E_{\mathrm{t}}+E_{\mathrm{e}}}{k_{\mathrm{B}}T}\right) \\
&= \sum \exp\left(-\frac{E_{\mathrm{v}}}{k_{\mathrm{B}}T}\right) \times \sum \exp\left(-\frac{E_{\mathrm{r}}}{k_{\mathrm{B}}T}\right) \times \sum \exp\left(-\frac{E_{\mathrm{t}}}{k_{\mathrm{B}}T}\right) \times \sum \exp\left(-\frac{E_{\mathrm{e}}}{k_{\mathrm{B}}T}\right) \\
&= q_{\mathrm{v}} \times q_{\mathrm{r}} \times q_{\mathrm{t}} \times q_{\mathrm{e}} \qquad \text{(A.4.2)}
\end{aligned}
$$

となる．つまり，分子分配関数は振動・回転・並進・電子状態それぞれの項の分配関数の積で書ける．ただし (A.4.2) は縮重がないときの式である．縮重があるときには $q_{\mathrm{v}} \sim q_{\mathrm{e}}$，それぞれについて，縮重度を考慮しなければならない ((A.4.10) 参照)．これらの項についてエネルギーを考え，それらの分配関数を求めてみよう．

(1) 振　動

分子振動を扱うモデルとして最も基本的なものは**調和振動子** (ばねの運動) である．調和振動子のエネルギー準位は，振動数を ν とすれば

$$E_n = \left(n+\frac{1}{2}\right)h\nu \quad (n = 0, 1, 2, \cdots) \qquad \text{(A.4.3)}$$

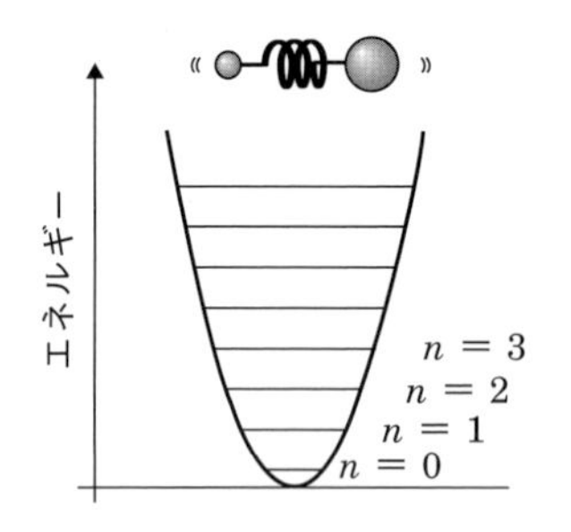

図 A.4　調和振動子のエネルギー

で与えられる (**図 A.4**)．ここで，n は振動の量子数である．分配関数は，

$$
\begin{aligned}
q_{\mathrm{v}} &= \sum_{n=0}^{\infty} \exp\left(-\frac{E_n}{k_{\mathrm{B}}T}\right) = \sum_{n=0}^{\infty} \exp\left(-\frac{\left(n+\frac{1}{2}\right)h\nu}{k_{\mathrm{B}}T}\right) \\
&= \exp\left(-\frac{h\nu}{2k_{\mathrm{B}}T}\right) \sum_{n=0}^{\infty} \exp\left(-\frac{nh\nu}{k_{\mathrm{B}}T}\right) \qquad \text{(A.4.4)}
\end{aligned}
$$

である．上式は等比級数なので，公式を用いて，

$$q_{\mathrm{v}} = \exp\left(-\frac{h\nu}{2k_{\mathrm{B}}T}\right) \times \lim_{n\to\infty} \frac{1-\exp\left(-\frac{(n+1)h\nu}{k_{\mathrm{B}}T}\right)}{1-\exp\left(-\frac{h\nu}{k_{\mathrm{B}}T}\right)} = \frac{\exp\left(-\frac{h\nu}{2k_{\mathrm{B}}T}\right)}{1-\exp\left(-\frac{h\nu}{k_{\mathrm{B}}T}\right)} \qquad \text{(A.4.5)}$$

となる．振動基底状態 $n = 0$ のエネルギー準位をエネルギーの基準とすれば，分配関数は

$$q_{\mathrm{v}} = \frac{1}{1-\exp\left(-\frac{h\nu}{k_{\mathrm{B}}T}\right)} \qquad \text{(A.4.6)}$$

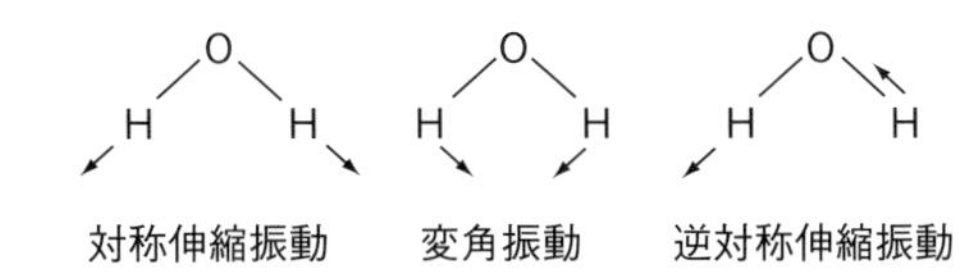

図 A.5　水の振動モード

となる．

非直線型の三原子分子である水は，3つの振動モードをもつ（**図 A.5** 参照）[†1]．振動のエネルギーは，これら3つの振動モードのエネルギーの合計になる．

$$E_{n_1,n_2,n_3} = \left(n_1 + \frac{1}{2}\right)h\nu_1 + \left(n_2 + \frac{1}{2}\right)h\nu_2 + \left(n_3 + \frac{1}{2}\right)h\nu_3 \qquad \text{(A.4.7)}$$

ここで，n_1, n_2, n_3 はそれぞれの振動モードの振動量子数である．振動エネルギーがそれぞれのモードのエネルギーの和であることから，振動の分配関数はそれぞれの項の積になり，

$$q_{\mathrm{v}} = \frac{1}{1-\exp\left(-\dfrac{h\nu_1}{k_{\mathrm{B}}T}\right)} \times \frac{1}{1-\exp\left(-\dfrac{h\nu_2}{k_{\mathrm{B}}T}\right)} \times \frac{1}{1-\exp\left(-\dfrac{h\nu_3}{k_{\mathrm{B}}T}\right)}$$
$$= \prod_{i=1}^{3} \frac{1}{1-\exp\left(-\dfrac{h\nu_i}{k_{\mathrm{B}}T}\right)} \qquad \text{(A.4.8)}$$

となる．

(2)　回　転

次に回転運動を考える．回転運動を扱うモデルとして最も基本的なものは**剛体回転子**である．分子の換算質量を μ，結合距離を r とすれば，分子の回転モーメントは $I = \mu r^2$ であり，剛体回転子のエネルギー準位は，

$$E_{\mathrm{r}} = \frac{\hbar^2}{2I}J(J+1) = \frac{h^2}{8\pi^2 I}J(J+1) = BhJ(J+1)$$
$$J = 0, 1, 2, 3, \cdots \qquad \text{(A.4.9)}$$

で与えられる（**図 A.6**）．ここで，J は回転の量子数，$B = h/8\pi^2 I$ は回転定数である．J で指定される準位は，$2J+1$ 重に縮重していることを踏まえて，分配関数は以下のようになる．

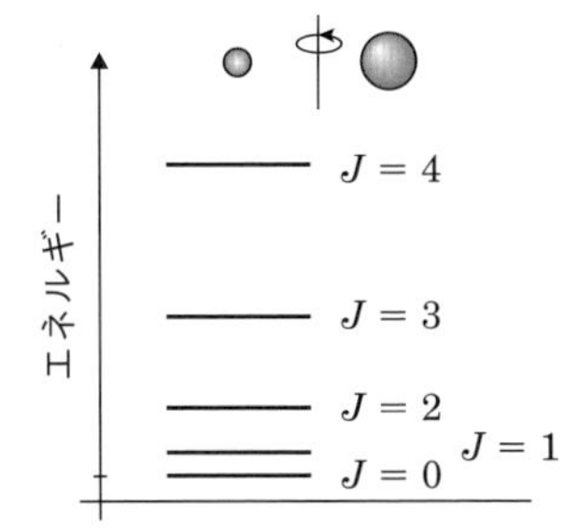

図 A.6　剛体回転子のエネルギー

[†1] 対称伸縮振動 $\tilde{\nu}_1$：3652 cm^{-1}，変角振動 $\tilde{\nu}_2$：1592 cm^{-1}，逆対称伸縮振動 $\tilde{\nu}_3$：3756 cm^{-1}

$$q_r = \sum_j (2J+1)\exp\left(-\frac{E_r}{k_B T}\right) = \sum_j (2J+1)\exp\left(-\frac{BhJ(J+1)}{k_B T}\right) \tag{A.4.10}$$

この級数は，$\dfrac{Bh}{k_B T} \ll 1$ と仮定することで，積分で代用できる．

$$\begin{aligned} q_r &= \int_0^\infty (2J+1)\exp\left(-\frac{BhJ(J+1)}{k_B T}\right)dJ \\ &= \left[\frac{k_B T}{Bh}\exp\left(-\frac{BhJ(J+1)}{k_B T}\right)\right]_0^\infty \\ &= \frac{k_B T}{Bh} \end{aligned} \tag{A.4.11}$$

H_2 のような等核二原子分子，二酸化炭素のような対称性のよい分子の場合は，原子核の核スピンと回転の波動関数の対称性の関係から，補正が必要になる．実際には，

$$q_r = \frac{k_B T}{\sigma Bh} = \frac{8\pi^2 I k_B T}{\sigma h^2} \tag{A.4.12}$$

とおく．ここで，σ を**対称数**という．HD のような異核二原子分子では $\sigma = 1$，H_2 や I_2 では $\sigma = 2$，ベンゼンでは $\sigma = 12$ である．

また，非直線型の分子の場合は，分子の慣性モーメントを I_A，I_B，I_C と置いて，

$$q_r = \frac{8\pi^2(8\pi^3 I_A I_B I_C)^{\frac{1}{2}}(k_B T)^{\frac{3}{2}}}{\sigma h^3} \tag{A.4.13}$$

になる[†1]．

(3) 並 進

分子の並進運動は，**井戸型ポテンシャル中の自由粒子**のエネルギーから求める．一次元（x 方向）の井戸型ポテンシャル中の自由粒子のエネルギーは，

$$E^x_t = \frac{h^2 n^2}{8ma^2} \quad (n = 1, 2, 3, \cdots) \tag{A.4.14}$$

となる（**図 A.7**）．ここで，m は粒子の質量，a はポテンシャルの幅（粒子の可動範囲），h はプランク定数，n は量子数である．簡略にするために $\varepsilon = \dfrac{h^2}{8ma^2}$ とおいて，

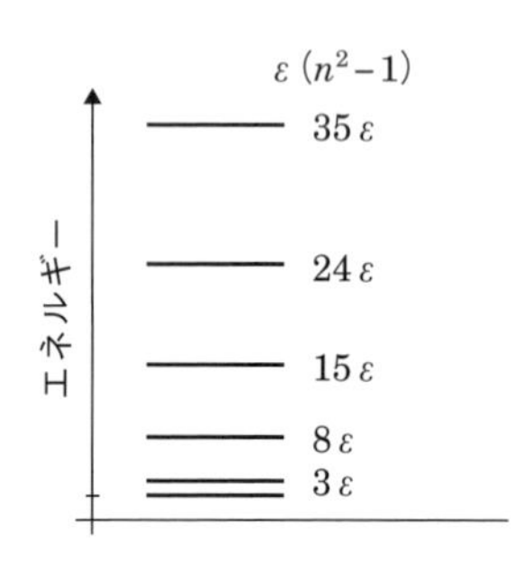

図 A.7 一次元の井戸型ポテンシャル中の自由粒子のエネルギー

†1 『化学動力学』Steinfeld, Francisco, Hase 著 佐藤 伸 訳 東京化学同人 (1995) を参照．

$$E^x{}_\mathrm{t} = \varepsilon n^2 \tag{A.4.15}$$

とおけば，分子分配関数は，

$$q^x{}_\mathrm{t} = \sum_{n=0}^{\infty} \exp\left(-\frac{\varepsilon n^2}{k_\mathrm{B}T}\right) \tag{A.4.16}$$

となる．一般に $\varepsilon \ll k_\mathrm{B}T$ であるので，この級数を積分で代用すると

$$\begin{aligned} q^x{}_\mathrm{t} &\cong \int_0^{\infty} \exp\left(-\frac{\varepsilon n^2}{k_\mathrm{B}T}\right) \mathrm{d}n \\ &= \sqrt{\frac{k_\mathrm{B}T}{\varepsilon}} \int_0^{\infty} \exp\,(-\zeta^2)\,\mathrm{d}\zeta = \frac{1}{2}\sqrt{\frac{\pi k_\mathrm{B}T}{\varepsilon}} = \sqrt{\frac{2\pi m k_\mathrm{B}T}{h^2}}\,a \end{aligned} \tag{A.4.17}$$

となる[†1]．

各辺の長さが $x=a,\ y=b,\ z=c$ の直方体の中の自由粒子のエネルギーは，それぞれのエネルギーの和になる．

$$E_\mathrm{t} = E^x{}_\mathrm{t} + E^y{}_\mathrm{t} + E^z{}_\mathrm{t} = \frac{h^2 n_x{}^2}{8ma^2} + \frac{h^2 n_y{}^2}{8mb^2} + \frac{h^2 n_z{}^2}{8mc^2} \quad (n_x,\ n_y,\ n_z = 1,\ 2,\ 3,\ \cdots) \tag{A.4.18}$$

これを用いて，並進の分配関数を求めれば，

$$\begin{aligned} q_\mathrm{t} &= \sum_{n_x, n_y, n_z} \exp\left(-\frac{E^x{}_\mathrm{t} + E^y{}_\mathrm{t} + E^z{}_\mathrm{t}}{k_\mathrm{B}T}\right) \\ &= \left(\sum_{n_x} \exp\left(-\frac{E^x{}_\mathrm{t}}{k_\mathrm{B}T}\right)\right)\left(\sum_{n_y} \exp\left(-\frac{E^y{}_\mathrm{t}}{k_\mathrm{B}T}\right)\right)\left(\sum_{n_z} \exp\left(-\frac{E^z{}_\mathrm{t}}{k_\mathrm{B}T}\right)\right) \\ &= q^x{}_\mathrm{t}\, q^y{}_\mathrm{t}\, q^z{}_\mathrm{t} \end{aligned} \tag{A.4.19}$$

となる．先ほどの結果を用いて整理すると

$$q_\mathrm{t} = \left(\sqrt{\frac{2\pi m k_\mathrm{B}T}{h^2}}\,a\right)\left(\sqrt{\frac{2\pi m k_\mathrm{B}T}{h^2}}\,b\right)\left(\sqrt{\frac{2\pi m k_\mathrm{B}T}{h^2}}\,c\right) = \left(\frac{2\pi m k_\mathrm{B}T}{h^2}\right)^{\frac{3}{2}} V \tag{A.4.20}$$

となる．ここで，V は体積で $V = abc$ であるが，単位体積あたりとして $V = 1$ としてよい[†2]．

---

†1　式 (A.4.17) では，$\dfrac{\varepsilon n^2}{k_\mathrm{B}T} = \zeta^2$ とおいた．積分要素は $\mathrm{d}n = \sqrt{\dfrac{k_\mathrm{B}T}{\varepsilon}}\mathrm{d}\zeta$ となる．また，ガウス関数の積分は，$\displaystyle\int_0^{\infty} \exp(-\zeta^2)\,\mathrm{d}\zeta = \frac{1}{2}\sqrt{\pi}$ である．

†2　$\Lambda = \sqrt{\dfrac{h^2}{2\pi m k_\mathrm{B}T}}$ とおけば，$q_\mathrm{t} = \dfrac{V}{\Lambda^3}$ と書ける．この Λ を熱的波長という．

(4) まとめ

図 A.8 に分子の状態の概略図を示した．分子は普通，電子基底状態にある．広いエネルギー領域で眺めれば，分子の電子基底状態よりもはるかにエネルギーの高いところに電子励起状態がある．電子基底状態の「底」の部分を拡大すると，振動状態がほぼ等間隔で並んでいる．さらに，振動基底状態付近を拡大すると，振動準位間に回転状態が下から密に詰まっている．このように，エネルギーで整理すると，電子状態，振動状態，回転状態は階層構造をなしているように見える．分配関数の値は，与えられた温度で分子が平均的に存在する状態の数を与える．HCl 分子の場合，300 K ではほぼ振動基底状態にいる．また，回転状態としては，$J = 0 \sim 20$ 程度の準位を占めている．つまり，分子は電子基底状態の底の部分にある一部の状態のみをとることがわかる．この事実を考えれば，分配関数の電子状態に関する項については，おおむね $q_{\mathrm{e}} = 1$ としてよい[†1]．

すべての結果をまとめると，二原子分子の分配関数は

$$q = q_{\mathrm{v}} \times q_{\mathrm{r}} \times q_{\mathrm{t}} \times q_{\mathrm{e}} = \frac{1}{1 - \exp\left(-\dfrac{h\nu}{k_{\mathrm{B}}T}\right)} \times \frac{8\pi^2 I k_{\mathrm{B}} T}{\sigma h^2} \times \left(\frac{2\pi m k_{\mathrm{B}} T}{h^2}\right)^{\frac{3}{2}} V \times \exp\left(-\frac{\varepsilon_0}{k_{\mathrm{B}}T}\right) \tag{A.4.21}$$

となる．q_{v} も q_{r} も，基底状態をエネルギーの基準 (0) として求めたので，最後に基底状態のエネルギーの項を $\exp\left(-\dfrac{\varepsilon_0}{k_{\mathrm{B}}T}\right)$ として付け加えた．

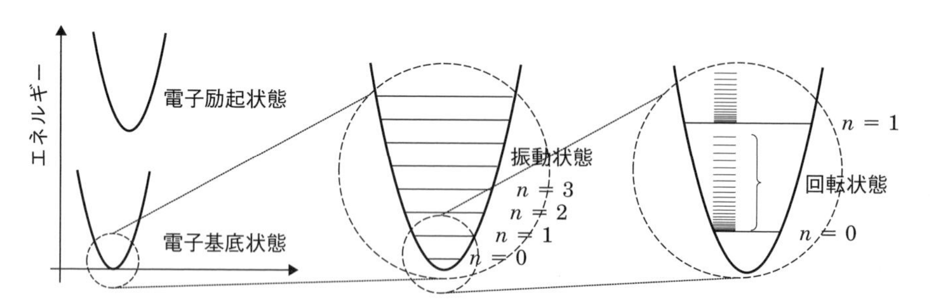

図 A.8　分子の状態とエネルギーの階層構造

[†1] ラジカル種など，電子スピンによって安定な電子基底状態が分裂しているようなケースは，$q_{\mathrm{e}} = 1$ 以外の場合を考える必要がある．

A.5　平衡定数と分配関数

平衡定数 K は，分子の分配関数を用いて表すことができる．体積 V の容器中の，気相分子の化学平衡

$$\mathrm{A} \rightleftarrows \mathrm{B} \tag{A.5.1}$$

を例に挙げて考えよう．これらの分子の**化学ポテンシャル**をそれぞれ μ_A，μ_B と書けば，平衡が成り立っているときには

$$\mu_\mathrm{A} = \mu_\mathrm{B} \tag{A.5.2}$$

が成り立つ．ただし，全系のヘルムホルツエネルギーを A，成分 A と B の物質量を n_A，n_B とすると，$\mu_\mathrm{A} = \left(\dfrac{\partial A}{\partial n_\mathrm{A}}\right)_{T,V,n_\mathrm{B}}$，$\mu_\mathrm{B} = \left(\dfrac{\partial A}{\partial n_\mathrm{B}}\right)_{T,V,n_\mathrm{A}}$ である．

統計熱力学によると，分子 A と B について，分配関数を q_A，q_B，個数を N_A，N_B ($n_\mathrm{A}N_0 = N_\mathrm{A}$，$n_\mathrm{B}N_0 = N_\mathrm{B}$，この節に限りアボガドロ定数を N_0 と記す) とすると，

$$A = -k_\mathrm{B}T[N_\mathrm{A}(\ln q_\mathrm{A} - \ln N_\mathrm{A} + 1) + N_\mathrm{B}(\ln q_\mathrm{B} - \ln N_\mathrm{B} + 1)] \tag{A.5.3}$$

となる[†1]．したがって，分子 A の化学ポテンシャルは，q_A，q_B が T，V の関数で，N_A，N_B によらないことを考慮して

$$\begin{aligned}\mu_\mathrm{A} &= \left(\frac{\partial A}{\partial n_\mathrm{A}}\right)_{T,V,n_\mathrm{B}} = N_0\left(\frac{\partial A}{\partial N_\mathrm{A}}\right)_{T,V,N_\mathrm{B}} \\ &= -k_\mathrm{B}TN_0(\ln q_\mathrm{A} - \ln N_\mathrm{A} + 1 - 1) \\ &= -RT\ln\left(\frac{q_\mathrm{A}}{N_\mathrm{A}}\right)\end{aligned} \tag{A.5.4}$$

同様に

$$\mu_\mathrm{B} = -RT\ln\left(\frac{q_\mathrm{B}}{N_\mathrm{B}}\right)$$

で表される．この式で，化学ポテンシャルと分配関数が結びついた．化学平衡で式 (A.5.2) が成り立つので，

$$RT\ln\left(\frac{q_\mathrm{A}}{N_\mathrm{A}}\right) = RT\ln\left(\frac{q_\mathrm{B}}{N_\mathrm{B}}\right) \tag{A.5.5}$$

より

$$\left(\frac{q_\mathrm{A}}{N_\mathrm{A}}\right) = \left(\frac{q_\mathrm{B}}{N_\mathrm{B}}\right) \tag{A.5.6}$$

が成り立つ．濃度平衡定数を求めるために，両辺に V をかける．

$$\left(\frac{Vq_\mathrm{A}}{N_\mathrm{A}}\right) = \left(\frac{Vq_\mathrm{B}}{N_\mathrm{B}}\right) \tag{A.5.7}$$

[†1] 『物理化学(下)第 8 版』アトキンス，ポーラ 著　千原秀昭，中村亘男 訳　東京化学同人 (2009) を参照．

N_A/V は A の濃度で，これを整理すると

$$\left(\frac{N_A}{V}\right)^{-1} q_A = \left(\frac{N_B}{V}\right)^{-1} q_B \tag{A.5.8}$$

となり，さらに

$$K_c = \frac{\left(\frac{N_B}{V}\right)}{\left(\frac{N_A}{V}\right)} = \frac{q_B}{q_A} \tag{A.5.9}$$

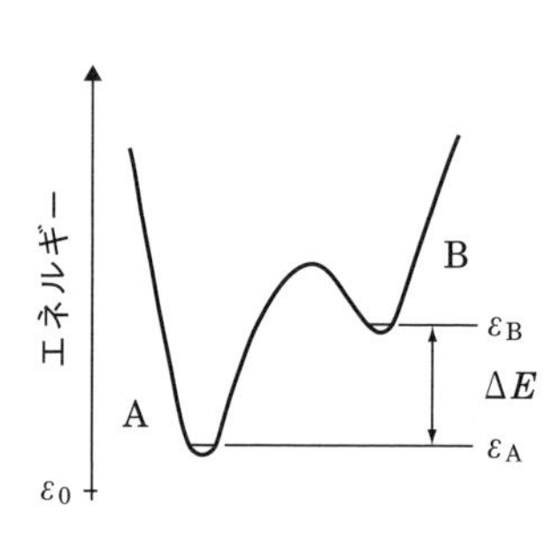

図 **A.9**　平衡反応のエネルギー

となる．上式中の N_A/V が，分子 A の容器中の濃度を表すことを考えれば，上式は化学平衡(A.5.1)の平衡定数になる．つまり，平衡定数は分配関数を用いて表すことができる．分配関数は，分子がその温度で占めている状態の数（状態和）を表すことから，平衡定数はその状態和の割合で決まることになる．

これまでは，分子 A および分子 B の分配関数のエネルギーの基準を，両方とも同じ ε_0 とした．もし，**図 A.9** にあるように，分子 A の基準を分子 A の基底状態 ε_A，分子 B の基準を分子 B の基底状態 ε_B から求めたとすれば，このエネルギー差が ΔE として残る．その場合は，濃度平衡定数は，

$$K_c = \frac{q_B}{q_A} \exp\left(-\frac{\Delta E}{k_B T}\right) \tag{A.5.10}$$

となる．

また，もう少し複雑な化学平衡

$$a\mathrm{A} + b\mathrm{B} \rightleftharpoons p\mathrm{P} + q\mathrm{Q} \tag{A.5.11}$$

でも，同じようにして

$$K_c = \frac{\left(\frac{N_P}{V}\right)^p \left(\frac{N_Q}{V}\right)^q}{\left(\frac{N_A}{V}\right)^a \left(\frac{N_B}{V}\right)^b} = \frac{{q_P}^p {q_Q}^q}{{q_A}^a {q_B}^b} \tag{A.5.12}$$

となる．エネルギーの基準を，反応物と生成物の基底状態にとり，そのエネルギー差を ΔE とすれば，平衡定数は，

$$K_c = \frac{{q_P}^p {q_Q}^q}{{q_A}^a {q_B}^b} \exp\left(-\frac{\Delta E}{k_B T}\right) \tag{A.5.13}$$

で与えられる．

A.6　遷移状態理論

第6章では，粒子を剛体球と考え，衝突の「瞬間」に，ある条件が満たされていれば反応が進行するというモデルを考えて反応速度定数を求めた．ただし，反応物の粒子どうしが結合した活性な状態があって，その状態を経てから反応が進行すると考えた方が，実際の反応をより正確に説明できる．どのような状態があって，反応がどのように進行するのかを学ぶ．

(1) 結合とエネルギー

2個の酸素原子が共有結合することで安定な酸素分子 O_2 ができる．このとき，2個の酸素原子の中心間の距離（結合距離）は 0.121 nm である．これは，原子の中の陽子の正電荷と電子の負電荷のバランスによって決まっている．原子間の距離をある値に決めて，そのときの分子のエネルギーを計算すれば，**ポテンシャルエネルギー曲線**（**図 A.10**）を描くことができる．原子間の距離が 0.121 nm より長くなっても短くなっても，エネルギーが上昇し，元の状態よりも不安定になる．

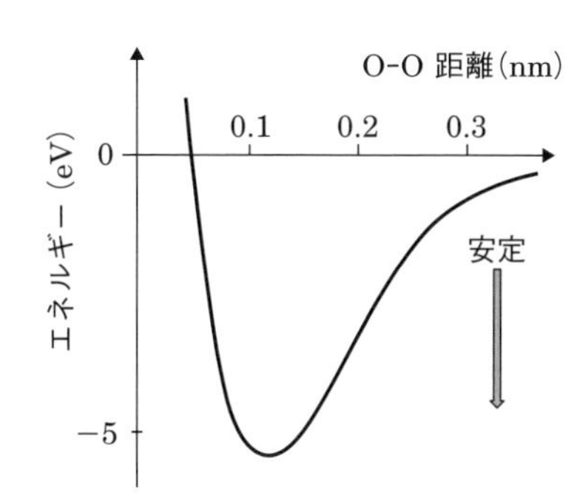

図 A.10　酸素分子のポテンシャルエネルギー曲線
2個の酸素原子に解離した状態のエネルギーを0とした．

安定な O_2 の原子間距離を引き延ばして2個のO原子にする．そのためには，外からエネルギーを加えることが必要である．

$$O_2 \longrightarrow 2O \qquad \Delta H = +5.2\,\text{eV} \tag{A.6.1}$$

つまりこの反応は，5.2 eV の吸熱反応である．三重結合をもつ窒素分子を解離して2個のN原子にするためには，それよりも多い 9.8 eV が必要である．

$$N_2 \longrightarrow 2N \qquad \Delta H = +9.8\,\text{eV} \tag{A.6.2}$$

このように，結合を解離するために必要なエネルギーを**結合解離エネルギー**という．

酸素で例示したが，他の安定な二原子分子も同じようにふるまう．分子によってエネルギーの深さや曲線の傾きは変わるが，ポテンシャルエネルギー曲線は下に凸の形となる．原子間の距離が長くなっても短くなってもエネルギーが上昇するということは，復元力が働くことを意味する．分子は，最も安定な結合距離を中心に振動することになる．

逆に，**図 A.11** のようにポテンシャルエネルギー曲線が上に凸だったとしよう．結合距離が r_c よりも長くなっても短くなってもエネルギーが低下して安定になる．つまり，エネルギーの最も高いところが分岐点になっていて，そのまま長くも短くもな

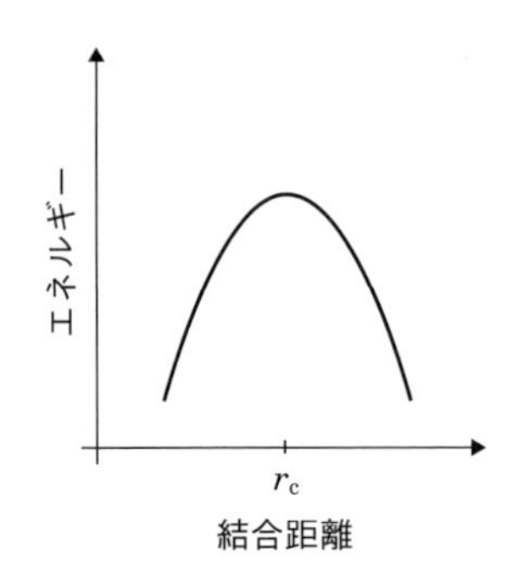

図 A.11　ポテンシャルエネルギー曲線と結合距離

り続けて，振動はしない．

(2) 活性化状態（遷移状態）

2 個の一酸化窒素 NO が結合を組み換えて，窒素 N_2 と酸素 O_2 を生成する反応は発熱反応であり（**図 A.12**），25 ℃における標準反応ギブズエネルギー変化 $\Delta_r G^\ominus$（1 bar $= 10^5$ Pa におけるギブズエネルギー変化）は次のようになる．

$$\mathrm{NO} \longrightarrow (1/2)\mathrm{N_2} + (1/2)\mathrm{O_2}$$
$$\Delta_r G^\ominus = -87.60\ \mathrm{kJ\ mol^{-1}} \tag{A.6.3}$$

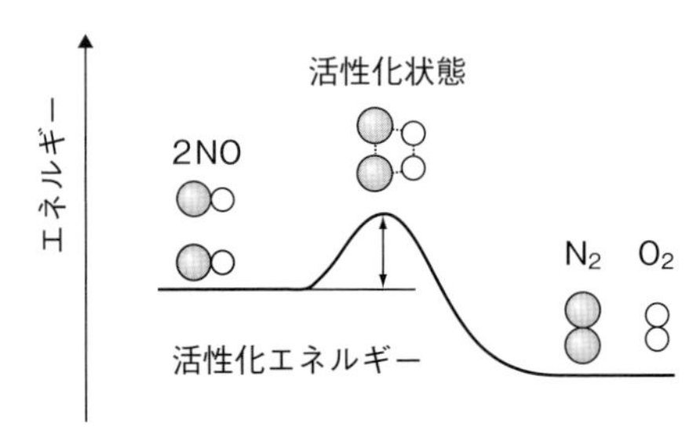

図 A.12　活性化状態と活性化エネルギー

ギブズエネルギーの変化が負なので，「自然に進む」反応のはずであるが，実際には 2700 K 以上の高温でないと反応は進行しない．反応の途中で，エネルギーの高い不安定な**活性化状態**（**遷移状態**）を経由する．活性化状態では，NO の N 原子と O 原子の距離が伸び，逆に N 原子どうし，O 原子どうしが近づいた状態にあると予想される．反応物を活性化状態にするのに必要な最小のエネルギーを**活性化エネルギー**という．実験によると，この反応の活性化エネルギーはおよそ +2.6 ～ +3.5 eV である．

二原子分子の結合解離エネルギーから，2 個の NO 分子をすべて解離させて 2 個の N 原子と 2 個の O 原子を生成するために必要なエネルギーは 15.0 eV である．この値に比べれば，活性化状態のエネルギーは圧倒的に低いことがわかる．つまり，活性化状態とは，N 原子や O 原子がばらばらの状態にあるわけではなく，むしろ N 原子と O 原子の距離がわずかに伸び，N 原子どうし，O 原子どうしの距離は，それぞれ窒素分子，酸素分子の原子間距離よりもわずかに長い構造になっていると考えられる．このような不安定な物質を**活性錯合体**という．

遷移状態は山の頂点に位置していて，反応は右側にも左側にも進行する可能性がある．右側に進行するときは，N-O の距離が伸びて N-N，O-O の距離が短くなる．さらに進んで，N_2 と O_2 が生成する（**図 A.13(a)**）．逆に左側に進行するときは，N-O の距離が縮んで N-N，O-O の距離が伸びる（**図 A.13(b)**）．ただ左向きの反応が進行した場合は，元の反応物（NO）に戻ってしまう．もちろん，これら反応物はまた結合して活性錯合体を形成する可能性もある．このように，反応物は活性錯合体と平衡状態にあって，ごく一部が活性錯合体から右側に反応が進行して生成物となると考える．

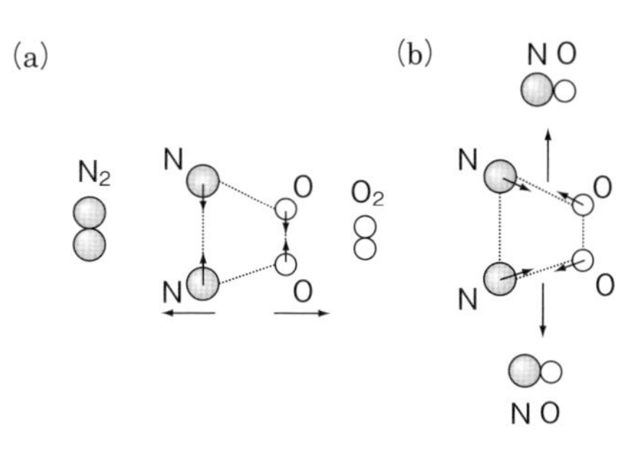

図 A.13　活性化状態から進行する反応
(a) 右向きの反応　(b) 左向きの反応

一般的な反応として，反応物 A と B から生成物 P と Q が生成するとしよう．

$$\mathrm{A} + \mathrm{B} \Longrightarrow \mathrm{P} + \mathrm{Q} \qquad (\mathrm{A}.6.4)$$

この反応が A，B について，それぞれの濃度の 1 次に比例する 2 次反応とすれば，この反応の反応速度は

$$r = \frac{\mathrm{d}[\mathrm{P}]}{\mathrm{d}t} = k[\mathrm{A}][\mathrm{B}] \qquad (\mathrm{A}.6.5)$$

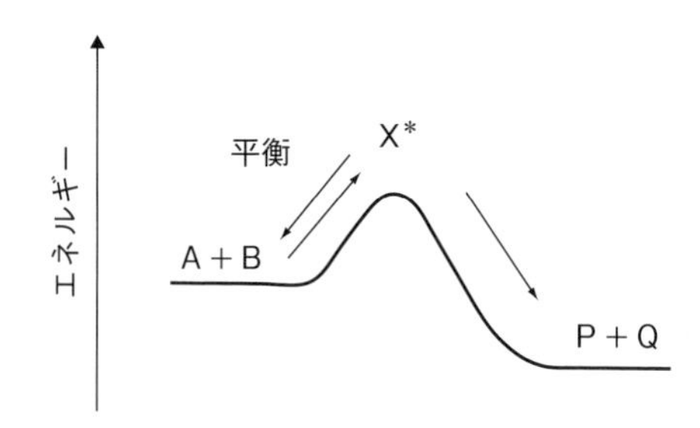

図 A.14　反応物と活性錯合体の平衡

と書くことができる．

実際には，反応の際に，活性錯合体 X^* が生成する．反応物（A + B）と X^* は平衡状態にあって，X^* から生成物（P + Q）が生成するので，

$$\mathrm{A} + \mathrm{B} \rightleftarrows \mathrm{X}^* \Longrightarrow \mathrm{P} + \mathrm{Q} \qquad (\mathrm{A}.6.6)$$

と書くのがより正確である．$\mathrm{A} + \mathrm{B} \rightleftarrows \mathrm{X}^*$ の平衡定数を K^* とおけば

$$K^* = \frac{[\mathrm{X}^*]}{[\mathrm{A}][\mathrm{B}]} \qquad (\mathrm{A}.6.7)$$

となる．また，$\mathrm{X}^* \Rightarrow \mathrm{P} + \mathrm{Q}$ の反応の速度定数を k_f とおけば，全体の反応速度は

$$\frac{\mathrm{d}[\mathrm{P}]}{\mathrm{d}t} = k_\mathrm{f}[\mathrm{X}^*] \qquad (\mathrm{A}.6.8)$$

となる．これらをまとめれば

$$r = k_\mathrm{f}K^*[\mathrm{A}][\mathrm{B}] \qquad (\mathrm{A}.6.9)$$

となる．つまり，一連の反応の速度定数について

$$k = k_f K^*$$ (A.6.10)

が成り立つ．式(A.6.5)の反応の速度定数は k であるが，活性化状態を考えれば，その中身は k_f と K^* の積で与えられることがわかる．

(3) 反応速度定数

反応速度定数は k_f と K^* の積で与えられる．これらがどのような値をとるかがわかれば，反応速度定数を見積もることができる．ただし，きわめて不安定な活性錯合体と反応物との間の化学平衡を考えなければならないので，問題はきわめて複雑である．活性錯合体の構造や，生成物への移行の機構を詳細に検討する必要があるが，一般的な考え方を以下で説明する．

A.5節で説明した通り，$A + B \rightleftarrows X^*$ の平衡定数 K^* は，分子分配関数を用いて次のように書くことができる．

$$K^* = \frac{q_{X^*}}{q_A q_B} \exp\left(-\frac{\varepsilon^*}{k_B T}\right)$$ (A.6.11)

分配関数の意味を考えれば，「平衡定数 K^* は，温度 T において反応物 A + B が平均的に占めている状態の数と，活性錯合体 X^* が占めている状態の数の比で決まる」ということになる．

反応物AやBのように安定な化合物の q_A，q_B については，A.4節で述べた方法で分子分配関数を求めることができる．一方，不安定な X^* については，説明が必要である．**図A.15**に，X^* のポテンシャルエネルギー曲面の模式図を示す．X^* は鞍点に存在する．反応座標の方向で切れば，エネルギー曲線は上に凸となる．一方，それに直交する方向で切れば，エネルギー曲線は下に凸となる．活性錯合体が n 個の原子からなるとすれば，活性錯合体は，$n \times 3 = 3n$ 個の自由度をもつ．このうち3個は並進運動，3個は回転運動に割り振られるので，$3n - 6$ 個の振動モードを有する[†1]と考えられる．しかし，エネルギー曲線は反応座標に対して上に凸なので，このうちの特定な1個の振動方向に原子が動いたとたんに反応が進行する．したがって，残りの $3n - 7$ 個の振動モードについてのみ振動が許される．分配関数は，振動，回転，並進，電子状態の4つの項からなるが，このうち振動については，

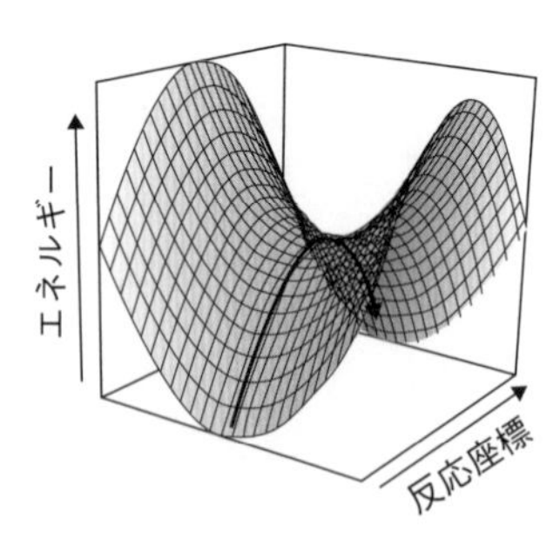

図A.15 活性錯合体のポテンシャルエネルギー曲面

[†1] 非直線分子を想定している．

$$q_{\mathrm{v}}{}^* = \prod_{i=1}^{3n-7} \frac{1}{1-\exp\left(-\dfrac{h\nu_i}{k_{\mathrm{B}}T}\right)} \qquad \text{(A.6.12)}$$

のように，$3n-7$ 個の振動を考える．

反応に関与する振動は，もはや振動ではなく，反応座標に沿った並進運動になる．鞍点付近の微小領域 δ を動くと考えれば（**図 A.16**），並進の分配関数を用いて

$$q_{\mathrm{s}}{}^* = \sqrt{\frac{2\pi\mu k_{\mathrm{B}}T}{h^2}}\,\delta \qquad \text{(A.6.13)}$$

で与えられる．ここで，活性錯合体が解離していく反応なので，相対運動であり，質量として換算質量 μ を用いる．

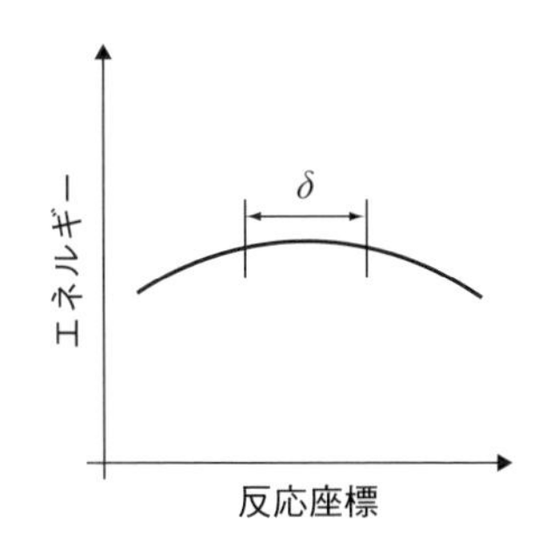

図 A.16　鞍点付近の微小領域

活性錯合体の分配関数は，これらをまとめて，

$$\begin{aligned} q_{\mathrm{X}}{}^* &= q_{\mathrm{s}}{}^* \times q_{\mathrm{v}}{}^* \times q_{\mathrm{r}}{}^* \times q_{\mathrm{t}}{}^* \times q_{\mathrm{e}}{}^* \\ &= \sqrt{\frac{2\pi\mu k_{\mathrm{B}}T}{h^2}}\,\delta \times q_{\mathrm{v}}{}^* \times q_{\mathrm{r}}{}^* \times q_{\mathrm{t}}{}^* \times q_{\mathrm{e}}{}^* \qquad \text{(A.6.14)} \\ &= \sqrt{\frac{2\pi\mu k_{\mathrm{B}}T}{h^2}}\,\delta \times q_{\mathrm{X}}{}' \end{aligned}$$

となる．整理するために $q_{\mathrm{X}}{}' = q_{\mathrm{v}}{}^* \times q_{\mathrm{r}}{}^* \times q_{\mathrm{t}}{}^* \times q_{\mathrm{e}}{}^*$ とおいた．以上をまとめると，$\mathrm{A}+\mathrm{B} \rightleftharpoons \mathrm{X}^*$ の平衡定数は，

$$K^* = \sqrt{\frac{2\pi\mu k_{\mathrm{B}}T}{h^2}}\,\delta \times \frac{q_{\mathrm{X}}{}'}{q_{\mathrm{A}}q_{\mathrm{B}}} \exp\left(-\frac{\varepsilon^*}{k_{\mathrm{B}}T}\right) \qquad \text{(A.6.15)}$$

となる．

一方，k_{f} は，活性錯合体が解離する速さと考えられる．活性錯合体が解離して充分に離れるまでの時間は，先ほど考えた微小領域 δ を抜け出す時間と考えてよい．k_{f} は，そのために必要な時間の逆数（単位時間あたりの頻度）になる．例題 6.2 の結果から，微小領域 δ を抜け出すのにかかる時間は

$$\bar{t} = \delta\sqrt{\frac{2\pi\mu}{k_{\mathrm{B}}T}} \qquad \text{(A.6.16)}$$

であるので，単位時間あたりで抜け出そうとする頻度は，その逆数

$$k_{\mathrm{f}} = \sqrt{\frac{k_{\mathrm{B}}T}{2\pi\mu}}\,\frac{1}{\delta} \qquad \text{(A.6.17)}$$

となる．

これらの結果をまとめると，反応速度定数 k は，

$$\begin{aligned} k &= k_{\mathrm{f}} K^* \\ &= \sqrt{\frac{k_{\mathrm{B}} T}{2\pi\mu}} \frac{1}{\delta} \times \sqrt{\frac{2\pi\mu k_{\mathrm{B}} T}{h^2}} \delta \times \frac{q_{\mathrm{X}}'}{q_{\mathrm{A}} q_{\mathrm{B}}} \exp\left(-\frac{\varepsilon^*}{k_{\mathrm{B}} T}\right) \\ &= \frac{k_{\mathrm{B}} T}{h} \frac{q_{\mathrm{X}}'}{q_{\mathrm{A}} q_{\mathrm{B}}} \exp\left(-\frac{\varepsilon^*}{k_{\mathrm{B}} T}\right) \end{aligned} \tag{A.6.18}$$

となる．第 1 項 $\dfrac{k_{\mathrm{B}} T}{h}$ はすぐに計算できて，300 K であれば $6.25 \times 10^{12}\,\mathrm{s}^{-1}$ となる．これは，活性錯合体ができて生成物が形成されるまでの速さに相当する．$\dfrac{q_{\mathrm{X}}'}{q_{\mathrm{A}} q_{\mathrm{B}}} \exp\left(-\dfrac{\varepsilon^*}{k_{\mathrm{B}} T}\right)$ は，反応物がとりうる状態と活性錯合体がとりうる状態の割合を示している．活性錯合体がより多くの状態をとることができれば，反応速度も大きくなる．

ところで，活性錯合体の振動，とくに反応座標に沿った運動とは具体的にどう考えたらよいのだろうか？ 原子と二原子分子が反応して，結合の組換えが起こる反応

$$\mathrm{A} + \mathrm{BC} \Longrightarrow (\mathrm{ABC})^* \Longrightarrow \mathrm{AB} + \mathrm{C} \tag{A.6.19}$$

を例にとって，活性錯合体の振動を考える．$(\mathrm{ABC})^*$ は 3 個の原子からなり，直線型の構造をとるとしよう．自由度の合計は 9 であり，そのうち 3 は重心の並進運動，2 は回転運動に割り振られるので，4 つの自由度が振動運動に割り振られる．$\mathrm{CO_2}$ のような直線分子の振動から類推すれば，**図 A.17** にあるような 3 つの振動モードが考えられる（変角モードは 2 重に縮重している）．このうち，逆対称伸縮は，まさに結合の組換えにつながる運動であり，反応座標方向に沿った運動である．一方，他の 2 つの振動モードは反応座標と直交するような運動になる．

(4) 衝突モデルとの比較

2 個の原子 A と B が衝突して，活性錯合体を形成したのちに反応するとして，その反応速度定数を求めてみよう．それぞれの質量を m_{A}，m_{B}（これらの換算質量を μ）とし，活性錯合体の原子間距離を d とする．原子なので分配関数 q_{A}，q_{B} については，並進の分配関数のみを考えればよいので，

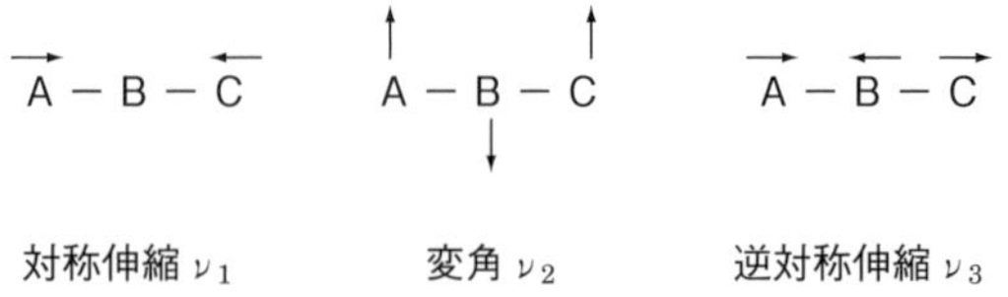

A − B − C　　A − B − C　　A − B − C

対称伸縮 ν_1　　変角 ν_2　　逆対称伸縮 ν_3

図 A.17　直線型の活性錯合体を仮定した場合の振動モード

$$q_{\mathrm{A}} = \left(\frac{2\pi m_{\mathrm{A}} k_{\mathrm{B}} T}{h^2}\right)^{\frac{3}{2}} \tag{A.6.20}$$

$$q_{\mathrm{B}} = \left(\frac{2\pi m_{\mathrm{B}} k_{\mathrm{B}} T}{h^2}\right)^{\frac{3}{2}} \tag{A.6.21}$$

である．一方，活性錯合体の分配関数としては並進と回転を考え，振動は反応座標に沿ったものしかないため考慮しないので

$$q_{\mathrm{X}}' = \left(\frac{2\pi(m_{\mathrm{A}} + m_{\mathrm{B}}) k_{\mathrm{B}} T}{h^2}\right)^{\frac{3}{2}} \frac{8\pi^2 I k_{\mathrm{B}} T}{h^2} \tag{A.6.22}$$

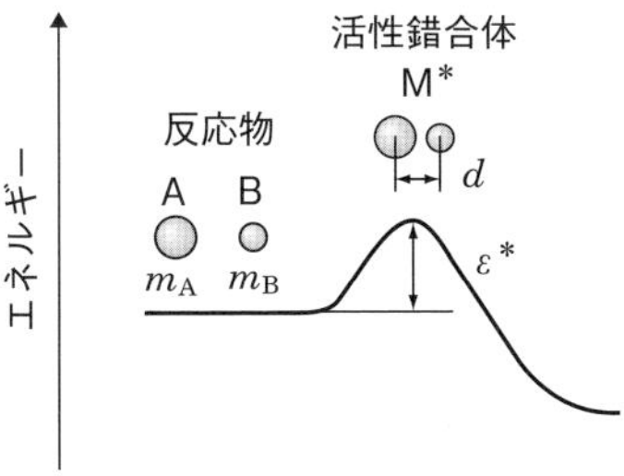

となる．ここで，$I = \mu d^2$ である．

これらをまとめると

$$\begin{aligned} k &= \frac{k_{\mathrm{B}} T}{h} \frac{q_{\mathrm{X}}'}{q_{\mathrm{A}} q_{\mathrm{B}}} \exp\left(-\frac{\varepsilon^*}{k_{\mathrm{B}} T}\right) \\ &= \frac{k_{\mathrm{B}} T}{h} \frac{\left(\frac{2\pi(m_{\mathrm{A}} + m_{\mathrm{B}}) k_{\mathrm{B}} T}{h^2}\right)^{\frac{3}{2}}}{\left(\frac{2\pi m_{\mathrm{A}} k_{\mathrm{B}} T}{h^2}\right)^{\frac{3}{2}} \left(\frac{2\pi m_{\mathrm{B}} k_{\mathrm{B}} T}{h^2}\right)^{\frac{3}{2}}} \frac{8\pi^2 I k_{\mathrm{B}} T}{h^2} \exp\left(-\frac{\varepsilon^*}{k_{\mathrm{B}} T}\right) \\ &= \frac{k_{\mathrm{B}} T}{h} \frac{h^3}{(2\pi k_{\mathrm{B}} T \mu)^{\frac{3}{2}}} \frac{8\pi^2 \mu d^2 k_{\mathrm{B}} T}{h^2} \exp\left(-\frac{\varepsilon^*}{k_{\mathrm{B}} T}\right) \\ &= \pi d^2 \sqrt{\frac{8 k_{\mathrm{B}} T}{\pi \mu}} \exp\left(-\frac{\varepsilon^*}{k_{\mathrm{B}} T}\right) \end{aligned} \tag{A.6.23}$$

となる．この式は，$d = b_{\max}$ とすれば，衝突モデルより導出した式 (6.6.11) と一致する．

図 A.18 2 個の原子で形成される活性錯合体

(5) アレニウスの式と活性錯合体の熱力学的な考察

化学反応を実験によって解析する場合は，反応温度を変化させて活性化エネルギーを求めることが多い．アレニウスの式

$$k = A \exp\left(-\frac{E_{\mathrm{a}}}{k_{\mathrm{B}} T}\right) \tag{A.6.24}$$

を用いれば，

$$\ln k = \ln A - \frac{E_{\mathrm{a}}}{k_{\mathrm{B}} T} \tag{A.6.25}$$

であるので，反応速度定数の自然対数を $\frac{1}{T}$ に対してプロットすることで，傾きから活性化エネルギー E_{a} を求めることができる（第 1 章参照）．同時にそのプロットの切片から前指数因子 A を求めることもできる．ここでは A の物理的な意味を考える．

式 (A.6.18) は以下のように書き換えることができる.

$$k = \frac{k_\mathrm{B}T}{h}\frac{q_\mathrm{X}'}{q_\mathrm{A}q_\mathrm{B}}\exp\left(-\frac{\varepsilon^*}{k_\mathrm{B}T}\right) = \frac{k_\mathrm{B}T}{h}K' \tag{A.6.26}$$

ここで, K' とまとめた部分は, 反応物と活性錯合体の平衡定数である. ただし, 反応座標に関連した振動の自由度1つ分が省略されたものである. 熱力学によれば, 平衡定数はギブズエネルギーと以下のように関連付けられている.

$$K' = \exp\left(-\frac{\Delta G'}{RT}\right) \tag{A.6.27}$$

ここで, $\Delta G'$ は反応物と活性錯合体のギブズエネルギーの差である. $\Delta G'$ は, エンタルピー変化 $\Delta H'$ とエントロピー変化 $\Delta S'$ を用いれば

$$\Delta G' = \Delta H' - T\Delta S' \tag{A.6.28}$$

であるので,

$$K' = \exp\left(-\frac{\Delta G'}{RT}\right) = \exp\left(-\frac{\Delta H' - T\Delta S'}{RT}\right) = \exp\left(\frac{\Delta S'}{R}\right)\exp\left(-\frac{\Delta H'}{RT}\right) \tag{A.6.29}$$

である. さらに理想気体を仮定すれば, エンタルピーとエネルギーは,

$$\Delta H = \Delta E + \Delta(PV) = \Delta E + (\Delta n)RT \tag{A.6.30}$$

で結びつく. ΔE は錯合体を形成するための活性化エネルギー E_a に等しい. また $\mathrm{A} + \mathrm{B} \rightleftharpoons \mathrm{X}^*$ の平衡では, 活性錯合体を形成すると物質量が1減るので, $\Delta n = -1$ を代入すれば

$$\Delta H' = E_\mathrm{a} - RT \tag{A.6.31}$$

である. これより,

$$K' = \exp\left(\frac{\Delta S'}{R}\right)\exp\left(-\frac{\Delta H'}{RT}\right) = \exp\left(\frac{\Delta S'}{R}\right)\exp(1)\exp\left(-\frac{E_\mathrm{a}}{RT}\right) \tag{A.6.32}$$

となるので, 反応速度定数は

$$k = \exp(1)\frac{k_\mathrm{B}T}{h}\exp\left(\frac{\Delta S'}{R}\right)\exp\left(-\frac{E_\mathrm{a}}{RT}\right) \tag{A.6.33}$$

となる. これを式 (A.6.24) と比べれば, 前指数因子 A は, 反応物から活性錯合体を形成する際のエントロピー変化 $\Delta S'$ と関連づいていることがわかる. $\mathrm{A} + \mathrm{B} \rightleftharpoons \mathrm{X}^*$ の平衡では, もともとばらばらだった反応物が錯合体を形成するので, $\Delta S'$ は負になるとしてよい. 活性錯合体が, より特殊な構造 (複雑な構造の反応分子同士がある特別の部位でのみ結合を作るような) をとるならば, $\Delta S'$ はより大きな負の値になり, 反応速度定数は小さな値になる. 逆に, 活性錯合体が, 単純でありふれた構造 (対称性の高い分子が接触しているような) でよいとするならば, 反応速度定数は大きな値

となる．

ところで，式 (A.6.24) あるいは (A.6.25) と (A.6.33) を比較すると，少しだけ変なことに気づく．式 (A.6.33) の両辺の対数をとると，前指数因子 A は

$$\ln A = 1 + \frac{\Delta S'}{R} + \ln\left(\frac{k_{\mathrm{B}}T}{h}\right) \tag{A.6.34}$$

となって，温度に依存して変化してしまう．ただし，実際には 300 K から 350 K まで温度を変化させた場合でも，$\Delta S' = 50\ \mathrm{J\ K^{-1}\ mol^{-1}}$ とすれば，$A = 34.17 \sim 34.32$ とわずかに 0.4 % しか変化しないので，ほぼ一定とみなしてよい．実際の反応を多く集積したデータベース[†1]では，

$$k = AT^{m} \exp\left(-\frac{E_{\mathrm{a}}}{k_{\mathrm{B}}T}\right) \tag{A.6.35}$$

として，m を最適化して表示している．

(6)　表面反応の遷移状態理論

遷移状態理論は，固体表面での化学反応にも応用できる．例えば，気相分子 A(g) が表面の吸着サイト S(s) に吸着する反応を考え，途中で活性錯合体 [A–S(s)]* を経由するとする．

$$\mathrm{A(g) + S(s) \rightleftarrows [A\text{–}S(s)]^{*} \Longrightarrow A\text{–}S(s)} \tag{A.6.36}$$

表面の単位面積あたりの速度定数は，分配関数を用いて，

$$k = \frac{k_{\mathrm{B}}T}{h}\frac{q'}{q_{\mathrm{A}}q_{\mathrm{S}}} \exp\left(-\frac{\varepsilon^{*}}{k_{\mathrm{B}}T}\right) \tag{A.6.37}$$

と書くことができる．ここで，q_{A} は気相分子 A の分配関数，q_{S} は分子が吸着していないときの吸着サイトの分配関数，q' は活性錯合体の分配関数で反応座標に沿う自由度を除いたものである[†2]．q' で吸着サイトに関わる部分は実際 q_{S} とほとんど変わらないので，q_{S} で割って q'' として活性錯合体の内部自由度のみを考えてもよい．この場合，速度定数は，

$$k = \frac{k_{\mathrm{B}}T}{h}\frac{q''}{q_{\mathrm{A}}} \exp\left(-\frac{\varepsilon^{*}}{k_{\mathrm{B}}T}\right)$$

となる．

原子が表面に吸着する過程を例として考えよう．活性化エネルギーは 0 とする．単位面積あたりの速度定数は，

$$k = \frac{k_{\mathrm{B}}T}{h}\frac{q''}{q_{\mathrm{A}}} \tag{A.6.38}$$

[†1] NIST Chemical Kinetics Database　http://kinetics.nist.gov/kinetics/welcome.jsp

[†2] 気相分子 A の分配関数 q_{A} は単位体積あたりで考える．一方，吸着サイトの分配関数や活性錯合体の分配関数は，二次元なので単位面積あたりで考えてよい．

になる．原子なので q_A は並進運動のみであり，

$$q_A = \left(\frac{2\pi m k_B T}{h^2}\right)^{\frac{3}{2}} \tag{A.6.39}$$

になる．ここで m は原子の質量である．一方，活性錯合体では，表面に対して水平方向の並進の自由度のみをもつと考えられる．つまり

$$q'' = \frac{2\pi m k_B T}{h^2} \tag{A.6.40}$$

である．これらをまとめると

$$k = \frac{k_B T}{h} \frac{\frac{2\pi m k_B T}{h^2}}{\left(\frac{2\pi m k_B T}{h^2}\right)^{\frac{3}{2}}} = \frac{k_B T}{h} \frac{1}{\sqrt{\frac{2\pi m k_B T}{h^2}}} = \sqrt{\frac{k_B T}{2\pi m}} = \frac{1}{4}\sqrt{\frac{8 k_B T}{\pi m}} \tag{A.6.41}$$

になる．ここで，$\sqrt{\frac{8k_B T}{\pi m}}$ は，マクスウェル - ボルツマン分布の気体分子の平均速さ $\bar{v}$ と同じなので（[例題 6.3] 参照），

$$k = \frac{1}{4}\bar{v} \tag{A.6.42}$$

になる．式 (7.1.1) で見た通り，これは表面方向に飛んでくる原子の，表面に垂直な成分の平均速さに等しい．つまり，活性化エネルギー 0 で吸着する原子の場合は，原子が表面に供給されれば必ず吸着するので，吸着の速度定数は原子の供給の速さで表される．

(7)　溶液反応の遷移状態理論

溶液中の反応物 A，B から，活性錯合体 X^* を経て生成物 P が生成する液相反応

$$\mathrm{A} + \mathrm{B} \underset{k_{-1}}{\overset{k_{+1}}{\rightleftarrows}} \mathrm{X}^* \overset{k_2}{\Longrightarrow} \mathrm{P} \tag{A.6.43}$$

を考える．k_{+1}，k_{-1}，k_2 はそれぞれの素反応の速度定数を表す．遷移状態理論では，まず反応物と活性錯合体の平衡を考える．

$$\mathrm{A} + \mathrm{B} \rightleftarrows \mathrm{X}^* \tag{A.6.44}$$

気相の反応であれば，この平衡の平衡定数 K^* を，これらの濃度あるいは数密度を用いて

$$K^* = \frac{[\mathrm{X}^*]}{[\mathrm{A}][\mathrm{B}]} \tag{A.6.45}$$

と書く．液体中の反応については，希薄溶液ならば濃度を用いてよいが，実際の溶液では，実効的な濃度が，想定している濃度と異なることがある．そこで想定している

濃度 (例えば [A]) の代わりに，実効的な濃度として**活量** a (例えば a_{A} と表記する) を用いる[†1]．活量と濃度の間には，

$$\gamma_{\mathrm{A}} = \frac{a_{\mathrm{A}}}{[\mathrm{A}]} \tag{A.6.46}$$

の関係があり，この γ を**活量係数**という．

活量を用いれば，平衡定数は

$$K^* = \frac{a_{\mathrm{X}^*}}{a_{\mathrm{A}}a_{\mathrm{B}}} = \frac{\gamma_{\mathrm{X}^*}[\mathrm{X}^*]}{\gamma_{\mathrm{A}}[\mathrm{A}]\,\gamma_{\mathrm{B}}[\mathrm{B}]} = \frac{\gamma_{\mathrm{X}^*}}{\gamma_{\mathrm{A}}\gamma_{\mathrm{B}}}\frac{[\mathrm{X}^*]}{[\mathrm{A}][\mathrm{B}]} \tag{A.6.47}$$

と書くことができる．したがって，$[\mathrm{X}^*]$ は，

$$[\mathrm{X}^*] = K^*\frac{\gamma_{\mathrm{A}}\gamma_{\mathrm{B}}}{\gamma_{\mathrm{X}^*}}[\mathrm{A}][\mathrm{B}] \tag{A.6.48}$$

であり，反応速度は

$$\frac{\mathrm{d}[\mathrm{P}]}{\mathrm{d}t} = k_2[\mathrm{X}^*] = k_2\frac{\gamma_{\mathrm{A}}\gamma_{\mathrm{B}}}{\gamma_{\mathrm{X}^*}}K^*[\mathrm{A}][\mathrm{B}] = \frac{\gamma_{\mathrm{A}}\gamma_{\mathrm{B}}}{\gamma_{\mathrm{X}^*}}k_2\frac{k_{+1}}{k_{-1}}[\mathrm{A}][\mathrm{B}] \tag{A.6.49}$$

になる．これより，速度定数は

$$k = \frac{\gamma_{\mathrm{A}}\gamma_{\mathrm{B}}}{\gamma_{\mathrm{X}^*}}k_2\frac{k_{+1}}{k_{-1}} \tag{A.6.50}$$

になる[†2]．同様の気相反応では，速度定数が $k_0 = k_2\dfrac{k_{+1}}{k_{-1}}$ であったことを考えれば[†3]，速度定数の比は，

$$\frac{k}{k_0} = \frac{\gamma_{\mathrm{A}}\gamma_{\mathrm{B}}}{\gamma_{\mathrm{X}^*}} \tag{A.6.51}$$

となる．つまり液相反応と気相反応の違いは，活量係数の比 $\dfrac{\gamma_{\mathrm{A}}\gamma_{\mathrm{B}}}{\gamma_{\mathrm{X}^*}}$ で表される部分にあることがわかる．

デバイ-ヒュッケルの強電解質理論によれば，イオンの濃度が充分に低い場合，イオンの活量係数は第 8 章コラムで説明したイオン強度と以下の関係がある．

$$\log_{10}\gamma_i = -Az_i^2\sqrt{I} \tag{A.6.52}$$

ここで，A は 25 ℃の水に対して，$A = 0.50\ \mathrm{dm}^{\frac{3}{2}}\ \mathrm{mol}^{-\frac{1}{2}}$ となる係数である．

式 (A.6.51) の両辺の常用対数をとれば

---

†1 実際の溶液と希薄溶液の熱力学的なふるまいの違いを，活量 a と濃度 [A] の違いとして考える．

†2 反応速度は，物質の濃度と反応速度定数を用いて，例えば $\dfrac{\mathrm{d}[\mathrm{P}]}{\mathrm{d}t} = k[\mathrm{A}][\mathrm{B}]$ のように書くことになっている．式 (A.6.49) と比較して，式 (A.6.50) の関係が得られる．

†3 (A.6.10) 参照．溶液反応でも，希薄溶液であればよい．

$$\log_{10} k = \log_{10} k_0 + \log_{10} \gamma_A + \log_{10} \gamma_B - \log_{10} \gamma_{X^*} \qquad (A.6.53)$$

である．これに，式 (A.6.52) の関係を代入すれば

$$\log_{10} k = \log_{10} k_0 - A[z_A{}^2 + z_B{}^2 - (z_A + z_B)^2]\sqrt{I} = \log_{10} k_0 + 2Az_A z_B \sqrt{I} \qquad (A.6.54)$$

となるので，

$$\log_{10} \frac{k}{k_0} = 2Az_A z_B \sqrt{I} \qquad (A.6.55)$$

と書くことができる．**図 A.19** に電荷の効果を示した．例えば，$z_A = +2$，$z_B = +1$ であれば $z_A z_B = +2$ となる．この場合は，イオン強度の増加に伴って，$\log_{10} \frac{k}{k_0}$ が増加する．つまり，溶液中の反応速度は大きくなる．イオン強度 $I = 0.01$ mol dm^{-3} のとき，k は k_0 の 1.6 倍程度になる．一方，$z_A = +1$，$z_B = -1$ であれば $z_A z_B = -1$ である．この場合はイオン強度の増加に伴って，$\log_{10} \frac{k}{k_0}$ が減少することからも，反応速度が小さくなることがわかる．一方，反応物の片方が電荷をもたなければ，$z_A z_B = 0$ となるので，イオン強度が変化しても反応速度は変わらない．

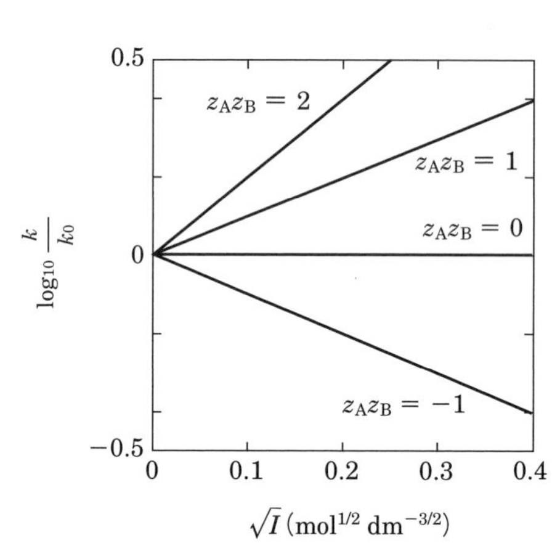

図 A.19　イオン強度と反応速度の関係

A.7　単分子解離反応

分子が，周りの分子と衝突してエネルギーを受け取り，それが結合を切るのに必要なエネルギーよりも大きいとき，ある寿命で結合が切れることがある．このような解離反応が，どのような状態を経由して起こるのか，またどれくらいの反応速度で進行するのかを，その理論的な背景とともに学ぶ．

(1) リンデマン機構の復習

3.2 節で，単分子反応に関するリンデマン機構を学んだ．まとめれば，着目している分子 A が周りの分子 M (第三体) と衝突して，エネルギーを得て活性化される．

$$A + M \Longrightarrow A^* + M \qquad \text{速度定数 } k_1 \qquad (A.7.1)$$

ただし，活性化された分子 A* は，再び M と衝突して，エネルギーを失う (脱活性化)

こともある.

$$\mathrm{A}^* + \mathrm{M} \Longrightarrow \mathrm{A} + \mathrm{M} \qquad \text{速度定数 } k_{-1} \tag{A.7.2}$$

活性化されたままの A* は，自発的に解離して生成物となる.

$$\mathrm{A}^* \Longrightarrow \mathrm{P} \qquad \text{速度定数 } k_2 \tag{A.7.3}$$

この一連の反応について定常状態近似を適用すれば，A から P を生成する反応の見かけ上の 1 次反応速度定数 k_{uni} は

$$k_{\mathrm{uni}} = \frac{k_1 k_2[\mathrm{M}]}{k_{-1}[\mathrm{M}] + k_2} = \frac{\dfrac{k_1}{k_{-1}} k_2}{1 + \dfrac{k_2}{k_{-1}[\mathrm{M}]}} \tag{A.7.4}$$

で与えられる (式 (3.2.10)).

しかし，リンデマン機構から求めた反応速度定数は，実際の反応の速度定数と一致しない例が多い．これは，リンデマン機構では，活性化分子 A* を大くくりに 1 種類しか考えていないためである．本来，活性化分子 A* にもいろいろなエネルギー状態があり，また，それらが解離するときの速度定数 k_2 も A* のエネルギー状態によって違うはずである (**図 A.20**)．そこで，これらを考慮して，式 (A.7.4) の速度定数を書き換えたい．式 (A.7.4) 中の $\dfrac{k_1}{k_{-1}}$ は，式 (A.7.1) および式 (A.7.2) によれば，分子 A と A* の平衡定数 [A*]/[A] に相当する．活性化分子 A* のエネルギー状態によって平衡定数は変わるはずなので，この部分を書き換える必要がある ((2)「エネルギー分布関数」)．また，速度定数 k_2 は $k_2(\varepsilon)$ のように，エネルギーによって異なる ((3)「解離の速度定数」)．それぞれの項について，以下で説明する．

(2)　エネルギー分布関数

活性化分子 A* のエネルギー状態の中身まで考えた理論は，ライス，ラムスパージャー，カッセルの頭文字をとって **RRK 理論**と呼ばれている (図 A.20)．衝突によって得たエネルギーは，分子の振動エネルギーに分配される．A* が振動エネルギー ε をもつ確率分布は，分配関数 Q_v を用いて

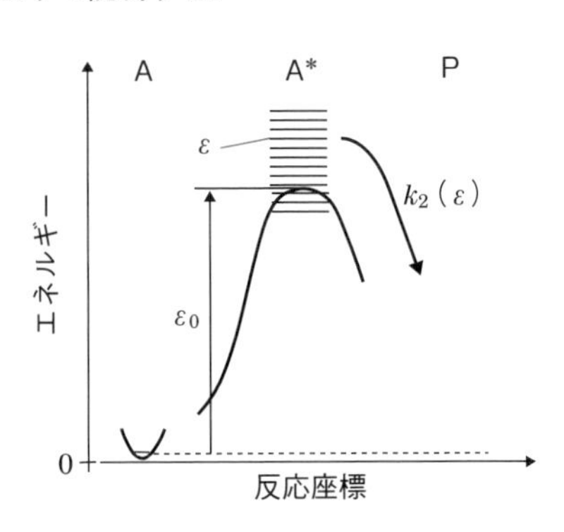

図 A.20　RRK 理論

$$P(\varepsilon) = \frac{g(\varepsilon)\exp\left(-\dfrac{\varepsilon}{k_{\mathrm{B}}T}\right)}{Q_v} \tag{A.7.5}$$

で与えられる．ここで，$g(\varepsilon)$ は ε の振動エネルギーをもつ反応分子の状態の数 (多重

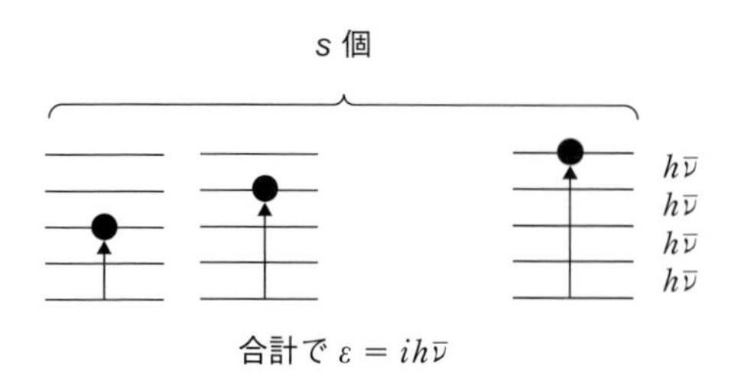

図 A.21　振動子への割り振り方

度）である．

まず，$g(\varepsilon)$ の中身を考えよう．取り扱いを簡単にするために，反応分子は s 個の振動モードをもつと仮定し，その振動数を等しく $\bar{\nu}$ とおく（**図 A.21**）．つまり，1つの振動モードを1量子分励起するのに必要なエネルギーが $h\bar{\nu}$ である．s 個の振動モードがそれぞれ数量子分励起されたとして，そのときの振動エネルギーの合計を $\varepsilon = ih\bar{\nu}$ とおく．分子全体で i 量子分励起されている状態と考えてよい．

一般に，分子の振動モードの数は限られている．衝突によって充分なエネルギーを得たとすれば，$i \gg s$ である．図 A.21 にあるように，s 個の振動モードに合計 i 個を割り振ることになる．このときの場合の数は

$$g(\varepsilon) = \frac{(i+s-1)!}{i!(s-1)!} \tag{A.7.6}$$

で与えられる[†1]．近似公式を用いて簡潔にすると，

$$g(\varepsilon) = \frac{i^{s-1}}{(s-1)!} \tag{A.7.7}$$

となる[†2 (脚注次ページ)]．

エネルギー準位の間隔 $h\bar{\nu}$ が充分に狭いと仮定して準位が密に存在するとする．単位エネルギーの中の準位の数は $1/h\bar{\nu}$ である．さらに $g(\varepsilon)$ を考慮すれば，エネルギーが $\varepsilon \sim \varepsilon + \mathrm{d}\varepsilon$ の幅にある準位の数は，**状態密度** $D(\varepsilon)$ で表せば，

$$\begin{aligned} D(\varepsilon)\,\mathrm{d}\varepsilon &= \frac{i^{s-1}}{(s-1)!}\frac{1}{h\bar{\nu}}\,\mathrm{d}\varepsilon \\ &= \frac{\varepsilon^{s-1}}{(s-1)!}\frac{1}{(h\bar{\nu})^{s}}\,\mathrm{d}\varepsilon \end{aligned} \tag{A.7.8}$$

[†1] i 個のボールを1列に並べる．その間に $s-1$ 枚の仕切りを入れて s グループに仕分けるという作業と同じなので，場合の数は式 (A.7.6) になる．

と書くことができる（**図 A.22** 参照）．ここでは，$\varepsilon = ih\bar{\nu}$ であることを用いた．

一方，分配関数については付録 A.4 で説明した通りである．s 個の振動子についての分配関数は，1 つの振動モードに対する分配関数を s 乗したものになる．

$$Q_v = \left(1 - \exp\left(-\frac{h\bar{\nu}}{k_B T}\right)\right)^{-s} \tag{A.7.9}$$

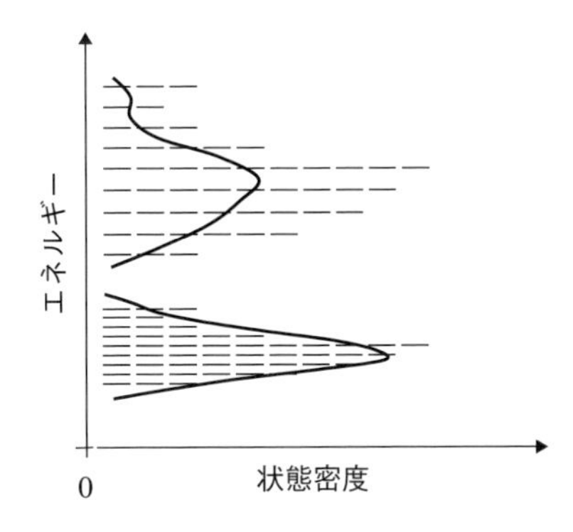

図 A.22　エネルギー準位と状態密度の関係を表す概略図

さらに，エネルギー準位の間隔 $h\bar{\nu}$ が $k_B T$ よりも小さいと仮定してよいなら，以下のように近似される．

$$Q_v = \left(1 - \exp\left(-\frac{h\bar{\nu}}{k_B T}\right)\right)^{-s} = \left(1 - \left(1 - \frac{h\bar{\nu}}{k_B T}\right)\right)^{-s} = \left(\frac{k_B T}{h\bar{\nu}}\right)^{s} \tag{A.7.10}$$

式 (A.7.8) と (A.7.10) を用いれば，式 (A.7.5) のエネルギー分布関数は

$$\begin{aligned} P(\varepsilon)\,\mathrm{d}\varepsilon &= \frac{D(\varepsilon)}{Q_v}\exp\left(-\frac{\varepsilon}{k_B T}\right)\mathrm{d}\varepsilon = \frac{\varepsilon^{s-1}}{(s-1)!}\frac{1}{(h\bar{\nu})^s}\left(\frac{k_B T}{h\bar{\nu}}\right)^{-s}\exp\left(-\frac{\varepsilon}{k_B T}\right)\mathrm{d}\varepsilon \\ &= \frac{1}{(s-1)!}\left(\frac{\varepsilon}{k_B T}\right)^{s-1}\left(\frac{1}{k_B T}\right)\exp\left(-\frac{\varepsilon}{k_B T}\right)\mathrm{d}\varepsilon \end{aligned} \tag{A.7.11}$$

になる．

図 A.23 に RRK 理論より求めた A* のエネルギー分布を示す．横軸は，エネルギーを $k_B T$ の単位で表しており，右側に行くほどエネルギーは高くなる．振動子の数 s が増えるに従って分布が広がり，より高いエネルギーをもつ分子の割合が増えることがわかる．

---

†2　スターリングの公式

$$n! = \left(\frac{n}{\mathrm{e}}\right)^n$$

を用いて，

$$\frac{(i+s-1)!}{i!} = \frac{(i+s-1)^{i+s-1}}{i^i \mathrm{e}^{s-1}} = \left(\frac{i}{\mathrm{e}}\right)^{s-1}\left(1 + \frac{s-1}{i}\right)^{i+s-1}$$

と書き換えることができる．また，i は充分に大きいので，数学公式 $\mathrm{e}^x = \lim_{i\to\infty}\left(1 + \frac{x}{i}\right)^i$ を用いてよい．$i \gg s-1$ であるから

$$\lim_{i\to\infty}\left(1 + \frac{s-1}{i}\right)^{i+s-1} = \mathrm{e}^{s-1}$$

である．

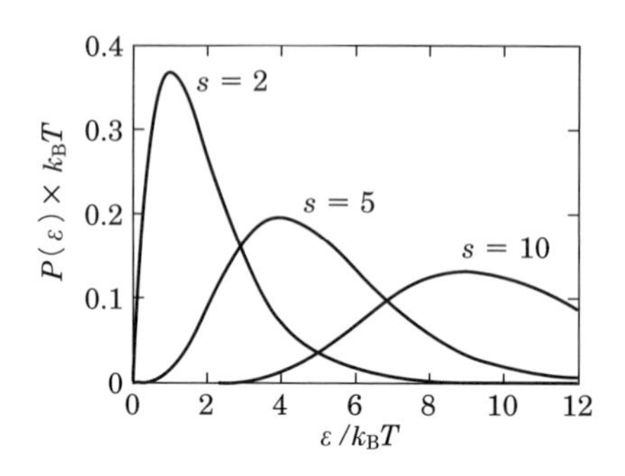

図 A.23　RRK 理論より求めたエネルギー分布

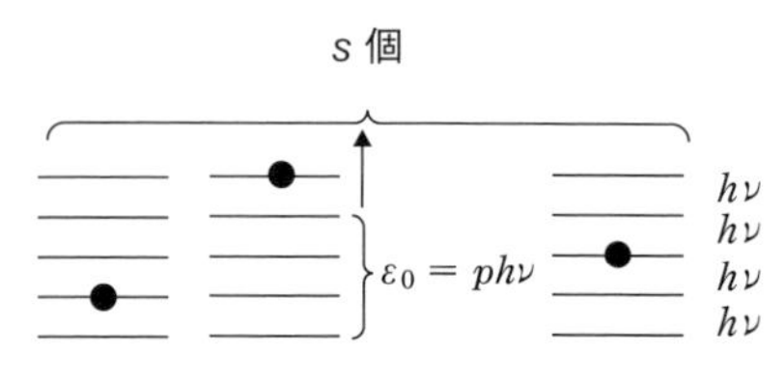

図 A.24　特定の振動モードに $\varepsilon_0 = ph\nu$ 以上のエネルギーが分配される

(3) 解離の速度定数

次に，活性化分子 A^* が解離するときの速度定数 k_2 を考える．RRK 理論では，A^* の振動エネルギーは各振動モードを自由に動き回ることができ，特定の振動モードに一定以上のエネルギーが集中したときに反応が進むと考える．(2) 項と同じように，s 個の振動モードに，i 量子分を分配するとする．このときの振動エネルギーの合計は $\varepsilon = ih\overline{\nu}$ である．特定の振動モードが p 量子分以上励起される，つまりエネルギーとして $\varepsilon_0 \geq ph\overline{\nu}$ が分配される場合の数は，$(i-p+s-1)!/(i-p)!(s-1)!$ である[†1]．また，s 個の振動モードに i 個の量子を分配する場合の数は，$(i+s-1)!/i!(s-1)!$ であるので，特定の振動モードにエネルギーが集中する確率 R は

$$R = \frac{\dfrac{(i-p+s-1)!}{(i-p)!(s-1)!}}{\dfrac{(i+s-1)!}{i!(s-1)!}} = \frac{(i-p+s-1)!\,i!}{(i-p)!(i+s-1)!} \qquad \text{(A.7.12)}$$

である．i や p は充分に大きいとして，スターリングの公式を用いて

$$R \approx \left(1 - \frac{p}{i}\right)^{s-1} \qquad \text{(A.7.13)}$$

と近似することができる[†2 (脚注次ページ)]．エネルギーで書き換えれば，

$$R(\varepsilon, \varepsilon_0) \approx \left(1 - \frac{\varepsilon_0}{\varepsilon}\right)^{s-1} \qquad \text{(A.7.14)}$$

となる．これは，エネルギー ε が与えられたとき，特定の振動モードのエネルギーが ε_0 を超える確率を表す．

[†1] 特定のモードに p 個以上分配されるので，あらかじめ p 個を引いて，残りを s 個の振動子に分配させる場合の数を求める．

RRK 理論では，特定の振動モードのエネルギーが ε_0 よりも大きいとき，振動数 $\overline{\nu}$ の速度で反応すると考える．したがって，

$$k_2(\varepsilon) = \overline{\nu}\left(1 - \frac{\varepsilon_0}{\varepsilon}\right)^{s-1} \quad (\varepsilon > \varepsilon_0)$$

$$k_2(\varepsilon) = 0 \quad (\varepsilon \leq \varepsilon_0) \tag{A.7.15}$$

である．

図 A.25 にエネルギー ε に対する速度定数 $k_2(\varepsilon)$ の変化を示した．$s = 1$ の場合がリンデマン機構に相当する．エネルギー ε が，しきいエネルギー ε_0 を超えると $k_2(\varepsilon) = \overline{\nu}$ となって速やかに反応が進行する．一方，分子の振動モードを考慮すると，反応速度は低下する．これは，分子内の振動モードにエネルギーが分散するため，特定のモードにエネルギーが集中する確率が減少するためである．

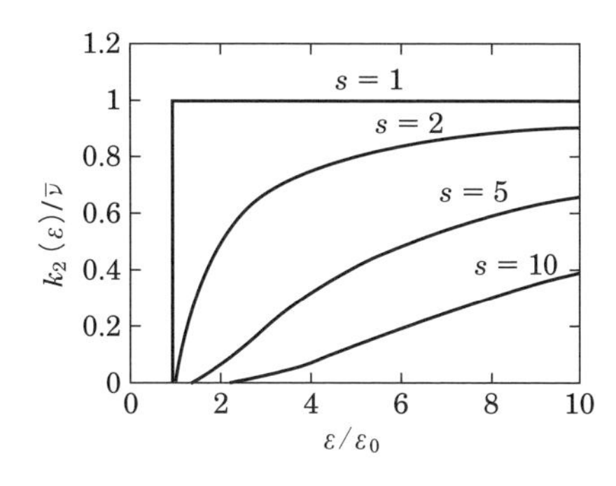

図 A.25　RRK 理論での速度定数 $k_2(\varepsilon)$ のエネルギー依存性

(4)　単分子反応の速度定数

これらの結果をまとめて，単分子反応の速度定数を求める．A^* がエネルギー ε をもつ場合，速度定数は式 (A.7.4) より

$$k_{\mathrm{uni}}(\varepsilon) = \frac{\dfrac{k_1}{k_{-1}}k_2}{1 + \dfrac{k_2}{k_{-1}[\mathrm{M}]}} = \frac{P(\varepsilon)k_2(\varepsilon)}{1 + \dfrac{k_2(\varepsilon)}{k_{-1}(\varepsilon)[\mathrm{M}]}} \tag{A.7.16}$$

---

†2　i や p は s に比べて充分に大きいので

$$(i - p + s - 1)! \sim \left(\frac{i - p + s - 1}{\mathrm{e}}\right)^{i-p+s-1} \sim \left(\frac{i - p}{\mathrm{e}}\right)^{i-p+s-1}$$

$$(i - p)! \sim \left(\frac{i - p}{\mathrm{e}}\right)^{i-p}$$

より，

$$\frac{(i - p + s - 1)!}{(i - p)!} \sim \left(\frac{i - p}{\mathrm{e}}\right)^{s-1}$$

同様にして，

$$\frac{i!}{(i + s - 1)!} \sim \left(\frac{i}{\mathrm{e}}\right)^{-(s-1)}$$

である．

と書き換えることができる．k_1/k_{-1} は A* と A の平衡定数に相当し，平衡定数は A* と A の状態の数の割合で決まるので，この部分は A* のエネルギー分布関数 $P(\varepsilon)$ で置き換えてよい．反応は $\varepsilon > \varepsilon_0$ であれば，すべての ε に対して進行するので，エネルギーで積分する．

$$k_{\mathrm{uni}}(T) = \int_{\varepsilon_0}^{\infty} \frac{P(\varepsilon)\,k_2(\varepsilon)}{1 + \dfrac{k_2(\varepsilon)}{k_{-1}(\varepsilon)\,[\mathrm{M}]}}\,\mathrm{d}\varepsilon \tag{A.7.17}$$

これに，(3) 項で得られた結果を代入することで，速度定数を求めることができる．

$$k_{\mathrm{uni}}(T) = \int_{\varepsilon_0}^{\infty} \frac{\dfrac{1}{(s-1)!}\left(\dfrac{\varepsilon}{k_{\mathrm{B}}T}\right)^{s-1}\left(\dfrac{1}{k_{\mathrm{B}}T}\right)\exp\left(-\dfrac{\varepsilon}{k_{\mathrm{B}}T}\right)\overline{\nu}\left(1-\dfrac{\varepsilon_0}{\varepsilon}\right)^{s-1}}{1 + \dfrac{\overline{\nu}\left(1-\dfrac{\varepsilon_0}{\varepsilon}\right)^{s-1}}{k_{-1}(\varepsilon)\,[\mathrm{M}]}}\,\mathrm{d}\varepsilon \tag{A.7.18}$$

A.8 反応分子の状態を考慮した理論

RRK 理論は，活性化分子のエネルギー状態をより詳細に取り扱い，それらが解離する際の速度定数 k_2 のエネルギー依存性を考慮することで，単分子反応のリンデマン機構をよく説明することができた．ただ，振動子の数 s や振動数 $\overline{\nu}$ に関する部分があいまいであり，反応分子と活性化状態の分子の構造を同じと仮定しているという問題があった．そこで，マーカスは，RRK 理論を改良して，実際の振動回転状態に基づいて反応速度定数を求めた (**RRKM 理論**)．RRKM 理論は，衝突解離のみならず，光励起された分子の解離反応にも適用されている．

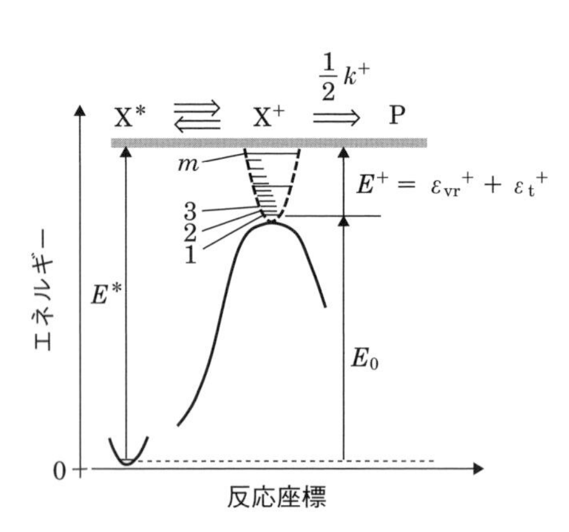

図 A.26　RRKM 理論のスキーム

分子 X が励起されて励起種 X* となる．X* と活性化状態 X$^+$ の間に平衡が成り立ち，活性化状態を経て生成物 P になると考える．

$$\mathrm{X}^* \rightleftarrows \mathrm{X}^+ \Longrightarrow \mathrm{P} \tag{A.8.1}$$

これらのエネルギーの関係は**図 A.26** に示す通りである．励起エネルギーを E^*，分子 X の振動基底状態から活性錯合体の振動基底状態までのエネルギーを E_0 とすれば，

$E^+ = E^* - E_0$ は活性錯合体が余分にもつエネルギーとなり，これが反応の駆動力となる．

X^* から P を生成する複合反応の速度定数を $k_{\mathrm{uni}}(E^*)$ とおけば，P を生成する反応速度式は

$$\frac{\mathrm{d}[\mathrm{P}]}{\mathrm{d}t} = k_{\mathrm{uni}}(E^*)[\mathrm{X}^*] \tag{A.8.2}$$

となる．この $k_{\mathrm{uni}}(E^*)$ を求めたい．

X^* と X^+ は平衡にある．その平衡定数を K_+ とおけば，

$$K_+ = \frac{[\mathrm{X}^+]}{[\mathrm{X}^*]} \tag{A.8.3}$$

であり，$[\mathrm{X}^+]$ は

$$[\mathrm{X}^+] = K_+[\mathrm{X}^*] \tag{A.8.4}$$

と書ける．一方，活性錯合体 X^+ が消失する速度定数を k^+ とおく．活性錯合体の消失は，活性錯合体から反応が進行して P が生成する場合と，反応が戻ってしまう場合からなり，同じ割合で進むと仮定する．P が生成する速度式は

$$\frac{\mathrm{d}[\mathrm{P}]}{\mathrm{d}t} = \frac{1}{2}k^+[\mathrm{X}^+] = \frac{1}{2}k^+K_+[\mathrm{X}^*] \tag{A.8.5}$$

となる．つまり求めるべき速度定数は，

$$k_{\mathrm{uni}}(E^*) = \frac{1}{2}k^+K_+ \tag{A.8.6}$$

である．

この速度定数の中身を考える．まず k^+ は，反応座標軸に沿った活性領域 δ を活性錯合体が移動する頻度と考える．活性錯合体の反応座標軸方向の並進運動のエネルギーを $\varepsilon_{\mathrm{t}}{}^+$ とおくと，

$$k^+ = \sqrt{\frac{2\varepsilon_{\mathrm{t}}{}^+}{\mu\delta^2}} \tag{A.8.7}$$

と書くことができる[†1]．

次に，平衡定数の項を考える．エネルギーあたりの状態の数である状態密度 $N(E)$ を用いれば，平衡定数 K_+ は，

---

†1　換算質量 μ を用いれば，速度は $\sqrt{\dfrac{2\varepsilon_{\mathrm{t}}{}^+}{\mu}}$ である．距離 δ を通り抜けるのに必要な時間は $\delta/\sqrt{\dfrac{2\varepsilon_{\mathrm{t}}{}^+}{\mu}}$ なので，その逆数が活性領域を移動する頻度になる．

$$K_+ = \frac{N^+(E^+)}{N^*(E^*)} \tag{A.8.8}$$

で与えられる[†1]．このうち，エネルギー E^+ の活性錯合体の状態密度 $N^+(E^+)$ については，分子の運動を考えることでもう少し踏み込むことができる．活性錯合体の全エネルギー E^+ は，振動・回転エネルギー $\varepsilon_{\mathrm{vr}}{}^+$ と反応座標軸方向の運動のエネルギー $\varepsilon_{\mathrm{t}}{}^+$ の和

$$E^+ = \varepsilon_{\mathrm{vr}}{}^+ + \varepsilon_{\mathrm{t}}{}^+ \tag{A.8.9}$$

である．図 A.26 にもあるように，活性錯合体の振動・回転準位はとびとびで，まばらにしかない．そこで，下の準位から順に番号を 1 から m まで振る．それぞれの振動回転準位については，残りのエネルギーが並進に割り振られるので，$N^+(E^+)$ は，反応座標軸方向の並進運動の状態密度をそれぞれの準位に対して足し合わせればよい．つまり，i 番目の準位の振動回転エネルギーを $\varepsilon_{\mathrm{vr}}{}^+(i)$ とおけば，

$$N^+(E^+) = \sum_{i=1}^{m} N_{\mathrm{t}}{}^+(E^+ - \varepsilon_{\mathrm{vr}}{}^+(i)) = \sum_{i=1}^{m} N_{\mathrm{t}}{}^+(\varepsilon_{\mathrm{t}}{}^+(i)) \tag{A.8.10}$$

と書ける．ここで，$N_{\mathrm{t}}{}^+$ は，反応座標軸方向の並進運動の状態密度である．

次に，並進運動の状態密度の中身を考える．一般に，一次元の井戸型ポテンシャル中の自由粒子のエネルギーは，

$$E_n = \frac{n^2 h^2}{8\mu\delta^2} \tag{A.8.11}$$

で与えられる．ここで，n は量子数，h はプランク定数，μ は換算質量，δ は井戸の幅である．エネルギーが $\varepsilon_{\mathrm{t}}{}^+$ となるときの量子数 $n_{\mathrm{t}}{}^+$ は

$$n_{\mathrm{t}}{}^+ = \sqrt{\frac{8\mu\delta^2\varepsilon_{\mathrm{t}}{}^+}{h^2}} \tag{A.8.12}$$

である．$n_{\mathrm{t}}{}^+$ は量子数なので，エネルギーが 0 から $\varepsilon_{\mathrm{t}}{}^+$ までの状態の数を意味する．したがってエネルギーあたりの値である状態密度は，これを $\varepsilon_{\mathrm{t}}{}^+$ で微分して

$$N_{\mathrm{t}}{}^+(\varepsilon_{\mathrm{t}}{}^+) = \sqrt{\frac{2\mu\delta^2}{h^2\varepsilon_{\mathrm{t}}{}^+}} \tag{A.8.13}$$

となる．よって，平衡定数 K_+ は

$$K_+ = \frac{N^+(E^+)}{N^*(E^*)} = \frac{\sum_{i=1}^{m} N_{\mathrm{t}}{}^+(\varepsilon_{\mathrm{t}}{}^+(i))}{N^*(E^*)} = \frac{\sum_{i=1}^{m}\sqrt{\frac{2\mu\delta^2}{h^2\varepsilon_{\mathrm{t}}{}^+}}}{N^*(E^*)} = \sqrt{\frac{2\mu\delta^2}{h^2\varepsilon_{\mathrm{t}}{}^+}}\,\frac{m}{N^*(E^*)} \tag{A.8.14}$$

と書き換えることができる．

[†1] 平衡は，とりうる状態の数に応じて分布する．

以上の結果をまとめよう．式 (A.8.6) に式 (A.8.7) と式 (A.8.14) を代入すれば，

$$k_{\mathrm{uni}}(E^*) = \frac{1}{2}k^+K_+ = \frac{1}{2}\sqrt{\frac{2\varepsilon_{\mathrm{t}}{}^+}{\mu\delta^2}}\sqrt{\frac{2\mu\delta^2}{h^2\varepsilon_{\mathrm{t}}{}^+}}\frac{m}{N^*(E^*)} = \frac{m}{hN^*(E^*)} \tag{A.8.15}$$

が得られる．ここで，m は，$0 \sim E^+$ の間にある振動回転準位の数である．つまり速度定数は，活性錯合体の余剰エネルギーの範囲にある振動回転準位の数で大きく変化する．m は E^+ によって変化するので，それを明示した形で $W(E^+)$ と書く．これを用いれば

$$k_{\mathrm{uni}}(E^*) = \frac{W(E^+)}{hN^*(E^*)} \tag{A.8.16}$$

となる．励起エネルギー E^* が高くなれば，E^+ が大きくなり，また $W(E^+)$ は増加する．一方，一般的には $N^*(E^*)$ はエネルギーによってそれほど変化しないので，励起エネルギーが高くなると，速度定数は増加する．

A.9　遷移双極子モーメント

図 9.3 の速度定数 A_{21} は量子論からその値を求めることができて，

$$A_{21} = \frac{16\pi^3\nu^3}{3\varepsilon_0 hc^3}|\mu_{21}|^2 \tag{A.9.1}$$

となることが知られている．式 (9.2.14) から B_{12} も μ_{21} を用いて表すことができる．ここで，μ_{21} のことを**遷移双極子モーメント**という．遷移双極子モーメントは，遷移前後の波動関数 Ψ_1，Ψ_2 で電気双極子モーメント $e\mathbf{r}$ を挟んで積分したものである．

$$\mu_{21} = -\int \Psi_1 e\mathbf{r}\Psi_2 \mathrm{d}\tau \tag{A.9.2}$$

ここで，遷移双極子モーメントまで立ち入って考えるのは，

① 遷移双極子モーメントが 0 になる場合がある．つまり $B_{12} = 0$ で，光を吸収しない．それはどのような場合なのかを知りたい

② どのような場合に遷移双極子モーメントが大きくなるのかを知りたい

ためである．

異なる電子状態間の遷移について考える．近似のもとで，分子の波動関数は，

$$\Psi_i = \phi_i^{\mathrm{e}} s_i \phi_i^{\mathrm{v}} \qquad i = 1, 2 \tag{A.9.3}$$

と書くことができる．ここで，ϕ_i^{e} は電子の空間波動関数，s_i はスピン関数，ϕ_i^{v} は振動の波動関数である．式 (A.9.2) を用いれば，遷移双極子モーメントは，

$$\mu_{21} = -e\left(\int \phi_1{}^{\mathrm{e}}\mathbf{r}\phi_2{}^{\mathrm{e}}\mathrm{d}\tau^{\mathrm{e}}\right) \times \left(\int \phi_1{}^{\mathrm{v}}\phi_2{}^{\mathrm{v}}\mathrm{d}\tau^{\mathrm{v}}\right) \times \left(\int s_1 s_2 \mathrm{d}\tau^{\mathrm{s}}\right) \qquad (\mathrm{A}.9.4)$$

と分けて書くことができ，これらの項の積になる．どれか一つでも 0 になれば $\mu_{21} = 0$ となって，光を吸収・放出して状態間を遷移しないことになる．これを**禁制遷移**という．

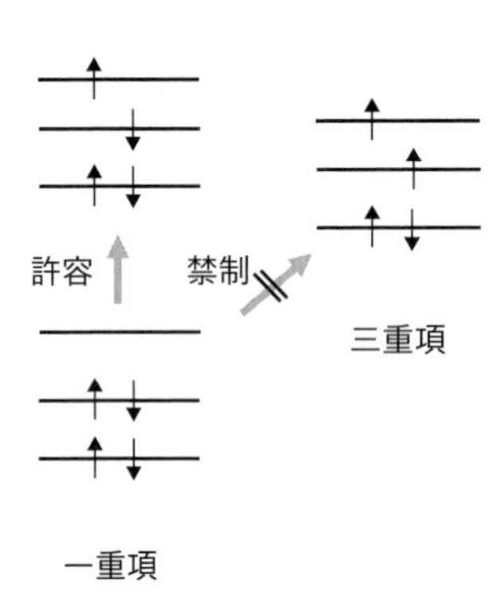

図 A.27　スピン禁制遷移

例えば，スピン関数の項 $\int s_1 s_2 \mathrm{d}\tau^{\mathrm{s}}$ は，スピン多重度が異なる場合は 0 となる．つまり，一重項状態と三重項状態の間は禁制遷移である．一方，一重項状態と一重項状態，三重項状態と三重項状態の間では 0 にはならないので，スピン関数という点からは許容遷移である（**図 A.27**）．

電子の空間波動関数の項 $\int \phi_1{}^{\mathrm{e}}\mathbf{r}\phi_2{}^{\mathrm{e}}\mathrm{d}\tau^{\mathrm{e}}$ は，軌道の対称性によっては禁制になることもある．ホルムアルデヒドのようなカルボニル基をもつ分子の n 状態と π^* 状態の間の遷移について考えてみる．**図 A.28** の (a) にあるように，n 軌道は酸素原子の $2\mathrm{p}_z$ 軌道に似ている．一方 (b) にあるように，π^* 軌道は CO 分子軸と垂直方向に伸びている．単純に軌道の対称性と符号のみに着目してかけ算をすると，(c) にあるように，n 軌道と π^* 軌道の積は 8 つの塊となり，となり合うものどうしは逆符号となる．これに，それぞれ x, y, z をかけたものが (d) である[†1]．$\int \phi_1{}^{\mathrm{e}}\mathbf{r}\phi_2{}^{\mathrm{e}}\mathrm{d}\tau^{\mathrm{e}}$ の積分は，これらの塊を足し合わせることに相当するので，いずれの場合も 0 となる．したがって，n-π^* 遷移は禁制になる．

振動の波動関数の項 $\int \phi_1{}^{\mathrm{v}}\phi_2{}^{\mathrm{v}}\mathrm{d}\tau^{\mathrm{v}}$ は，最初に掲げた目的の ② に関連し，**フランク-コンドン因子**という．これは，状態 1 と状態 2 の間の振動波動関数の重なりに対応し，重なりが大きいほど遷移双極子モーメントが大きくなることを意味する．電子基底状態から，電子励起状態に励起する際，もともと分子は振動基底状態にあるとして

[†1]　x をかけるというのは，左側の塊に － をかける，右側の塊に ＋ をかけることに相当する．$f(x) = x$，$g(x) = x^3$ に対して $\int_{-\infty}^{\infty} f(x)xg(x)\,\mathrm{d}x = \int_{-\infty}^{\infty} x^5\mathrm{d}x = 0$ の計算をする際に，

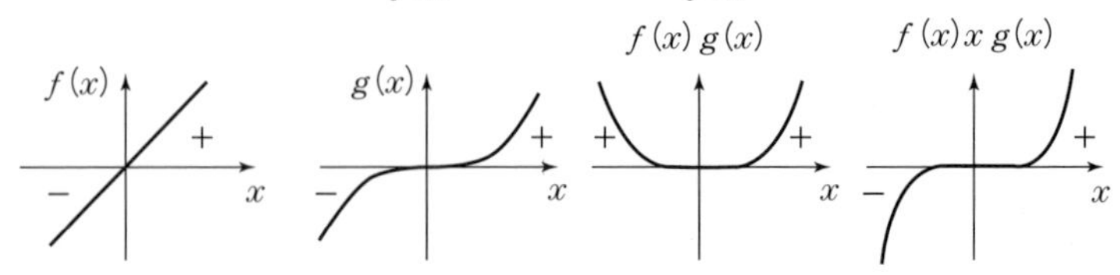

と図を用いて計算するのと同じである．

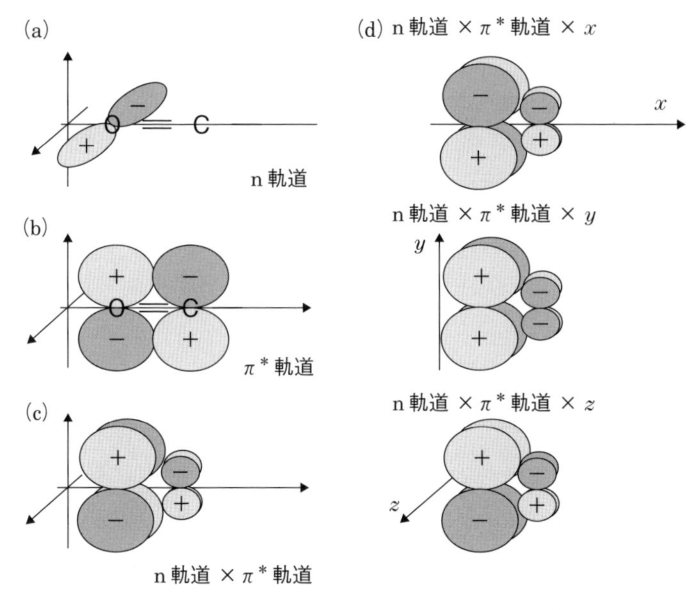

図 A.28　n-π* 遷移の電子の空間波動関数の概略図

よい．光で励起されて電子励起状態に遷移する際，振動基底状態から真上を見上げる．**図 A.29(a)**のように，電子基底状態と励起状態のポテンシャルエネルギー曲線の位置が一致していれば，電子励起状態の振動基底状態付近への遷移確率が高い．

一方，**図 A.29(b)**のように，励起状態のポテンシャルエネルギー曲線が少し右側にずれていれば，振動基底状態から真上を見上げた位置には，高い振動状態の波動関数としか重なりがない．この場合は，電子励起状態の高振動状態への遷移確率が高くなる．

A.10　電荷移動反応と溶媒和

溶媒によるイオンの安定化（溶媒和）が反応に大きな影響を及ぼすケースとして，電荷移動反応がある．例えば

$$Fe^{2+} + Fe^{3+} \longrightarrow Fe^{3+} + Fe^{2+} \qquad (A.10.1)$$

という反応を考えよう．反応前は Fe^{2+} も Fe^{3+} も溶媒によって囲まれているが，それぞれのイオンはギブズエネルギーの低い，いわば「最も居心地のよい」状態をとっている．反応により電荷（電子）が移動すると，もともと Fe^{2+} であったイオンが Fe^{3+} に変わり，もともと Fe^{3+} であったイオンが Fe^{2+} に変わるので，その周りの溶媒和構

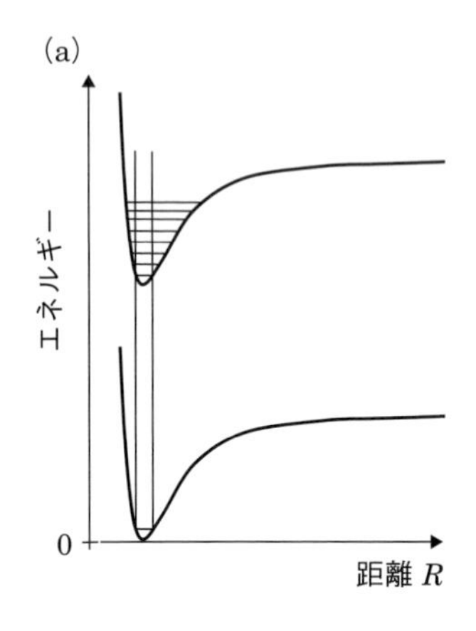

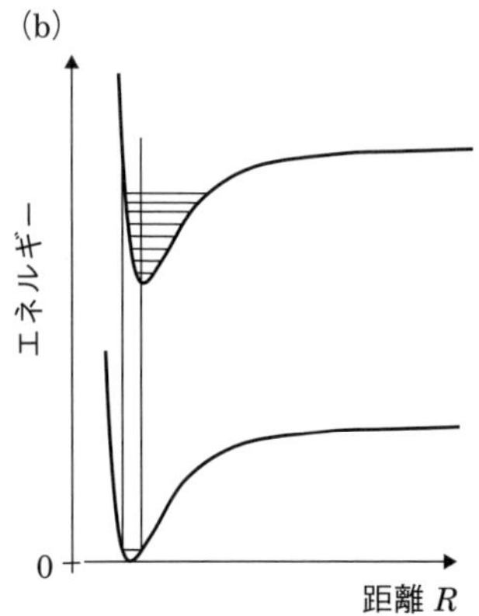

図 A.29　フランク-コンドンの原理

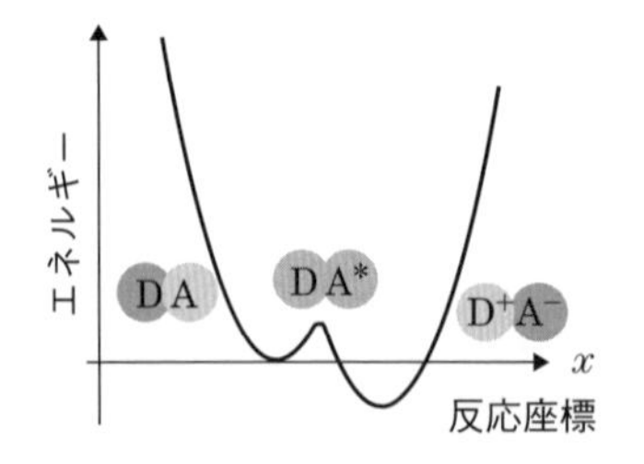

図 A.30　電荷移動反応の模式図

造も大きく変化する．このような溶媒和構造の変化と，反応の活性化エネルギーの関係を**マーカス理論**に従って考えてみよう．

一般に，電荷移動反応は電子を渡す側（ドナーでDと書く）と電子を受け取る側（アクセプターでA）の間で

$$\mathrm{D + A \Longrightarrow DA \Longrightarrow DA^*} \\ \mathrm{\Longrightarrow D^+A^- \Longrightarrow D^+ + A^-} \tag{A.10.2}$$

のように進行する．溶液中のDとAは出会って錯合体DAを形成する．さらにこれが活性化された状態DA*を経て，電荷が移動した錯合体$\mathrm{D^+A^-}$となる．最後に，これらがわかれて$\mathrm{D^+}$と$\mathrm{A^-}$になる（**図 A.30**）．この一連の反応の中で注目すべきは，DA ⇒ DA* ⇒ $\mathrm{D^+A^-}$の部分である．DAの周りの溶媒は，ある安定な構造をとっていて，エネルギーは最も低い状態にある．周りの溶媒の構造が変化すれば，エネルギーのより高い不安定な状態になり，そのエネルギーの変化は2次曲線で近似できる（**図 A.31**）．同じように，$\mathrm{D^+A^-}$の周りの溶媒も，$\mathrm{D^+A^-}$にとって安定な構造をとっていて，溶媒和構造の変化に対して，エネルギーは2次で上昇する．いま，DAの周りの溶媒和構造が$\mathrm{D^+A^-}$の周りの溶媒和構造に近づいていくとしよう．錯合体DAのエネルギーは上昇し，錯合体$\mathrm{D^+A^-}$のエネルギーとx''でほぼ等しくなり，ここで，電荷移動が起こる．あたかも，錯合体DAのエネルギー曲線から錯合体$\mathrm{D^+A^-}$のエネルギー曲線に「乗り移った」ように見えるが，実際には，これらのエネルギー曲線はなだらかに接続している．この曲線を断熱曲線という．

このモデルに従って，電荷移動反応を引き

起こすのに必要なエネルギー ΔG^* を求める．まず，図 A.31 に従うと，錯合体 DA および錯合体 D^+A^- のエネルギー曲線は

$$E^{\mathrm{DA}}(x) = x^2 \quad (\mathrm{A}.10.3)$$

$$E^{\mathrm{D^+A^-}}(x) = (x - x')^2 + \Delta_{\mathrm{r}} G_0$$

（ただし，図では $\Delta_{\mathrm{r}} G_0 < 0$ である）

(A.10.4)

となる．ここで $\Delta_{\mathrm{r}} G_0$ は，DA と D^+A^- が最も安定な状態にあるときのエネルギー差である．また図の Λ を，再配向エネルギーという．錯合体 DA の周りの溶媒が，DA に最適な構造から D^+A^- に最適な構造へと変化（再配向）するのに必要なエネルギーである．式 (A.10.3) に $x = x'$ を代入すれば

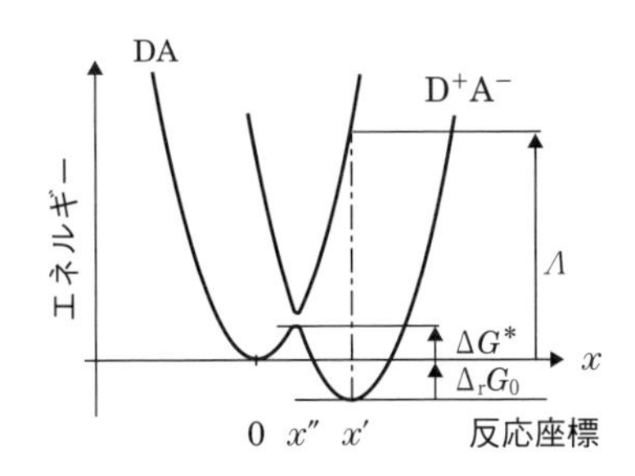

図 A.31　電荷移動反応のモデル

$$\Lambda = E^{\mathrm{DA}}(x') = x'^2 \qquad (\mathrm{A}.10.5)$$

となる．

一方，ΔG^* は，2 つの曲線の交点

$$x'' = \frac{x'^2 + \Delta_{\mathrm{r}} G_0}{2x'} \qquad (\mathrm{A}.10.6)$$

から[†1]，

$$\Delta G^* = x''^2 = \left(\frac{x'^2 + \Delta_{\mathrm{r}} G_0}{2x'}\right)^2 = \frac{(\Delta_{\mathrm{r}} G_0 + \Lambda)^2}{4\Lambda} \qquad (\mathrm{A}.10.7)$$

になる．このように，活性化エネルギーは，再配向エネルギーと DA と D^+A^- のエネルギー差から求めることができる．

式 (A.10.1) の反応では，反応物と生成物が一致するので，$\Delta_{\mathrm{r}} G_0 = 0$ である．このとき，活性化エネルギーは，式 (A.10.7) より

$$\Delta G^* = \frac{(\Delta_{\mathrm{r}} G_0 + \Lambda)^2}{4\Lambda} = \frac{1}{4}\Lambda \qquad (\mathrm{A}.10.8)$$

と簡単な形で与えられる．再配向エネルギーは，溶媒に囲まれたある粒子から別の粒子に電子を移すのに必要な仕事として近似的に計算することもできる．簡略化して，半径 a の 2 個の粒子が隣接していて，その間を電子が移動するとすれば，電磁気学よ

[†1] $x = x''$ で式 (A.10.4) と (A.10.5) が等しい．

$$x''^2 = (x'' - x')^2 + \Delta_{\mathrm{r}} G_0$$

より

$$2x''x' = x'^2 + \Delta_{\mathrm{r}} G_0$$

である．

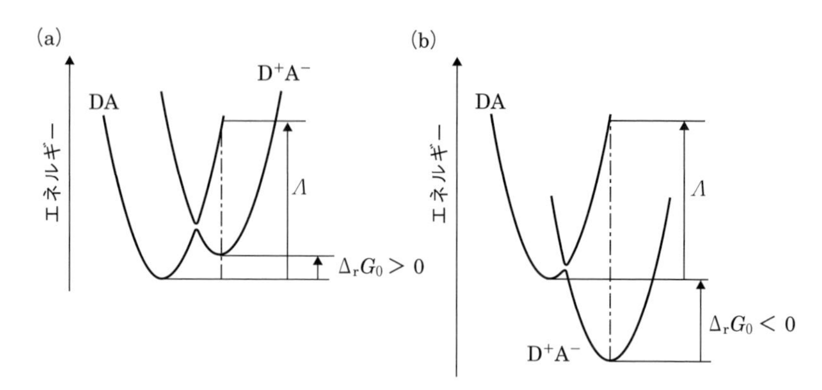

図 A.32　錯合体のギブズエネルギーの相対関係

り

$$\Lambda = \frac{e^2}{8\pi\varepsilon_0}\left(\frac{1}{a}\right)\left(\frac{1}{n^2} - \frac{1}{\varepsilon_r}\right) \tag{A.10.9}$$

となる．ここで，e は電気素量 (1.60×10^{-19} C)，ε_0 は真空の誘電率 (8.85×10^{-12} C^2 J^{-1} m^{-1})，n は溶媒の屈折率であり，ε_r は比誘電率である．粒子の半径を $a = 7.0 \times 10^{-10}$ m として，水の屈折率 $n = 1.33$ と比誘電率 $\varepsilon_r = 78.5$ を代入すれば

$$\begin{aligned}\Lambda &= \frac{(1.60 \times 10^{-19}\mathrm{C})^2}{8 \times 3.14 \times 8.85 \times 10^{-12}\,\mathrm{C^2\,J^{-1}\,m^{-1}}}\left(\frac{1}{7.0 \times 10^{-10}\,\mathrm{m}}\right)\left(\frac{1}{1.33^2} - \frac{1}{78.5}\right) \\ &= 9.1 \times 10^{-20}\,\mathrm{J}\end{aligned} \tag{A.10.10}$$

である．単位を eV で表せば，$1\,\mathrm{J} = 6.24 \times 10^{18}$ eV より $\Lambda = 0.57$ eV が得られる．これより活性化エネルギーは 0.14 eV と計算することができる．

図 A.32 に錯合体 DA のエネルギーと錯合体 D^+A^- のエネルギーの関係を示す．D^+A^- のエネルギーが相対的に下がれば，活性化エネルギーもそれにつれて低下していることから，反応速度は上昇する．式 (A.10.7) で考えれば，Λ は両者であまり変化しないが，(b) では $\Delta_r G_0 < 0$ であり $\Delta_r G_0 + \Lambda$ が小さくなるので，反応速度が大きくなる．

演習問題解答

第1章　反応速度と速度式

1.1　(1) 反応が擬1次反応とみなすことができるとき，擬1次反応速度定数を k_1' として

$$\ln\frac{[\mathrm{O_3}]}{[\mathrm{O_3}]_0} = -k_1't$$

が成り立つ．表より，

$$-0.18 = -k_1' \times 30\ \mathrm{s} \qquad k_1' = 6.0\times10^{-3}\ \mathrm{s^{-1}}$$

(2) k_1' と2次反応速度定数 k_2 の間には，

$$k_1' = k_2[\mathrm{CH_3CH{=}CH_2}]_0$$

の関係があるので，

$$k_2 = \frac{k_1'}{[\mathrm{CH_3CH{=}CH_2}]_0} = \frac{6.0\times10^{-3}\ \mathrm{s^{-1}}}{1.00\times10^{-6}\ \mathrm{mol\ dm^{-3}}} = 6.0\times10^{3}\ \mathrm{dm^3\ mol^{-1}\ s^{-1}}$$

(3) $[\mathrm{CH_3CH{=}CH_2}]_0 = 2.31\times10^{-6}\ \mathrm{mol\ dm^{-3}}$ のとき，

$$k_1' = k_2[\mathrm{CH_3CH{=}CH_2}]_0 = 6.0\times10^{3}\ \mathrm{dm^3\ mol^{-1}\ s^{-1}} \times 2.31\times10^{-6}\ \mathrm{mol\ dm^{-3}}$$
$$= 1.3_9\times10^{-2}\ \mathrm{s^{-1}}$$

半減期 $t_{1/2} = \dfrac{\ln 2}{k_1'} = \dfrac{0.693}{1.3_9\times10^{-2}\ \mathrm{s^{-1}}} = 50\ \mathrm{s}$

1.2　(1) 速度式を以下のように積分する．

$$\int_{[\mathrm{A}]_0}^{[\mathrm{A}]}\frac{\mathrm{d}[\mathrm{A}]}{[\mathrm{A}]^{1.5}} = -\int_0^t k_{1.5}\mathrm{d}t$$

$$-2\left(\frac{1}{[\mathrm{A}]^{0.5}} - \frac{1}{[\mathrm{A}]_0^{\ 0.5}}\right) = -k_{1.5}t$$

$$\frac{1}{[\mathrm{A}]^{0.5}} - \frac{1}{[\mathrm{A}]_0^{\ 0.5}} = \frac{1}{2}k_{1.5}t$$

が得られる．

(2) いま $[\mathrm{A}]_0$ は未知なので，異なる2つの反応時間での $[\mathrm{A}]$ を上の式に当てはめると，例えば，$t = 1.00\ \mathrm{s}$ と $4.00\ \mathrm{s}$ の場合

$$\frac{1}{(2.50\times10^{-7}\,\mathrm{mol\,dm^{-3}})^{0.5}}-\frac{1}{(6.40\times10^{-7}\,\mathrm{mol\,dm^{-3}})^{0.5}}$$
$$=\frac{1}{2}k_{1.5}\times(4.00\,\mathrm{s}-1.00\,\mathrm{s})$$
$$\frac{1}{5.00\times10^{-4}\,\mathrm{mol^{0.5}\,dm^{-1.5}}}-\frac{1}{8.00\times10^{-4}\,\mathrm{mol^{0.5}\,dm^{-1.5}}}=k_{1.5}\times1.50\,\mathrm{s}$$
$$k_{1.5}=\frac{2000\,\mathrm{dm^{1.5}\,mol^{-0.5}}-1250\,\mathrm{dm^{1.5}\,mol^{-0.5}}}{1.50\,\mathrm{s}}=500\,\mathrm{dm^{1.5}\,mol^{-0.5}\,s^{-1}}$$

あるいは，$t=4.00\,\mathrm{s}$ と $6.00\,\mathrm{s}$ の場合でも

$$\frac{1}{(1.60\times10^{-7}\,\mathrm{mol\,dm^{-3}})^{0.5}}-\frac{1}{(2.50\times10^{-7}\,\mathrm{mol\,dm^{-3}})^{0.5}}$$
$$=\frac{1}{2}k_{1.5}\times(6.00\,\mathrm{s}-4.00\,\mathrm{s})$$
$$\frac{1}{4.00\times10^{-4}\,\mathrm{mol^{0.5}\,dm^{-1.5}}}-\frac{1}{5.00\times10^{-4}\,\mathrm{mol^{0.5}\,dm^{-1.5}}}=k_{1.5}\times1.00\,\mathrm{s}$$
$$k_{1.5}=\frac{2500\,\mathrm{dm^{1.5}\,mol^{-0.5}}-2000\,\mathrm{dm^{1.5}\,mol^{-0.5}}}{1.00\,\mathrm{s}}=500\,\mathrm{dm^{1.5}\,mol^{-0.5}\,s^{-1}}$$

と同じ結果を得る．

また，初濃度 $[\mathrm{A}]_0$ は，

$$\frac{1}{[\mathrm{A}]_0^{0.5}}=\frac{1}{[\mathrm{A}]^{0.5}}-\frac{1}{2}k_{1.5}t$$
$$=\frac{1}{(2.50\times10^{-7}\,\mathrm{mol\,dm^{-3}})^{0.5}}-\frac{1}{2}\times500\,\mathrm{dm^{1.5}\,mol^{-0.5}\,s^{-1}}\times4.00\,\mathrm{s}$$
$$=1.0\times10^{3}\,\mathrm{dm^{1.5}\,mol^{-0.5}}$$
$$[\mathrm{A}]_0^{0.5}=1.0\times10^{-3}\,\mathrm{mol^{0.5}\,dm^{-1.5}}$$
$$[\mathrm{A}]_0=1.0\times10^{-6}\,\mathrm{mol\,dm^{-3}}$$

(3) 半減期 $t_{1/2}$ では，$[\mathrm{A}]=[\mathrm{A}]_0/2$ より，

$$\frac{1}{([\mathrm{A}]_0/2)^{0.5}}-\frac{1}{[\mathrm{A}]_0^{0.5}}=\frac{1}{2}k_{1.5}t_{1/2}$$
$$\frac{2^{0.5}-1}{[\mathrm{A}]_0^{0.5}}=\frac{1}{2}k_{1.5}t_{1/2}$$
$$t_{1/2}=\frac{2(2^{0.5}-1)}{k_{1.5}[\mathrm{A}]_0^{0.5}}=\frac{2(\sqrt{2}-1)}{500\,\mathrm{dm^{1.5}\,mol^{-0.5}\,s^{-1}}\times(1.0\times10^{-6}\,\mathrm{mol\,dm^{-3}})^{0.5}}=1.7\,\mathrm{s}$$

1.3 温度 T_1, T_2 での1次反応速度定数を $k_1(T_1)$, $k_1(T_2)$ とすると，式 (1.6.2) の関係から，

$$\ln k_1(T_1) = -\frac{E_a}{RT_1} + \ln A$$

$$\ln k_1(T_2) = -\frac{E_a}{RT_2} + \ln A$$

この2つの式の差をとると，

$$\ln k_1(T_1) - \ln k_1(T_2) = -\frac{E_a}{R}\left(\frac{1}{T_1} - \frac{1}{T_2}\right)$$

表の値を当てはめると

$$-25.4 - 10.7 = -\frac{E_a}{8.31\ \mathrm{J\ K^{-1}\ mol^{-1}}}\left(\frac{1}{400\ \mathrm{K}} - \frac{1}{1000\ \mathrm{K}}\right)$$

$$-36.1 = -\frac{E_a}{8.31\ \mathrm{J\ K^{-1}\ mol^{-1}}} \times 0.00150\ \mathrm{K^{-1}}$$

$$E_a = \frac{36.1 \times 8.31\ \mathrm{J\ K^{-1}\ mol^{-1}}}{0.00150\ \mathrm{K^{-1}}} = \frac{300\ \mathrm{J\ K^{-1}\ mol^{-1}}}{0.00150\ \mathrm{K^{-1}}}$$

$$= 2.00 \times 10^5\ \mathrm{J\ mol^{-1}} = 200\ \mathrm{kJ\ mol^{-1}}$$

また

$$\ln A = \ln k_1(T_1) + \frac{E_a}{RT_1} = -25.4 + \frac{2.00 \times 10^5\ \mathrm{J\ mol^{-1}}}{8.31\ \mathrm{J\ K^{-1}\ mol^{-1}} \times 400\ \mathrm{K}} = 34.8$$

第2章　素反応と複合反応

2.1 (1) 反応開始直後は，正反応の速度 $v_{\mathrm{I}} = k_{\mathrm{I}}[\mathrm{A}]_0$，逆反応の速度 $v_{-\mathrm{I}} = k_{-\mathrm{I}}[\mathrm{P}]_0[\mathrm{Q}]_0 = 0$ である．したがって

$$k_{\mathrm{I}} = \frac{1.8 \times 10^{-1}\ \mathrm{mol\ dm^{-3}\ s^{-1}}}{3.6 \times 10^{-1}\ \mathrm{mol\ dm^{-3}}} = 5.0 \times 10^{-1}\ \mathrm{s^{-1}}$$

(2) 正反応，逆反応の反応速度定数と平衡定数の間には，

$$K = \frac{k_{\mathrm{I}}}{k_{-\mathrm{I}}}$$

の関係があるので，

$$k_{-\mathrm{I}} = \frac{k_{\mathrm{I}}}{K} = \frac{5.0 \times 10^{-1}\ \mathrm{s^{-1}}}{2.5 \times 10^{-1}\ \mathrm{mol\ dm^{-3}}} = 2.0\ \mathrm{dm^3\ mol^{-1}\ s^{-1}}$$

が得られる．また，平衡状態での A，P，Q の濃度をそれぞれ $[\mathrm{A}]_{\mathrm{eq}}$，$[\mathrm{P}]_{\mathrm{eq}}$，$[\mathrm{Q}]_{\mathrm{eq}}$ で表すと，　$[\mathrm{A}]_0 = [\mathrm{A}]_{\mathrm{eq}} + [\mathrm{P}]_{\mathrm{eq}}$ より

$$[\mathrm{A}]_{\mathrm{eq}} = [\mathrm{A}]_0 - [\mathrm{P}]_{\mathrm{eq}},\quad [\mathrm{Q}]_{\mathrm{eq}} = [\mathrm{P}]_{\mathrm{eq}}$$

なので，K に代入すると，

$$K=\frac{[\mathrm{P}]_{\mathrm{eq}}[\mathrm{Q}]_{\mathrm{eq}}}{[\mathrm{A}]_{\mathrm{eq}}}=\frac{[\mathrm{P}]_{\mathrm{eq}}{}^{2}}{[\mathrm{A}]_0-[\mathrm{P}]_{\mathrm{eq}}}=2.5\times10^{-1}\ \mathrm{mol\ dm^{-3}}$$

$$[\mathrm{P}]_{\mathrm{eq}}{}^{2}=2.5\times10^{-1}\times(3.6\times10^{-1}-[\mathrm{P}]_{\mathrm{eq}})=9.0\times10^{-2}-2.5\times10^{-1}[\mathrm{P}]_{\mathrm{eq}}$$

$$[\mathrm{P}]_{\mathrm{eq}}{}^{2}+2.5\times10^{-1}[\mathrm{P}]_{\mathrm{eq}}-9.0\times10^{-2}=0$$

$$([\mathrm{P}]_{\mathrm{eq}}-2.0\times10^{-1})([\mathrm{P}]_{\mathrm{eq}}+4.5\times10^{-1})=0$$

$[\mathrm{P}]_{\mathrm{eq}}>0$ より　　$[\mathrm{P}]_{\mathrm{eq}}=2.0\times10^{-1}\ \mathrm{mol\ dm^{-3}}$

$$[\mathrm{A}]_{\mathrm{eq}}=[\mathrm{A}]_0-[\mathrm{P}]_{\mathrm{eq}}=1.6\times10^{-1}\ \mathrm{mol\ dm^{-3}}$$

2.2　(1) いま，$[\mathrm{OH}]_0\ll[\mathrm{CH_4}]_0$, $[\mathrm{CO}]_0$ なので，それぞれの反応を擬1次反応とみなすことができる．すなわち

反応1　　擬1次反応速度定数 $k_{\mathrm{I}}'=k_{\mathrm{I}}[\mathrm{CH_4}]=(6.40\times10^{-15}\ \mathrm{cm^3\ molecule^{-1}\ s^{-1}})\times(4.00\times10^{13}\ \mathrm{molecules\ cm^{-3}})=2.56\times10^{-1}\ \mathrm{s^{-1}}$

反応2　　擬1次反応速度定数 $k_{\mathrm{II}}'=k_{\mathrm{II}}[\mathrm{CO}]=(1.60\times10^{-13}\ \mathrm{cm^3\ molecule^{-1}\ s^{-1}})\times(3.20\times10^{12}\ \mathrm{molecules\ cm^{-3}})=5.12\times10^{-1}\ \mathrm{s^{-1}}$

なので式 (2.3.9) より，

$$\frac{[\mathrm{H_2O}]}{[\mathrm{CO_2}]}=\frac{k_{\mathrm{I}}'}{k_{\mathrm{II}}'}=\frac{2.56\times10^{-1}\ \mathrm{s^{-1}}}{5.12\times10^{-1}\ \mathrm{s^{-1}}}=0.500$$

(2) $t_{1/2}=\dfrac{\ln 2}{k_{\mathrm{I}}'+k_{\mathrm{II}}'}=\dfrac{0.693}{7.68\times10^{-1}\ \mathrm{s^{-1}}}=0.902\ \mathrm{s}$

第3章　定常状態近似とその応用

3.1　(1) 定常状態近似より得られた $[\mathrm{O_3}]=1.3\times10^{13}\ \mathrm{molecules\ cm^{-3}}$ と表3.1の値を式 (3.4.7) に代入することにより，

$[\mathrm{O}]=3.7\times10^{7}\ \mathrm{atoms\ cm^{-3}}$

と求められる．O原子濃度はオゾン濃度に比べ圧倒的に低いことがわかる．

(2) 表3.1の値および $[\mathrm{O_3}]$，$[\mathrm{O}]$ より，各反応速度は

$$v_{\mathrm{I}}=k_{\mathrm{I}}[\mathrm{O_2}]=3.5\times10^{5}\ \mathrm{molecules\ cm^{-3}\ s^{-1}}$$

$$v_{\mathrm{II}}=k_{\mathrm{II}}[\mathrm{O}][\mathrm{O_2}][\mathrm{M}]=6.4\times10^{9}\ \mathrm{molecules\ cm^{-3}\ s^{-1}}$$

$$v_{\mathrm{III}}=k_{\mathrm{III}}[\mathrm{O_3}]=6.5\times10^{9}\ \mathrm{molecules\ cm^{-3}\ s^{-1}}$$

$$v_{\mathrm{IV}}=k_{\mathrm{IV}}[\mathrm{O}][\mathrm{O_3}]=3.6\times10^{5}\ \mathrm{molecules\ cm^{-3}\ s^{-1}}$$

と求められる（桁のとり方で数値は多少変わる）．ここから $v_{\mathrm{I}}, v_{\mathrm{IV}}\ll v_{\mathrm{II}}, v_{\mathrm{III}}$ の関係が確かめられる．

(3) $v_{\mathrm{I}}, v_{\mathrm{IV}}\ll v_{\mathrm{II}}, v_{\mathrm{III}}$ のとき，式 (3.4.5)，(3.4.6) から

$$\frac{\mathrm{d}[\mathrm{O}]}{\mathrm{d}t}\cong -k_{\mathrm{II}}[\mathrm{O}][\mathrm{O_2}][\mathrm{M}]+k_{\mathrm{III}}[\mathrm{O_3}]\cong-\frac{\mathrm{d}[\mathrm{O_3}]}{\mathrm{d}t}$$

が導かれる．いま $[O_2]$ と $[M]$ は大気主成分の濃度なので一定とみなすと，$k_{\mathrm{II}}[O_2][M]$ は擬1次反応速度定数 k_{II}' に置き換えることができる．したがって

$$\frac{d[O]}{dt} = -\frac{d[O_3]}{dt} = -k_{\mathrm{II}}'[O] + k_{\mathrm{III}}[O_3]$$

が得られる．これは2.2節で扱った，正反応，逆反応が1次の場合の可逆反応と同じである（式(2.2.18)参照）．したがって $[O]$，$[O_3]$ の時間変化は，次式で表される時間 τ で支配される．

$$\tau = \frac{1}{k_{\mathrm{II}}' + k_{\mathrm{III}}} = \frac{1}{k_{\mathrm{II}}[O_2][M] + k_{\mathrm{III}}}$$

$$= \frac{1}{1.2\times10^{-33}\,\mathrm{cm^6\,molecule^{-2}\,s^{-1}} \times 1.74\times10^{17}\,\mathrm{molecules\,cm^{-3}} \times 8.32\times10^{17}\,\mathrm{molecules\,cm^{-3}} + 5\times10^{-4}\,\mathrm{s^{-1}}}$$

$$= \frac{1}{1.7\times10^{2}\,\mathrm{s^{-1}} + 5\times10^{-4}\,\mathrm{s^{-1}}} = 5.9\times10^{-3}\,\mathrm{s}$$

2.2節で学んだように，時間が約 3τ 経過するとほぼ平衡状態に達していると見なせるので，

$$3\tau = 1.8\times10^{-2}\,\mathrm{s}$$

約20 ms（ミリ秒）という非常に短い時間で平衡に達すると見積もられる．

3.2　(1) CH_3，CH_3CO に対して定常状態近似を適用すると

$$\frac{d[CH_3]}{dt} = k_{\mathrm{I}}[CH_3CHO][M] - k_{\mathrm{II}}[CH_3]_{SS}[CH_3CHO] + k_{\mathrm{III}}[CH_3CO]_{SS}[M] - 2k_{\mathrm{IV}}[CH_3]_{SS}^2[M] = 0$$

$$\frac{d[CH_3CO]}{dt} = k_{\mathrm{II}}[CH_3]_{SS}[CH_3CHO] - k_{\mathrm{III}}[CH_3CO]_{SS}[M] = 0$$

2つの式の和をとって

$$k_{\mathrm{I}}[CH_3CHO][M] - 2k_{\mathrm{IV}}[CH_3]_{SS}^2[M] = 0$$

$$[CH_3]_{SS} = \left(\frac{k_{\mathrm{I}}[CH_3CHO]}{2k_{\mathrm{IV}}}\right)^{\frac{1}{2}}$$

が得られる．

(2) メタンの生成速度は

$$\frac{d[CH_4]}{dt} = k_{\mathrm{II}}[CH_3][CH_3CHO]$$

であるので，これに上の $[CH_3]_{SS}$ を代入して，

$$\frac{\mathrm{d}[\mathrm{CH_4}]}{\mathrm{d}t} = k_{\mathrm{II}}\left(\frac{k_{\mathrm{I}}[\mathrm{CH_3CHO}]}{2k_{\mathrm{IV}}}\right)^{\frac{1}{2}}[\mathrm{CH_3CHO}]$$

$$= k_{\mathrm{II}}\left(\frac{k_{\mathrm{I}}}{2k_{\mathrm{IV}}}\right)^{\frac{1}{2}}[\mathrm{CH_3CHO}]^{\frac{3}{2}}$$

と表すことができる．したがって，メタンの生成速度はアセトアルデヒド濃度に対して2分の3次で依存する．

第4章　触媒反応

4.1　(1) OH に対して定常状態近似を用いると

$$\frac{\mathrm{d}[\mathrm{OH}]}{\mathrm{d}t} = -k_{\mathrm{I}}[\mathrm{O_3}][\mathrm{OH}] + k_{\mathrm{II}}[\mathrm{O_3}][\mathrm{HO_2}] = 0$$

したがって

$$[\mathrm{OH}] = \frac{k_{\mathrm{II}}}{k_{\mathrm{I}}}[\mathrm{HO_2}]$$

で表される．また，温度 220 K において，

$$\frac{[\mathrm{OH}]}{[\mathrm{HO_2}]} = \frac{k_{\mathrm{II}}}{k_{\mathrm{I}}} = \frac{1.1\times10^{-15}\ \mathrm{cm^3\ molecule^{-1}\ s^{-1}}}{2.4\times10^{-14}\ \mathrm{cm^3\ molecule^{-1}\ s^{-1}}} = 4.6\times10^{-2}$$

と求められる．すなわち，$[\mathrm{OH}] \ll [\mathrm{HO_2}]$ である．

(2) (1) で得られた関係式を代入して

$$[\mathrm{OH}] + [\mathrm{HO_2}] = \left(\frac{k_{\mathrm{II}}}{k_{\mathrm{I}}}+1\right)[\mathrm{HO_2}] = [\mathrm{HO}_x]_0$$

より，

$$[\mathrm{HO_2}] = \frac{k_{\mathrm{I}}}{k_{\mathrm{I}}+k_{\mathrm{II}}}[\mathrm{HO}_x]_0$$ で表される．

(3) まず v は，

$$v = \frac{1}{3}\frac{\mathrm{d}[\mathrm{O_2}]}{\mathrm{d}t} = \frac{1}{3}(k_{\mathrm{I}}[\mathrm{O_3}][\mathrm{OH}] + 2k_{\mathrm{II}}[\mathrm{O_3}][\mathrm{HO_2}])$$

と書けるが，(1) の定常状態近似の式より，

$$k_{\mathrm{I}}[\mathrm{O_3}][\mathrm{OH}] = k_{\mathrm{II}}[\mathrm{O_3}][\mathrm{HO_2}]$$

の関係があるので，これを代入して，

$$v = \frac{1}{3}(k_{\mathrm{II}}[\mathrm{O_3}][\mathrm{HO_2}] + 2k_{\mathrm{II}}[\mathrm{O_3}][\mathrm{HO_2}]) = k_{\mathrm{II}}[\mathrm{O_3}][\mathrm{HO_2}]$$

と書くことができる．これに (2) の結果を代入し，

$$v = \frac{k_{\mathrm{I}}k_{\mathrm{II}}}{k_{\mathrm{I}}+k_{\mathrm{II}}}[\mathrm{O_3}][\mathrm{HO}_x]_0$$

と表すことができる．

4.2 (1) 全反応速度は

$$v = \frac{\mathrm{d}[\mathrm{P_1}]}{\mathrm{d}t} = k_{\mathrm{II}}[\mathrm{S^-}]$$

で表される．この場合，反応①と②を通して SH と S^- は擬似的な平衡状態にあると考えられるので，

$$k_{\mathrm{I}}[\mathrm{A^-}][\mathrm{SH}] = k_{-\mathrm{I}}[\mathrm{S^-}][\mathrm{HA}]$$

が近似的に成り立つ．これを利用して v は，

$$v = \frac{k_{\mathrm{I}} k_{\mathrm{II}}[\mathrm{A^-}]}{k_{-\mathrm{I}}[\mathrm{HA}]}[\mathrm{SH}]$$

となる．HA の酸解離定数

$$K_{\mathrm{a}} = \frac{[\mathrm{H^+}][\mathrm{A^-}]}{[\mathrm{HA}]}$$

と水のイオン積

$$K_{\mathrm{w}} = [\mathrm{H^+}][\mathrm{OH^-}]$$

より，

$$\frac{[\mathrm{A^-}]}{[\mathrm{HA}]} = \frac{K_{\mathrm{a}}}{[\mathrm{H^+}]} = \frac{K_{\mathrm{a}}[\mathrm{OH^-}]}{K_{\mathrm{w}}}$$

の関係があるので，これを代入して，最終的に

$$v = \frac{k_{\mathrm{I}} k_{\mathrm{II}} K_{\mathrm{a}}}{k_{-\mathrm{I}} K_{\mathrm{w}}}[\mathrm{OH^-}][\mathrm{SH}]$$

が得られる．したがって

$$k_{\mathrm{OH^-}} = \frac{k_{\mathrm{I}} k_{\mathrm{II}} K_{\mathrm{a}}}{k_{-\mathrm{I}} K_{\mathrm{w}}}$$

で表される．

(2) $[\mathrm{S^-}]$ に対して定常状態の近似を適用し，

$$\frac{\mathrm{d}[\mathrm{S^-}]}{\mathrm{d}t} = k_{\mathrm{I}}[\mathrm{A^-}][\mathrm{SH}] - k_{-\mathrm{I}}[\mathrm{HA}][\mathrm{S^-}]_{\mathrm{SS}} - k_{\mathrm{II}}[\mathrm{S^-}]_{\mathrm{SS}} = 0$$

から

$$[\mathrm{S^-}]_{\mathrm{SS}} = \frac{k_{\mathrm{I}}[\mathrm{A^-}][\mathrm{SH}]}{k_{-\mathrm{I}}[\mathrm{HA}] + k_{\mathrm{II}}}$$

が得られる．全反応速度 v は，

$$v = k_{\mathrm{II}}[\mathrm{S^-}]_{\mathrm{SS}} = \frac{k_{\mathrm{I}} k_{\mathrm{II}}[\mathrm{A^-}][\mathrm{SH}]}{k_{-\mathrm{I}}[\mathrm{HA}] + k_{\mathrm{II}}}$$

で表されるが，いまの場合，反応②に比べ③が非常に速いので，$k_{-\mathrm{I}}[\mathrm{HA}] \ll k_{\mathrm{II}}$

であり，最終的に，

$$v = \frac{k_{\mathrm{I}} k_{\mathrm{II}} [\mathrm{A^-}][\mathrm{SH}]}{k_{\mathrm{II}}} = k_{\mathrm{I}} [\mathrm{A^-}][\mathrm{SH}]$$

が成り立つ．したがって $k_{\mathrm{A^-}} = k_{\mathrm{I}}$ である．

(3) K_{a} の定義から

$$\mathrm{p}K_{\mathrm{a}} = -\log_{10} K_{\mathrm{a}} = -\log_{10} \frac{[\mathrm{H^+}][\mathrm{A^-}]}{[\mathrm{HA}]} = -\log_{10} [\mathrm{H^+}] - \log_{10} \frac{[\mathrm{A^-}]}{[\mathrm{HA}]}$$

$$= \mathrm{pH} - \log_{10} \frac{[\mathrm{A^-}]}{[\mathrm{HA}]}$$

緩衝溶液の pH は $[\mathrm{A^-}]/[\mathrm{HA}]$ 比で決まる．pH が一定ならば $[\mathrm{A^-}]/[\mathrm{HA}]$ 比も一定なので，これを a とおくと，

$$[\mathrm{HA}]_0 = [\mathrm{HA}] + [\mathrm{A^-}] = \left(\frac{1}{a} + 1\right)[\mathrm{A^-}] = \frac{a+1}{a}[\mathrm{A^-}]$$

$$[\mathrm{A^-}] = \frac{a}{a+1}[\mathrm{HA}]_0$$

全速度 v は，

$$v = k_{\mathrm{A^-}}[\mathrm{A^-}][\mathrm{SH}] = \frac{a}{a+1} k_{\mathrm{A^-}} [\mathrm{HA}]_0 [\mathrm{SH}]$$

で表される．v は $[\mathrm{HA}]_0$ に比例して増加する．

4.3 (1) $[\mathrm{E}]_0 = [\mathrm{E}] + [\mathrm{ES}] + [\mathrm{EI}]$

(2) [EI] に対する定常状態の近似より

$$\frac{\mathrm{d}[\mathrm{EI}]}{\mathrm{d}t} = k_{\mathrm{III}}[\mathrm{I}][\mathrm{E}] - k_{-\mathrm{III}}[\mathrm{EI}]_{\mathrm{SS}} = 0 \qquad [\mathrm{EI}]_{\mathrm{SS}} = \frac{k_{\mathrm{III}}}{k_{-\mathrm{III}}}[\mathrm{I}][\mathrm{E}]$$

(1) の式に代入して，

$$[\mathrm{E}]_0 = [\mathrm{E}] + [\mathrm{ES}] + \frac{k_{\mathrm{III}}}{k_{-\mathrm{III}}}[\mathrm{I}][\mathrm{E}]$$

$$\left(1 + \frac{k_{\mathrm{III}}}{k_{-\mathrm{III}}}[\mathrm{I}]\right)[\mathrm{E}] = [\mathrm{E}]_0 - [\mathrm{ES}] \qquad [\mathrm{E}] = \left(1 + \frac{k_{\mathrm{III}}}{k_{-\mathrm{III}}}[\mathrm{I}]\right)^{-1}([\mathrm{E}]_0 - [\mathrm{ES}])$$

[ES] に対して定常状態の近似を適用して

$$\frac{\mathrm{d}[\mathrm{ES}]}{\mathrm{d}t} = k_{\mathrm{I}}[\mathrm{S}][\mathrm{E}] - k_{-\mathrm{I}}[\mathrm{ES}]_{\mathrm{SS}} - k_{\mathrm{II}}[\mathrm{ES}]_{\mathrm{SS}} = 0$$

$$k_{\mathrm{I}}[\mathrm{S}]\left(1 + \frac{k_{\mathrm{III}}}{k_{-\mathrm{III}}}[\mathrm{I}]\right)^{-1}([\mathrm{E}]_0 - [\mathrm{ES}]_{\mathrm{SS}}) = (k_{-\mathrm{I}} + k_{\mathrm{II}})[\mathrm{ES}]_{\mathrm{SS}}$$

$$[\mathrm{E}]_0[\mathrm{S}] - [\mathrm{S}][\mathrm{ES}]_{\mathrm{SS}} = \frac{k_{-\mathrm{I}} + k_{\mathrm{II}}}{k_{\mathrm{I}}}\left(1 + \frac{k_{\mathrm{III}}}{k_{-\mathrm{III}}}[\mathrm{I}]\right)[\mathrm{ES}]_{\mathrm{SS}}$$

$$[\mathrm{E}]_0[\mathrm{S}] = \left\{\frac{k_{-\mathrm{I}} + k_{\mathrm{II}}}{k_{\mathrm{I}}}\left(1 + \frac{k_{\mathrm{III}}}{k_{-\mathrm{III}}}[\mathrm{I}]\right) + [\mathrm{S}]\right\}[\mathrm{ES}]_{\mathrm{SS}}$$

$$[\mathrm{ES}]_{\mathrm{SS}} = \frac{[\mathrm{E}]_0[\mathrm{S}]}{\dfrac{k_{-\mathrm{I}} + k_{\mathrm{II}}}{k_{\mathrm{I}}}\left(1 + \dfrac{k_{\mathrm{III}}}{k_{-\mathrm{III}}}[\mathrm{I}]\right) + [\mathrm{S}]}$$

$$v = k_{\mathrm{II}}[\mathrm{ES}]_{\mathrm{SS}} = \frac{k_{\mathrm{II}}[\mathrm{E}]_0[\mathrm{S}]}{\dfrac{k_{-\mathrm{I}} + k_{\mathrm{II}}}{k_{\mathrm{I}}}\left(1 + \dfrac{k_{\mathrm{III}}}{k_{-\mathrm{III}}}[\mathrm{I}]\right) + [\mathrm{S}]}$$

ミカエリス定数を K_{m}，最大速度を $v_{\max} = k_{\mathrm{II}}[\mathrm{E}]_0$ で表し，$K_{\mathrm{I}} = k_{\mathrm{III}}/k_{-\mathrm{III}}$ とおくと

$$v = \frac{v_{\max}[\mathrm{S}]}{(1 + K_{\mathrm{I}}[\mathrm{I}])K_{\mathrm{m}} + [\mathrm{S}]}$$

の形で表される．K_{I} は，I + E と EI が平衡状態にあるときの平衡定数 $K_{\mathrm{I}} = [\mathrm{EI}]/([\mathrm{I}][\mathrm{E}])$ に相当する．

(3) 両辺の逆数をとって

$$\frac{1}{v} = \frac{(1 + K_{\mathrm{I}}[\mathrm{I}])K_{\mathrm{m}} + [\mathrm{S}]}{v_{\max}[\mathrm{S}]} = \frac{(1 + K_{\mathrm{I}}[\mathrm{I}])K_{\mathrm{m}}}{v_{\max}}\frac{1}{[\mathrm{S}]} + \frac{1}{v_{\max}}$$

となるので，$1/[\mathrm{S}]$ に対して $1/v$ をプロットすると，傾きは $(1 + K_{\mathrm{I}}[\mathrm{I}])K_{\mathrm{m}}/v_{\max}$ を，y 切片は $1/v_{\max}$ を与える．y 切片は阻害剤がない場合と同じであるが，傾きは阻害剤がないとき $(K_{\mathrm{m}}/v_{\max})$ に比べ急になる．

第5章　反応速度の解析法

5.1 (1) 反応の量論関係から [A] は，$[\mathrm{A}] = [\mathrm{A}]_0 - [\mathrm{B}]/2$ により求めることができる．各反応時間 $t = 0$, 400, 800, 1200 s で，[A] = 0.360, 0.250, 0.160, 0.090 mol dm^{-3} がそれぞれ得られる．

(2) $t = t_1$ および t_2 での A の濃度をそれぞれ $[\mathrm{A}]_1$ および $[\mathrm{A}]_2$ で表すと，$t_{\mathrm{ave}} = (t_1 + t_2)/2$ での A の濃度は $[\mathrm{A}]_{\mathrm{ave}} = ([\mathrm{A}]_1 + [\mathrm{A}]_2)/2$ で求められる．また，A の減少速度は，$v_{\mathrm{ave}} = -([\mathrm{A}]_2 - [\mathrm{A}]_1)/(t_2 - t_1) = ([\mathrm{A}]_1 - [\mathrm{A}]_2)/400$ で計算される．得られた $[\mathrm{A}]_{\mathrm{ave}}$ および v_{ave} を次頁の表に示す．

(3) $\log_{10}[\mathrm{A}]_{\mathrm{ave}}$ および $\log_{10} v_{\mathrm{ave}}$ を計算すると，次頁の表に示すようになる．横軸に $\log_{10}[\mathrm{A}]_{\mathrm{ave}}$，縦軸に $\log_{10} v_{\mathrm{ave}}$ をとってプロットすると，直線関係

$$\log_{10}(v_{\mathrm{ave}}/\mathrm{mol\,dm^{-3}\,s^{-1}}) = 0.52 \times \log_{10}([\mathrm{A}]_{\mathrm{ave}}/\mathrm{mol\,dm^{-3}}) - 3.3$$

が得られる．傾きから反応次数は 0.5 (半整数) であると予想される ($\log_{10}[\mathrm{A}]_{\mathrm{ave}}$, $\log_{10} v_{\mathrm{ave}}$ の桁を表に示した値よりも多く取ると，傾きは 0.5 にさらに近づく)．反応速度定数は，$\log_{10}(k/[(\mathrm{mol\,dm^{-3}})^{0.5}\,\mathrm{s^{-1}}]) = -3.3$ より，$k = 5 \times 10^{-4}\,\mathrm{mol^{0.5}\,dm^{-1.5}\,s^{-1}}$ と求められる．

(4) 速度式は，

$$-\frac{\mathrm{d}[\mathrm{A}]}{\mathrm{d}t}=k[\mathrm{A}]^{0.5}$$

で表されるので，これを積分して

$$[\mathrm{A}]=([\mathrm{A}]_0^{0.5}-0.5kt)^2$$

が得られる．$t=0$, 400, 800, 1200 s に対して $[\mathrm{A}]=0.360$, 0.250, 0.160, 0.090 mol dm^{-3} と求められ，得られた速度式が正しいことが確かめられる．

t_{ave}/s	$[\mathrm{A}]_{\mathrm{ave}}$/mol dm^{-3}	v_{ave}/mol dm^{-3} s^{-1}	$\log_{10}([\mathrm{A}]_{\mathrm{ave}}$/mol dm$^{-3})$	$\log_{10}(v_{\mathrm{ave}}$/mol dm^{-3} s$^{-1})$
200	3.05×10^{-1}	2.75×10^{-4}	−0.516	−3.56
600	2.05×10^{-1}	2.25×10^{-4}	−0.688	−3.65
1000	1.25×10^{-1}	1.75×10^{-4}	−0.903	−3.76

5.2 (1) 条件 1 から 3 の半減期を比較すると，$[\mathrm{B}]_0$ が等しければ $[\mathrm{A}]_0$ の値に関係なく $t_{1/2}$ は等しいので，$n_{\mathrm{A}}=1$，すなわちこの反応は A に対する 1 次反応であることが推定される．1 次反応での速度定数と半減期の関係は，

$$k_{\mathrm{A}}=\frac{\ln 2}{t_{1/2}}$$

で表すことができるので，ここから各条件での k_{A} を計算すると，以下の表のようになる．また，各条件での $\log_{10}[\mathrm{B}]_0$ および $\log_{10}k_{\mathrm{A}}$ の値も以下の表に示す．

	k_{A}/s^{-1}	$\log_{10}([\mathrm{B}]_0$/mol dm$^{-3})$	$\log_{10}(k_{\mathrm{A}}$/s$^{-1})$
条件 1	1.0×10^3	−4.0	3.0
条件 2	1.0×10^3	−4.0	3.0
条件 3	1.0×10^3	−4.0	3.0
条件 4	1.6×10^3	−3.6	3.2
条件 5	2.0×10^3	−3.4	3.3
条件 6	3.1×10^3	−3.0	3.5

(2) 上の表の値を用い，横軸に $\log_{10}[\mathrm{B}]_0$，縦軸に $\log_{10}k_{\mathrm{A}}$ をとって条件 3 から 6 の結果をプロットすると，

$$\log_{10}(k_{\mathrm{A}}/\mathrm{s}^{-1})=5+0.5\times\log_{10}([\mathrm{B}]_0/\mathrm{mol\ dm^{-3}})$$

の線形関係が得られる．いま，$[\mathrm{B}]_0$ と k_{A} の間に，

$$k_{\mathrm{A}}=k[\mathrm{B}]_0^{n_{\mathrm{B}}}$$
$$\log_{10}k_{\mathrm{A}}=\log_{10}k+n_{\mathrm{B}}\log_{10}[\mathrm{B}]_0$$

の関係があるので，$n_{\mathrm{B}}=0.5$，$\log_{10}(k/[(\mathrm{mol\ dm^{-3}})^{-0.5}\,\mathrm{s}^{-1}])=5.0$ が得られ，$k=$

$1.0 \times 10^5\ \mathrm{dm^{1.5}\ mol^{-0.5}\ s^{-1}}$ と求められる．

5.3 (1) A，B，P の濃度はそれぞれ

$$[\mathrm{A}] = [\mathrm{A}]_{\mathrm{eq2}} + y,\quad [\mathrm{B}] = [\mathrm{B}]_{\mathrm{eq2}} + y,\quad [\mathrm{P}] = [\mathrm{P}]_{\mathrm{eq2}} - y$$

で表される．[A] の時間変化は，

$$\frac{\mathrm{d}[\mathrm{A}]}{\mathrm{d}t} = -k_{\mathrm{I}}[\mathrm{A}][\mathrm{B}] + k_{-\mathrm{I}}[\mathrm{P}]$$

と書けるので，これに上の関係を代入すると，

$$\begin{aligned}\frac{\mathrm{d}y}{\mathrm{d}t} &= -k_{\mathrm{I}}([\mathrm{A}]_{\mathrm{eq2}} + y)([\mathrm{B}]_{\mathrm{eq2}} + y) + k_{-\mathrm{I}}([\mathrm{P}]_{\mathrm{eq2}} - y) \\ &= -k_{\mathrm{I}}y^2 - \{k_{\mathrm{I}}([\mathrm{A}]_{\mathrm{eq2}} + [\mathrm{B}]_{\mathrm{eq2}}) + k_{-\mathrm{I}}\}y - k_{\mathrm{I}}[\mathrm{A}]_{\mathrm{eq2}}[\mathrm{B}]_{\mathrm{eq2}} + k_{-\mathrm{I}}[\mathrm{P}]_{\mathrm{eq2}}\end{aligned}$$

新たな平衡状態では，

$$k_{\mathrm{I}}[\mathrm{A}]_{\mathrm{eq2}}[\mathrm{B}]_{\mathrm{eq2}} = k_{-\mathrm{I}}[\mathrm{P}]_{\mathrm{eq2}}$$

が成り立つので，

$$\frac{\mathrm{d}y}{\mathrm{d}t} = -k_{\mathrm{I}}y^2 - \{k_{\mathrm{I}}([\mathrm{A}]_{\mathrm{eq2}} + [\mathrm{B}]_{\mathrm{eq2}}) + k_{-\mathrm{I}}\}y$$

が得られる．

(2) $k_{\mathrm{I}}y^2$ の項を無視すると，

$$\frac{\mathrm{d}y}{\mathrm{d}t} = -\{k_{\mathrm{I}}([\mathrm{A}]_{\mathrm{eq2}} + [\mathrm{B}]_{\mathrm{eq2}}) + k_{-\mathrm{I}}\}y$$

となるので，これを積分して

$$y = y_0 \exp[-\{k_{\mathrm{I}}([\mathrm{A}]_{\mathrm{eq2}} + [\mathrm{B}]_{\mathrm{eq2}}) + k_{-\mathrm{I}}\}t]$$

が得られる．緩和時間は y_0 が e 分の 1 になるまでの時間なので，

$$\tau_{\mathrm{relax}} = \frac{1}{k_{\mathrm{I}}([\mathrm{A}]_{\mathrm{eq2}} + [\mathrm{B}]_{\mathrm{eq2}}) + k_{-\mathrm{I}}}$$

で表すことができる．

(3) いまの場合

$$K = \frac{[\mathrm{P}]_{\mathrm{eq2}}}{[\mathrm{A}]_{\mathrm{eq2}}[\mathrm{B}]_{\mathrm{eq2}}} = \frac{k_{\mathrm{I}}}{k_{-\mathrm{I}}}$$

であるので，

$$\tau_{\mathrm{relax}} = \frac{1}{k_{-\mathrm{I}}\{(k_{\mathrm{I}}/k_{-\mathrm{I}})([\mathrm{A}]_{\mathrm{eq2}} + [\mathrm{B}]_{\mathrm{eq2}}) + 1\}} = \frac{1}{k_{-\mathrm{I}}\{K([\mathrm{A}]_{\mathrm{eq2}} + [\mathrm{B}]_{\mathrm{eq2}}) + 1\}}$$

$$k_{-\mathrm{I}} = \frac{1}{\tau_{\mathrm{relax}}\{K([\mathrm{A}]_{\mathrm{eq2}} + [\mathrm{B}]_{\mathrm{eq2}}) + 1\}}$$

$$k_{\mathrm{I}} = \frac{K}{\tau_{\mathrm{relax}}\{K([\mathrm{A}]_{\mathrm{eq2}} + [\mathrm{B}]_{\mathrm{eq2}}) + 1\}}$$

で表される．

第6章 衝突と反応

6.1 (1) 窒素分子の分子量を 28.0 とする．換算質量は，

$$\mu = \frac{m_{\mathrm{N_2}}{}^2}{2m_{\mathrm{N_2}}} = \frac{(28.0 \times 10^{-3}\,\mathrm{kg}/(6.02 \times 10^{23}))^2}{2 \times (28.0 \times 10^{-3}\,\mathrm{kg}/(6.02 \times 10^{23}))} = 2.33 \times 10^{-26}\,\mathrm{kg}$$

となる．

(2) 相対速度の大きさの平均値は

$$\bar{v}_{\mathrm{r}} = \sqrt{\frac{8k_{\mathrm{B}}T}{\pi\mu}} = \sqrt{\frac{8 \times (1.38 \times 10^{-23}\,\mathrm{J\,K^{-1}}) \times 300\,\mathrm{K}}{3.14 \times 2.33 \times 10^{-26}\,\mathrm{kg}}} = 673\,\mathrm{m\,s^{-1}}$$

となる．

(3) $1.013 \times 10^5\,\mathrm{Pa}$ での窒素分子の数密度は，理想気体の状態方程式を用いて

$$n = \frac{N}{V} = \frac{pN_{\mathrm{A}}}{RT} = \frac{1.013 \times 10^5\,\mathrm{Pa} \times 6.02 \times 10^{23}\,\mathrm{mol^{-1}}}{8.31\,\mathrm{J\,mol^{-1}\,K^{-1}} \times 300\,\mathrm{K}} = 2.45 \times 10^{25}\,\mathrm{m^{-3}}$$

ただし，$\mathrm{Pa} = \mathrm{N\,m^{-2}} = \mathrm{J\,m^{-3}}$ を用いた．

(4) 衝突断面積は

$$\sigma = \pi b_{\max}{}^2 = 3.14 \times \left(\frac{0.40 \times 10^{-9}\,\mathrm{m}}{2} \times 2\right)^2 = 0.50 \times 10^{-18}\,\mathrm{m^2}$$

となる．

(5) 1つの窒素分子に対して，別の窒素分子が衝突する頻度は

$$Z = \sigma\bar{v}_{\mathrm{r}}n = 0.50 \times 10^{-18}\,\mathrm{m^2} \times 673\,\mathrm{m\,s^{-1}} \times 2.45 \times 10^{25}\,\mathrm{m^{-3}} = 8.2 \times 10^9\,\mathrm{s^{-1}}$$

となる．つまり，約 120 ps に一度衝突していることになる．

6.2 反応速度定数は，式 (6.6.12) より

$$k(T) = \pi b_{\max}{}^2\bar{v}_{\mathrm{r}}\exp\left(-\frac{\varepsilon^*}{k_{\mathrm{B}}T}\right) = \sigma\bar{v}_{\mathrm{r}}\exp\left(-\frac{\varepsilon^*}{k_{\mathrm{B}}T}\right)$$

である．衝突断面積 $\sigma = 1.0 \times 10^{-19}\,\mathrm{m^2}$, 相対速度の大きさの平均 $\bar{v}_{\mathrm{r}} = 500\,\mathrm{m\,s^{-1}}$, しきいエネルギー $\varepsilon^* = 1.0\,\mathrm{eV}(1.60 \times 10^{-19}\,\mathrm{J})$，および温度 $T = 1000\,\mathrm{K}$ を代入して

$$k(T) = 1.0 \times 10^{-19}\,\mathrm{m^2} \times 500\,\mathrm{m\,s^{-1}} \times \exp\left(-\frac{1.60 \times 10^{-19}\,\mathrm{J}}{1.38 \times 10^{-23}\,\mathrm{J\,K^{-1}} \times 1000\,\mathrm{K}}\right)$$
$$= 4.6 \times 10^{-22}\,\mathrm{m^3\,s^{-1}}$$

となる．

6.3 式 (6.1.6) を v に関して微分して極大値を求める．

$$\frac{\mathrm{d}F(v)}{\mathrm{d}v}=4\pi\left(\frac{m}{2\pi k_{\mathrm{B}}T}\right)^{\frac{3}{2}}\left(2v-\frac{mv^3}{k_{\mathrm{B}}T}\right)\exp\left(-\frac{\frac{1}{2}mv^2}{k_{\mathrm{B}}T}\right)=0$$

より

$$2v-\frac{mv^3}{k_{\mathrm{B}}T}=\left(2-\frac{mv^2}{k_{\mathrm{B}}T}\right)v=0$$

なので，

$$v=\sqrt{\frac{2k_{\mathrm{B}}T}{m}}$$

となる．

6.4　式(6.1.6)を用いて v^2 の平均を求める．公式を参照して，

$$\overline{v^2}=\int_0^\infty v^2F(v)\,\mathrm{d}v=4\pi\left(\frac{m}{2\pi k_{\mathrm{B}}T}\right)^{\frac{3}{2}}\int_0^\infty v^4\exp\left(-\frac{\frac{1}{2}mv^2}{k_{\mathrm{B}}T}\right)\mathrm{d}v$$

$$=4\pi\left(\frac{m}{2\pi k_{\mathrm{B}}T}\right)^{\frac{3}{2}}\times\frac{3}{8}\sqrt{\pi}\left(\frac{\frac{1}{2}m}{k_{\mathrm{B}}T}\right)^{-\frac{5}{2}}=\frac{3k_{\mathrm{B}}T}{m}$$

である．これより，運動エネルギーの平均値は

$$\frac{1}{2}m\overline{v^2}=\frac{3}{2}k_{\mathrm{B}}T$$

となる．これは，理想気体では，1自由度あたりのエネルギーが $\frac{1}{2}k_{\mathrm{B}}T$ であることと一致する．

6.5　式(6.5.10)に従って，

$$\sigma(\varepsilon_{\mathrm{r}})=\int_0^\infty P(\varepsilon_{\mathrm{r}},b)2\pi b\,\mathrm{d}b=\int_0^{b_{\max}}2\pi b\,\mathrm{d}b=[\pi b^2]_0^{b_{\max}}=\pi {b_{\max}}^2$$

となる．

第7章　固体表面での反応

7.1　(1) 気相中のNOの数密度は

$$[\mathrm{NO}]=\frac{N_{\mathrm{A}}n}{V}=\frac{p}{k_{\mathrm{B}}T}=\frac{1.0\times10^{-3}\,\mathrm{Pa}}{1.38\times10^{-23}\,\mathrm{J\,K^{-1}}\times300\,\mathrm{K}}=2.4\times10^{17}\,\mathrm{m^{-3}}$$

である．

(2) 300 K でNO分子の平均速さは

$$\bar{v}=\sqrt{\frac{8k_{\mathrm{B}}T}{\pi m}}=\sqrt{\frac{8\times1.38\times10^{-23}\,\mathrm{J\,K^{-1}}\times300\,\mathrm{K}}{3.14\times(30\times10^{-3}/(6.02\times10^{23}))\,\mathrm{kg}}}=460\,\mathrm{m\,s^{-1}}$$

である．衝突頻度は

$$Z=\frac{1}{4}\bar{v}N=\frac{1}{4}\times 460\ \mathrm{m\ s^{-1}}\times 2.4\times 10^{17}\ \mathrm{m^{-3}}=2.76\times 10^{19}\ \mathrm{m^{-2}\ s^{-1}}$$

である．

(3) 清浄な表面なので $\theta=0$ としてよい．吸着の速度は

$$\begin{aligned} v_{\mathrm{a}} &= k_{\mathrm{a}}\sigma_0[\mathrm{NO}]=1.0\times 10^{-20}\ \mathrm{m^3\ s^{-1}}\times 1.0\times 10^{19}\ \mathrm{m^{-2}}\times 2.4\times 10^{17}\ \mathrm{m^{-3}} \\ &= 2.4\times 10^{16}\ \mathrm{m^{-2}\ s^{-1}} \end{aligned}$$

となる．(2) と比較すれば，吸着の速度定数は，およそ 1000 回衝突して 1 回吸着する程度であることがわかる．

(4) ラングミュアの吸着等温式

$$k_{\mathrm{a}}(1-\theta)\sigma_0[\mathrm{A}]=k_{\mathrm{d}}\theta\sigma_0$$

を用いる．吸着と脱離の速度定数より，吸着平衡定数は

$$K_{\mathrm{ads}}=\frac{k_{\mathrm{a}}}{k_{\mathrm{d}}}=\frac{1.0\times 10^{-20}\ \mathrm{m^3\ s^{-1}}}{0.01\ \mathrm{s^{-1}}}=1.0\times 10^{-18}\ \mathrm{m^3}$$

である．一方，気相中の分子 A の数密度は $[\mathrm{A}]=2.4\times 10^{17}\ \mathrm{m^{-3}}$ なので，被覆率は

$$\begin{aligned} \theta &= \frac{K_{\mathrm{ads}}[\mathrm{A}]}{1+K_{\mathrm{ads}}[\mathrm{A}]}=\frac{1.0\times 10^{-18}\ \mathrm{m^3}\times 2.4\times 10^{17}\ \mathrm{m^{-3}}}{1+1.0\times 10^{-18}\ \mathrm{m^3}\times 2.4\times 10^{17}\ \mathrm{m^{-3}}} \\ &= \frac{2.4\times 10^{-1}}{1+2.4\times 10^{-1}}=0.19 \end{aligned}$$

となる．

(5) NO の圧力が 10 倍になると，被覆率は

$$\theta=\frac{K_{\mathrm{ads}}[\mathrm{A}]}{1+K_{\mathrm{ads}}[\mathrm{A}]}=\frac{1.0\times 10^{-18}\ \mathrm{m^3}\times 2.4\times 10^{18}\ \mathrm{m^{-3}}}{1+1.0\times 10^{-18}\ \mathrm{m^3}\times 2.4\times 10^{18}\ \mathrm{m^{-3}}}=\frac{2.4}{1+2.4}=0.71$$

となる．

7.2 イーレー-リディール型の反応の反応速度は，$1+K^{\mathrm{A}}[\mathrm{A}]\ll K^{\mathrm{B}}[\mathrm{B}]$ の条件で

$$v=k\sigma_0\frac{K^{\mathrm{A}}[\mathrm{A}][\mathrm{B}]}{1+K^{\mathrm{A}}[\mathrm{A}]+K^{\mathrm{B}}[\mathrm{B}]}\cong k\sigma_0\frac{K^{\mathrm{A}}}{K^{\mathrm{B}}}[\mathrm{A}]$$

となる．つまり，反応速度は分子 A の濃度に比例し，分子 B の濃度に依存しない．B の濃度が充分に高ければ，反応速度は表面に吸着した A の数で決まる．表面の A による被覆率 θ_{A} は，図 7.5 にある通り，A の濃度にほぼ比例して上昇する．

第8章 溶液中の反応

8.1 (1) クーロンエネルギー $E=\dfrac{z_{\mathrm{A}}z_{\mathrm{B}}e^2}{4\pi\varepsilon_{\mathrm{r}}\varepsilon_0 r}$ と，熱エネルギー $k_{\mathrm{B}}T$ が，距離 r_0 で一致する．

$$\frac{z_{\mathrm{A}} z_{\mathrm{B}} e^2}{4\pi\varepsilon_{\mathrm{r}}\varepsilon_0 r_0} = k_{\mathrm{B}} T$$

より，

$$r_0 = \frac{z_{\mathrm{A}} z_{\mathrm{B}} e^2}{4\pi\varepsilon_{\mathrm{r}}\varepsilon_0 k_{\mathrm{B}} T}$$

である．

(2) オンサーガーの逃散距離 $r_0 = \dfrac{z_{\mathrm{A}} z_{\mathrm{B}} e^2}{4\pi\varepsilon_{\mathrm{r}}\varepsilon_0 k_{\mathrm{B}} T}$ に数値を代入して求める．

$$\begin{aligned} r_0 &= \frac{4 \times (1.60 \times 10^{-19})^2\ \mathrm{C}^2}{4 \times 3.14 \times 78.5 \times 8.85 \times 10^{-12}\ \mathrm{C}^2\ \mathrm{N}^{-1}\ \mathrm{m}^{-2} \times 1.38 \times 10^{-23}\ \mathrm{J\ K}^{-1} \times 298\ \mathrm{K}} \\ &= 2.9 \times 10^{-9}\ \mathrm{m} \end{aligned}$$

8.2　式 (8.3.6) に代入して

$$I_{\mathrm{B}} = \frac{-4\pi D_{\mathrm{B}} c_0{}^{\mathrm{B}}}{\displaystyle\int_a^\infty \frac{\exp\left(\dfrac{U(r)}{k_{\mathrm{B}} T}\right)}{r^2} \mathrm{d}r} = -\frac{4\pi D_{\mathrm{B}} c_0{}^{\mathrm{B}}}{\displaystyle\int_a^\infty \frac{1}{r^2} \mathrm{d}r} = -\frac{4\pi D_{\mathrm{B}} c_0{}^{\mathrm{B}}}{\left[-\dfrac{1}{r}\right]_a^\infty} = -4\pi a D_{\mathrm{B}} c_0{}^{\mathrm{B}}$$

となり，式 (8.2.6) に一致する．

第 9 章　光化学反応

9.1　距離が l から $l + \mathrm{d}l$ に変化すると，出射光の強度 I は $I - \mathrm{d}I$ に変化し，その度合いは c と l に比例する．したがって，以下の関係が成り立つ．

$$-\frac{\mathrm{d}I}{I} = \varepsilon c \mathrm{d}l$$

これを積分して

$$\int_{I_0}^{I} -\frac{\mathrm{d}I}{I} = \int_0^l \varepsilon c \mathrm{d}l$$

より

$$-\log\left(\frac{I}{I_0}\right) = \varepsilon c l$$

となる．これを書き直して，

$$I = I_0 10^{-\varepsilon c l}$$

である．あるいは，式 (9.6.4) から，

$$I = I_0 \mathrm{e}^{-acl} = I_0 10^{-acl/(\log 10)}$$

なので，$a/(\log 10) \equiv \varepsilon$ とおくと $I = I_0 10^{-\varepsilon c l}$ が得られる．

索　引

著者略歴

真船 文隆（まふね ふみたか）

1966年　神奈川県に生まれる
1989年　東京大学理学部化学科卒業
1994年　東京大学理学部助手
1997年　豊田工業大学客員助手
2003年　東京大学教養学部助教授
2010年　東京大学教養学部教授
　　　　現在に至る

廣川　淳（ひろかわ じゅん）

1965年　新潟県に生まれる
1989年　東京大学理学部化学科卒業
1994年　東京大学先端科学技術研究センター助手
2000年　東京大学大学院工学系研究科講師
2003年　北海道大学大学院地球環境科学研究科助教授
2007年　北海道大学大学院地球環境科学研究院准教授　現在に至る

物理化学入門シリーズ　**反応速度論**

2017年9月25日　第1版1刷発行
2020年5月20日　第2版1刷発行
2023年4月20日　第2版2刷発行

検印省略

定価はカバーに表示してあります．

著作者　真船文隆
　　　　廣川　淳
発行者　吉野和浩
発行所　東京都千代田区四番町8-1
　　　　電話　03-3262-9166（代）
　　　　郵便番号　102-0081
　　　　株式会社　裳華房
印刷所　三報社印刷株式会社
製本所　株式会社　松岳社

一般社団法人
自然科学書協会会員

ISBN 978-4-7853-3420-8

化学でよく使われる基本物理定数

量	記号	数値
真空中の光速度	c	$2.997\,924\,58 \times 10^{8}$ m s^{-1} (定義)
電気素量	e	$1.602\,176\,634 \times 10^{-19}$ C (定義)
プランク定数	h	$6.626\,070\,15 \times 10^{-34}$ J s (定義)
	$\hbar = h/(2\pi)$	$1.054\,571\,818 \times 10^{-34}$ J s (定義)
原子質量定数	$m_{\mathrm{u}} = 1$ u	$1.660\,539\,066\,60\,(50) \times 10^{-27}$ kg
アボガドロ定数	N_{A}	$6.022\,140\,76 \times 10^{23}$ mol^{-1} (定義)
電子の静止質量	m_{e}	$9.109\,383\,701\,5\,(28) \times 10^{-31}$ kg
陽子の静止質量	m_{p}	$1.672\,621\,923\,69\,(51) \times 10^{-27}$ kg
中性子の静止質量	m_{n}	$1.674\,927\,498\,04\,(95) \times 10^{-27}$ kg
ボーア半径	$a_0 = \varepsilon_0 h^2/(8 m_{\mathrm{e}} e^2)$	$5.291\,772\,109\,03\,(80) \times 10^{-11}$ m
真空の誘電率	ε_0	$8.854\,187\,812\,8\,(13) \times 10^{-12}$ C^2 N^{-1} m^{-2}
ファラデー定数	$F = N_{\mathrm{A}} e$	$9.648\,533\,212 \times 10^{4}$ C mol^{-1} (定義)
気体定数	R	$8.314\,462\,618$ J K^{-1} mol^{-1} (定義)
		$= 8.205\,736\,608 \times 10^{-2}$ dm^3 atm K^{-1} mol^{-1} (定義)
		$= 8.314\,462\,618 \times 10^{-2}$ dm^3 bar K^{-1} mol^{-1} (定義)
セルシウス温度目盛における零点	T_0	273.15 K (定義)
標準大気圧	P_0, atm	$1.013\,25 \times 10^{5}$ Pa (定義)
理想気体の標準モル体積	$V_{\mathrm{m}} = RT_0/P_0$	$2.241\,396\,954 \times 10^{-2}$ m^3 mol^{-1} (定義)
ボルツマン定数	$k_{\mathrm{B}} = R/N_{\mathrm{A}}$	$1.380\,649 \times 10^{-23}$ J K^{-1} (定義)
自由落下の標準加速度	g_{n}	$9.806\,65$ m s^{-2} (定義)

数値は CODATA（Committee on Data for Science and Technology）2018 年推奨値.
（ ）内の値は最後の 2 桁の誤差（標準偏差）.

エネルギーの換算

単位	J	cal	dm^3 atm
1 J	1	$2.390\,06 \times 10^{-1}$	$9.869\,23 \times 10^{-3}$
1 cal	4.184	1	$4.129\,29 \times 10^{-2}$
1 dm^3 atm	$1.013\,25 \times 10^{2}$	$2.421\,73 \times 10^{1}$	1

単位	J	eV	kJ mol^{-1}	cm^{-1}
1 J	1	$6.241\,51 \times 10^{18}$	$6.022\,14 \times 10^{20}$	$5.034\,12 \times 10^{22}$
1 eV	$1.602\,18 \times 10^{-19}$	1	$9.648\,53 \times 10^{1}$	$8.065\,54 \times 10^{3}$
1 kJ mol^{-1}	$1.660\,54 \times 10^{-21}$	$1.036\,43 \times 10^{-2}$	1	$8.359\,35 \times 10^{1}$
1 cm^{-1}	$1.986\,45 \times 10^{-23}$	$1.239\,84 \times 10^{-4}$	$1.196\,27 \times 10^{-2}$	1